全国建筑装饰装修行业培训系列教材

建筑装饰装修工程监理

中国建筑装饰协会培训中心组织编写

周兰芳　编

中国建筑工业出版社

图书在版编目(CIP)数据

建筑装饰装修工程监理/周兰芳编 .—北京:中国建

筑工业出版社,2003

(全国建筑装饰装修行业培训系列教材)

ISBN 978-7-112-05002-4

Ⅰ.建... Ⅱ.周... Ⅲ.建筑装饰-工程施工-监

督管理-技术培训-教材 Ⅳ.TU712

中国版本图书馆 CIP 数据核字(2003)第 019371 号

全国建筑装饰装修行业培训系列教材

建筑装饰装修工程监理

中国建筑装饰协会培训中心组织编写

周兰芳 编

*

中国建筑工业出版社出版、发行(北京西郊百万庄)

各地新华书店、建筑书店经销

廊坊市海涛印刷有限公司印刷

*

开本:787×1092毫米 1/16 印张:15$\frac{1}{4}$ 字数:367千字

2003年4月第一版 2017年2月第十一次印刷

定价:**23.00**元

ISBN 978-7-112-05002-4

(17249)

本社网址:http://www.cabp.com.cn

网上书店:http://www.china-building.com.cn

本书以近年来颁布的有关工程建设监理的法律、实施法规和建筑装饰装修工程(含地面工程)施工质量验收规范及民用建筑室内环境污染控制规范为主线,将装饰装修工程施工监理中的质量、进度、投资三大目标控制和信息管理、合同管理工作分别论述。

本书除绪论(简要介绍工程建设监理的起源、发展,建设监理制在我国的引进及推行)外共分七章。

第一章"工程建设监理概论",介绍了工程建设监理的基本概念及工作范围和内容,工程项目管理体制,监理目标控制的基本理论。

第二章"工程建设监理法律法规",介绍了我国现行的有关监理的法律法规,重点介绍了工程监理企业的资质管理和监理工程师执业资格的考试与注册。

第三章"工程建设监理实务",根据施工阶段监理流程,主要介绍了监理招投标、总监负责制、工程项目监理机构及主要工作程序,还简要介绍了施工招投标的基本知识及监理工程师在此阶段应做的工作。

第四章"建筑装饰装修施工监理的质量控制"是本书的核心内容,从原材料投入到形成实体工程的质量,其控制的方法、验收程序、检测方法,做了详细讲述,将验收规范中各分项分部工程的质量标准进行分解、综合、列表,便于学员对比、记忆。尤其将"室内环境质量控制"内容单列一节,使学员了解和掌握对室内空气质量的控制,以满足建筑工程质量全面验收的要求。

第五章"建筑装饰装修施工监理的进度控制"和第六章"建筑装饰装修施工监理的投资控制",结合具体实例分析了进度、投资目标控制理论在实际工程中的应用,提出了根据理论和原则灵活处理实际问题的办法。

第七章"建筑装饰装修施工监理的合同管理与信息管理",除介绍有关基本知识和规范规定的监理工程师工作内容外,还提出了一些个人观点。

各节后面提出少量复习思考题,供学员检查学习效果。

* * *

责任编辑:朱首明　王　跃

全国建筑装饰装修行业培训系列教材
编写委员会

名誉主任：

马挺贵　张恩树　张鲁风　李竹成

主　　任：

徐　朋

副 主 任：

燕　平　陶建明　王秀娟　吴　涛

蔡金墀　张兴野　王燕鸣

编　　委（按姓氏笔画排列）：

卫　明　王本明　王秀娟　王树京

王瑞芝　纪士斌　邝　明　张京跃

李引擎　杨建伟　周兰芳　陈一山

黄　白　郦善昌　潘宗高　穆静波

主　　编：

徐　朋

副 主 编：

王燕鸣

前　言

　　装饰装修行业近年来已成为我国经济发展的新的增长点，其工程造价在整个建设项目中所占比例已经达到 30％～50％，随着建筑装饰装修行业的迅猛发展，在促进我国经济发展的同时，对装饰装修工程实施监理显得越发重要，这不仅对工程项目的质量、进度有保障作用，使业主收到期望的投资效益，更是企业甚至行业走向国际市场、与国际接轨的必然途径。

　　本书曾作为"全国建筑装饰装修施工企业项目经理培训教材"之一，是为了满足参加培训的项目经理学习装饰装修工程监理的理论、工作程序而编写的，旨在通过本课的学习，促进建筑装饰装修工程项目经理正确理解、完整把握工程监理的基本概念、理论知识，在项目施工中，按照监理规范要求，配合监理工程师共同完成工程项目的质量、进度、投资三大目标，从而推动建筑装饰装修施工管理水平的提高，创造更多的精品工程。

　　经过几年试用后，吸取了学员及各有关方的反馈信息，并根据近年来新颁布的有关规范由北京建筑工程学院副教授、国家注册监理工程师、北京市一级总监理工程师周兰芳重新编写，在内容上给予扩充和调整，概括介绍了工程建设监理的发展历程与基本理论，侧重对建筑装饰装修项目的监理实务操作做指导性论述。

　　本书融入作者从事工程监理工作十余年积累的实践经验，结合监理的基本理论，具有概念准确、脉络清晰、可操作性强的特点。通过改编本书扩大了适读范围，对参与建筑装饰装修工程的监理工程师和建设单位的工作人员都将有借鉴价值和启发作用，也可作为土建类施工和管理专业高等院校学生课外参考书籍。

　　本书特邀中国建设监理协会副会长、北京市监理协会会长蔡金墀先生（英国皇家特许建造师学会会员）主审，改编中得到了监理业内资深人士的指导，中国建筑装饰协会培训中心领导和工作人员给予了大力支持，在此一并感谢。

　　本书力图编成一本适用的适时的教材，以满足装饰装修行业实施监理之所需，但限于作者能力和水平，不足之处在所难免，真诚地希望得到指正。

目　录

绪　　论

建设监理起源于欧洲，最初称为项目管理，早在 16 世纪初期，在工业发达最早的英国，出现了专业分工，不仅分离出工程建造业，而且出现了新的"测量师"行业，即协助业主对建筑工程的已完成工程量进行测量、计量、认定，以此支付劳动报酬，其从业人员被称为"测量师 QS"。他们的职能逐渐增多，为业主管理、咨询项目的营造，出现了营造师、建筑师，这可视为监理的起源。随后，专业分工细化，设计与施工分离，形成了设计、施工、咨询（管理）三个行业的雏形。

18 世纪 60 年代，土木建筑业空前发展和繁荣，出现了总承包商，形成了监理的萌芽。英国于 1830 年以法律的形式推出总承包合同制，导致招投标制的出现，明确了业主、设计、施工三方各自的责、权、利，使监理的工作内容大大增加，促进了监理的发展。

二战以后，20 世纪的 50～60 年代经济恢复，建筑业突飞猛进，工程庞大而复杂，要求专业人员科学管理。此间，美国、西德、法国等国广泛应用了项目管理（PM）的方法，较 QS 的服务范围增加，即业主聘请专业人员进行前期论证、可行性研究，以利投资决策；并代业主实施项目的组织协调与合同信息管理，以利质量、投资、进度达到其预期的目标。这被认为是监理的形成。

随着我国改革开放发展，经济体制从计划经济向市场经济的转化，在建设领域中也发生了很大变化，有许多新的机制，如施工招投标制、前期咨询评估制、业主责任制等先后建立推行，投资渠道多元化，除国家拨款外，拨改贷、地方或企业甚至外商、个人、合作、合伙投资等多种融资渠道也相继形成，需要改变以前的行政隶属关系的管理方法，按新的合同经济关系管理项目。这些变化都显示出监理制引进我国的实际需求。随改革开放的发展，利用国际金融组织贷款兴建的项目也逐年增加，而按国际惯例，这样的项目必须用 FIDIC 合同条件管理，其前提是只能在实施监理的工程中才能使用 FIDIC 合同条件。故我国在世界银行贷款的项目水电部的鲁布革水电站引水工程（1982 年）中，率先实行了建设监理，标志着监理被正式引进。

在此必须提及的是 FIDIC 土木工程施工合同条件，简单地说，它是由 FIDIC（国际咨询工程师联合会）组织编写的土木工程施工合同的范本，1957 年首版，以英国使用的合同格式为蓝本，由土木工程师协会（IEC）出版，具有英国特色（传统和法律制度），60 年代中期在第 1 版中增加了用于疏竣和填筑的合同条款。合同条件由 FIDIC 的土木工程合同委员会（CECC）监督使用，并负责向 FIDIC 的执行委员会汇报情况。经全面修订于 1977 年发行第 3 版，1987 年第 4 版。合同条件中明确了业主、承建商与工程师三方主体，写明了监理工程师的部分工作和权力，但实质是业主与承包商的合同。业主与监理工程师的合同另有文本。因具有明确性、严密性、公正性和保险性而被市政工程、工业与民用建筑工程、疏竣与土壤改善（水利、水运）工程广泛采用，适用于单价合同。合同条件分通用条件和专用条件两大部分。通用条件含投资管理、进度管理、质量管理、争端的解决、其他方面条款等五大部分，内容共 72 条、194 款。专用条件作为通用条件的补充与修正，以适应不同国家、不同地区、不同项目的实际情况，可采用说明、修正或增加条款的方式表达。

自鲁布革工程后交通部西安——三原公路工程（1987 年）也实行了建设监理。1988 年 7 月建设部在《关于开展建设监理工作的通知》[建设部（88）建建字第 142 号] 中公布，将负责实施一次新的重大改革："参照国际惯例，建立具有中国特色的建设监理制度，以提高投资效益和建设水平，确保国家建设计划和工程合同的实施，逐步建立起建设领域社会主义商品经济的新秩序"。对建设监理的范围和对象、主管机构及职能、组织和监理内容、建立建设监理法规及开展步骤等提出了初步意见。

4 个月后，又发出《关于开展建设监理试点工作的若干意见》[建设部（88）建建字第 366 号]，确定了在全国的 8 市（北京、深圳、上海、天津、南京、宁波、沈阳、哈尔滨）二部（能源部、交通部）进行试点，1989 年 7 月发出《建设监理试行规定》[建设部（89）建建字第 367 号]，对监理机构及职责、监理内容、监理企业与建设单位和承包企业之间的关系等都做了明确规定，使建设监理的开展已有法可依（注：此文已于 1996 年 1 月 1 日废止，以建设部、国家计委建监 [1995] 737 号文代替）。

在此后的 3 年（1990 年～1992 年）中，与试点工作同时开展了关于监理的法规和队伍的建设工作。

1993 年 5 月建设部正式宣告，我国建设监理制的试点工作取得成功，将全面开展。至 1994 年底全国 29 个省、市、自治区和国务院 31 个部委开展了监理工作，到 1997 年全国 31 个省自治区、直辖市和国务院 44 个部门开展了监理业务，其中有 238 个地级以上城市，占总数的 88.4%，受监工程质量普遍良好，收效显著。尤其国家重点大型工程如三峡、小浪底、上海浦江大桥、国贸等工程都获得了国家或行业大奖，成为样板工程，完成了计划目标，有效的控制了资金的利用。

在 1998 年全国计划工作会议上，国务院副总理温家宝指出用好新增建设资金确保工程质量，特别提出如下指示：工程监理是借鉴国际工程项目管理的经验，促进工程建设管理水平的提高，保证工程质量和投资效益的重要手段。国务院总理朱镕基在视察三峡工程和移民工作时也多次强调为确保三峡的工程质量，必须实行严格的工程监理制度，强调工程建设监理。

此间，在中央领导的直接关怀下，有关监理的法律、法规逐渐完善并形成体系，监理行业的发展更加稳健，至 2001 年工程监理覆盖率已达 80%。

工程监理近年来已经在建筑装饰装修工程中普遍开展，装修工程从建筑工程中分离出来以后发展十分迅速，装修工程按其规模与标准已列入必须监理的范围之列。据统计，2000 年我国建筑装饰行业工程产值约为 3000 亿元，比 1996 年增长了 1.72 倍，年均增长速度达 30%，其中公建装饰与家居装饰各占一半，平分秋色。公共建筑的更新改造工程量明显高于新建工程量，建筑装饰装修行业已成为国民经济的新的增长点，起到了促进消费、拉动经济发展的作用。从事装修工程的施工与监理人员应该根据《建设工程监理规范》按照监理程序做好装修项目的质量、进度、投资三大目标控制工作，相信书中的内容会对大家有所帮助。

第一章　工程建设监理概论

第一节　工程建设监理基本概念

一、监理和建设监理

（一）监理

"监理"是外来词汇，我国尚无明确定义，可有名词或动词双重意义的理解，视其具体用处而定。直接理解为"监督管理"也可，但需清楚，"管理"含有立法职能，而"监理"偏重于执法。全面表述"监理"的含义可为：执行者（机构）依照某项准则，对某种行为的实施者进行监督管理，使其行为符合准则，达到预期目标。

由此可知，监理活动的实现，需具备两方面的主体，即监理的执行者和行为的实施者（即被监理者）；一个准则，即监理的依据和预定的目标。当然，一定的手段和方法是进行监督管理的措施，更不可忽视。

（二）建设监理

根据监理概念可知，建设监理是监督管理的一种，是对工程项目的建设而言。可简言表述为：建设监理是监理企业（监理工程师）接受建设单位委托与授权，对工程建设参与者的行为进行监督管理，约束其行为，使之符合国家的法律、法规、技术标准，制止建设行为的随意性、盲目性，达到建设单位对该项目的投资、进度和质量的预定目标。

由上述概念可知，建设监理的执行者是监理企业（监理工程师），被监理者宏观看是项目建设的参与各方，含勘察设计、施工、供应等单位，视建设单位委托和授权监理的范围和内容而定具体的被监理方，监理企业（工程师）只能在授权范围内监理。特别应注意监理的对象实质是参与建设各方的行为，而不是那些参与者本人。监理的时间应是与监理范围相应的建设过程，监理的依据是国家和各级政府主管部门批准的与该项目建设相关的法律文件，含立项、规划、勘察、设计、施工、供货各阶段的政府批件；相关的合同；设计图纸及说明；技术标准；施工及验收规范；以及政府主管部门制定的各种相关方针、政策、法规和规定。监理的目的是约束参与各方的行为，避免随意和盲目，以求在计划时段内达到建设单位预期的最大经济效益和质量标准，具体说来就是实现建设单位（也称业主）预期的投资、进度和质量三大目标。

二、工程建设监理的性质

工程建设监理是个含义很广的称谓，可理解为一种新的体制，也可理解为一种行业或一种建设活动，现从后两者角度认识，它是从事监理活动的行业，由各个监理企业（国有、集体或有限责任公司的企业，或科研、教学、设计单位的分支下属部门）组成的，这些单位与从事建设活动的其他行业相比较有显著的特殊性。

（一）服务性

在工程项目实施过程中，监理企业（工程师）利用所具备的工程建设专业知识、技能、经验及相关的经济法律的知识、政策水平和处理公共关系的协调能力，为建设单位提供服务，满足其对工程项目管理的需要。值得强调的是，监理企业不直接参与工程项目的生产活动，只是为业主提供高智能的技术服务，区别于施工与设计单位，它没有有形的产品，只是在产品形成过程中，投入了智力劳动，能使产品形成得更好，更能达到业主的预期目标。因其服务性而决定了监理企业必然要获得一定的报酬，即收取一定的监理费用，实行有偿服务。

（二）独立性

建设监理是一种独立的行业，监理企业与建设单位（业主）、施工单位组成了工程项目的"三方当事人"，其在建筑市场上各是独立的主体，虽然监理企业必须经过业主的委托和授权方能介入项目的管理活动，但其工作内容及所运用的理论、手段、方法均与建筑领域内的其他行业不同，具有自身的专业性，必须由专门人员从事工作；又由于它在项目建设中的地位及作用而构成它必须与设计、施工、供货单位有明显的界限，不得有任何横向的联合或纵向的隶属经营关系，故工程建设监理具有独立性，必须独立地开展工作。

（三）公正性

由于监理企业处在建设活动的三方当事人之间的第三方地位，应该说其自身的角色位置与建设领域中各有关方的要求，使其必须具有公正性。

首先是建设监理制对监理的约束条件是必须做到"公正地证明、决定或行使自己的处理权"。因为建设监理制的实施（仅以施工监理为例）使监理企业（工程师）在项目建设中具有了一定的约束施工单位的权力，同时在重大事项上对业主也具有一定的建议权，在实施过程中与施工单位的直接接触，也有许多可能与施工单位共事的机会，为了保证工程项目建设环境的安定和协调，为投资者和承包商提供公平、公正的市场氛围，监理企业必须以公正的第三方的立场对待委托方和被监理方，既要竭诚地为客户——建设单位（业主）服务，又要维护被监理方的合法权益，为完善和培育建筑市场的均衡发展，为推动监理业的健康成长并与国际接轨尽职尽责。

其次，因为承包商、供应商必须接受监理企业（工程师）的监督管理，故更迫切地要求监理方具有公正性，要主持公道，办事公正，依法处理各方事宜和纠纷。

公正性不仅是工程建设监理的性质，也是社会公认的职业准则，对于涉足监理工作的人来说更显重要，必须牢记并贯彻这项准则。

（四）科学性

工程建设监理既是一种高智能的技术服务，就决定了它必然具有科学性。监理企业（工程师）以协助业主实现对项目的投资、质量、进度的目标为己任，面对日趋规模庞大、功能齐全、建筑装饰装修完善的建筑工程，处在新材料、新工艺、新技术不断涌现的时代，在参与建设的单位众多、市场尚不够完善、各种关系互相制约的复杂环境中，监理企业必须以达到业主预定目标，同时维护国家利益，维护社会公共利益为天职，用科学的态度和方法、现代化的管理手段和措施，利用专业知识和技能，借鉴丰富的经验和作法，排除干扰，灵活应变，创造性地开展工作。综合以上监理工作的内容、环境及服务对象和国家利益的要求，建设监理活动必须遵循科学性的准则。

三、监理实施的前提

建设监理的实施是针对每一个具体的建设项目而进行的，因此建设项目是监理实施的载体，实施的前提是业主对监理企业的委托，双方签定委托监理合同，这将在第三章第一节中专门讲述，下节将介绍有关工程项目的知识。

四、建设监理工作范围和内容

任何工程项目的建成投入使用，都需一定的资金和一定的工期，而项目建成的总投资、实际工期、成品的质量是否与建设单位所计划的目标一致？有多少偏差？这些偏差是否在建设单位预期的范围之内？如何使建设项目在计划的投资、进度和质量目标内实现，是个十分复杂的动态变化，需要进行控制的问题，这就是社会化、专业化的工程建设监理企业协助建设单位应完成的任务，也就是建设监理的目的。具体到工程项目中监理的工作范围和内容将继续详述。

简单说项目施工阶段监理工作内容是质量、进度、投资三大目标的控制，其核心是合同管理，当然信息管理也是控制的基础工作。将在以后各章节的主要内容中论述。

第二节　工程项目及其管理体制

一、工程项目和业主

（一）工程项目

在一个总体设计或总预算范围内，由一个或几个互有内在联系的单位工程组成，一次性建成后经济上可独立经营、行政上可统一管理的建筑物。如某学院拟建其下属的研究所是一个工程项目，但其包含着办公楼、试验楼、锅炉房等三个单位工程，每个单位工程可以独立经营，但又在行政上统一归属为学院管理。工程项目具有一次性和单体性的特点，这是与其他工业产品显著不同之处。根据通用术语建筑工程及组成如下：

1. 建筑工程

为新建、改建或扩建房屋建筑物和附属构筑物设施所进行的规划、勘察、设计和施工、竣工等各项技术工作和完成的工程实体。

这个实体的组成可分解为单位工程、分部工程、分项工程，其划分依据如下。

（1）单位工程

①具备独立施工条件并能形成独立使用功能的建筑物及构筑物为一个单位工程。

②建筑规模较大的单位工程，可将其能形成独立使用功能的部分为一个子单位工程。

（2）分部工程

①分部工程应按专业性质、建筑部位确定。

②当分部工程较大或较复杂时，可按材料种类、施工特点、施工程序、专业系统及类别等划分为若干子分部工程。

（3）分项工程

应按主要工种、材料、施工工艺、设备类别等进行划分。可由一个或若干检验批组成，检验批可根据施工及质量控制和专业验收需要按楼层、施工段、变形缝等进行划分。

建筑工程的分部（子分部）、分项工程可按附录中附表Ⅱ-1采用。

2. 室外工程

根据专业类别和工程规模划分单位（子单位）、分部（子分部）工程，可按附录中附表

Ⅱ-2采用。

（二）业主

所谓业主实质是项目投资人，在我国是指由投资方派代表组成的，全面负责项目筹集资金、建设活动、生产经营、还贷偿债并承担投资风险的管理班子或个人。可有多种类型，如企业领导班子、董事会（多方投资者）、管理委员会（政府单一投资、行政任命）、合伙人代表或个人。

由此可看出，惟有业主才能对工程项目全面负责，其他任何一方仅对项目的某一阶段、某一部分工作负责。所以我国的基建项目推行业主责任制。

二、工程项目建设程序

任何工程项目尽管都具有一次性和单体性的特点，但仍然具有共同的科学规律。从提出设想到决策，经过设计、施工直至投产使用，都必须遵循共同的内在规律和组织制度——这就是项目建设程序，监理工程师的工作内容之一，就是在项目建设中监督其实施，对违反程序进行建设的行为进行劝阻和抵制。

我国工程项目的建设程序经历了几十年的不断完善，从正反两方面吸取了经验教训，特别是改革开放以后，吸收了国外先进做法，现已基本定型，按我国目前的建设程序，大中型项目的建设过程大体上分为两大阶段，如图1-2-1所示。

框图1-2-1中表示出委托监理的四种时间，最上方框位为项目全过程监理，即含立项阶段在内的全过程，第2框位为实施阶段的全过程监理，但因我国《建筑法》仅明确了施工监理的有关法律规定，设计监理尚未正式推行，因此现阶段尚未开展，但它是发展方向。目前业主多在施工阶段委托监理，即图中第3、4框位，可能在施工招投标之前，也可能在其后，即确定了中标单位后委托监理，请学员了解这点，不要产生误解。

（一）项目决策阶段

建设项目决策阶段的工作主要是编制项目建议书，进行可行性研究和编制可行性研究报告。

项目建议书是建设任何项目的建议性文件，经批准后方可进行可行性研究。后者是对拟建项目的技术和经济的可行性进行分析论证，经具备资质的咨询或监理企业选择最优建设方案编制出可行性报告，许多业主在决策阶段委托工程咨询单位做此项工作，经上级主管部门批准，作为项目最终的决策文件和设计依据。此阶段也称立项阶段。

（二）项目实施阶段

立项后，进入实施阶段，包括勘察、设计、施工准备、施工（含安装）、动用前准备、竣工验收等阶段性工作。至此已形成了固定资产，项目已完成。

（三）保修阶段

一般未列到基建程序中，但在此阶段还有建设单位与施工单位的相互工作和经济往来，监理企业根据与建设单位签订的监理合同，还应履行一定的职责，因此必须给予足够的注意。值得提出的是，我国基本建设程序在改革后，吸纳了许多市场经济的内容，与原计划经济体制下的程序有了较多的改进，如在项目决策阶段实行了项目咨询评估制，在实施阶段实行了建设监理制、工程招投标制，对整个项目实行了业主责任制，使基建程序更加符合市场经济的规律。虽然在短期内还会有一定的计划经济的影响，但我们相信，建设程序必将日趋科学、完善。

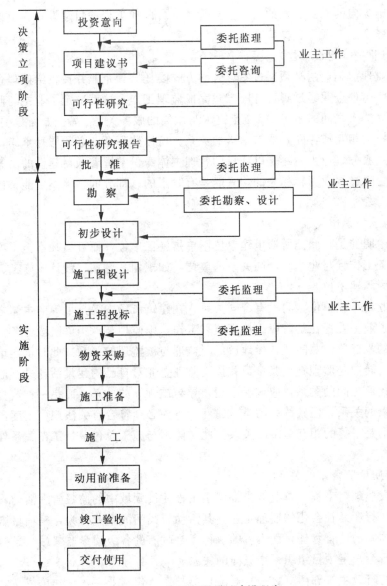

图 1-2-1　我国工程项目建设程序

三、项目三方管理体制

实行监理制后，我国传统的项目两方（建设单位与施工单位）管理体制被有监理企业参加的三方管理体制所取代，这是建设监理制的核心，也是与国际惯例接轨的重要步骤，其管理体制及相互关系见图1-2-2。这种管理体制被国外绝大多数国家公认，被誉为"合理使用资金和满足物质文明需要的关键"。在这里应该强调的是这种建设管理体制将政府有关部门摆在相关各方最上层的位置，对项目业主、承建商和

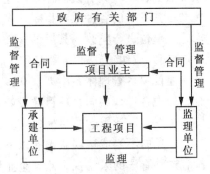

图 1-2-2　工程项目建设三方
管理示意图

监理企业实施纵向的、强制性的宏观监督管理，可以使工程项目建设行为更加规范。

四、监理企业与项目各参与方的关系

(一)与业主(建设单位)关系

在实施监理前，业主必须通过签订合同方式委托监理企业并授权给监理企业对工程项目进行监理，监理企业通过履行合同方式完成监理工作。这就决定了业主与监理企业一方面是两个独立法人之间的平等关系，是需求与供给的服务关系；另一方面是委托与被委托、授权与被授权的相互依存的要约与承诺的关系。所以监理企业必须履行承诺，按应允的条件努力为业主服务。业主始终是以项目的管理主体身份掌握着项目建设的决策权，监理的权力是从业主通过授权而转移来的，只能是有时限的、部分的，他不可能替代业主或超越业主行使权力。

(二)与承建单位关系

首先需说明的是，此处所谈承建单位不单指施工单位，而且指凡承担了项目的实施阶段中任何业务工作且与业主有合同关系的单位，如规划、勘察、设计、施工、材料设备供应单位等均为承建单位。

监理企业与承建单位之间没有合同关系，在建筑市场中各是平等的主体之一，但若监理企业接受了业主委托在某阶段内从事监理工作，则监理与承担该阶段业务工作且与业主签订了合同的承建单位之间就自然地形成了监理与被监理的关系。此时承建单位不再与业主直接交往，转向与监理直接联系，并接受监理企业对自己的建设活动进行监督管理。监理企业与承建商之间的关系，应该说不是领导与被领导的关系，而是一种监督、约束与被监督、被约束的关系，但其约束的是承建商的行为必须符合有关法规、制度，就两个单位与人员之间仍是平等的相互尊重的关系。此时监理与施工总包单位工作关系处理亦容后讲述。

(三)与质量监督站的关系

工程建设监理与工程质量监督虽都属于工程建设领域中的监督管理活动，但有很大区别，前者的执行者是社会化的监理企业，其活动属民间的企业行为，是项目组织系统内横向的平等主体间的监督管理，而后者的执行者是政府的各级质量监督站，是执法单位，其活动属政府行为，是项目组织系中纵向的关系。

作为政府行政主管部门(之一)对项目参与者(包括业主、承建单位、监理企业)的纵向监督管理，具有强制性，因此社会监理企业应接受、服从质量监督站的监督管理，并贯彻由其下达的各种政府指令，完成其交付的一些具体工作，如阶段验收后监督站提出要求施工单位进行整改，其后的复查工作往往交由监理企业完成。

(四)应纠正几种错误认识

建设项目管理体系中涉及众多方面，有多种合同关系，但目标一致，各方必须密切配合、通力合作，共同把项目建设好，不可因一些模糊甚至错误的认识，干扰了相互间正常协作关系，以致影响总目标的实现。

常见的不当或错误认识有以下几种：有人认为，业主与监理之间是雇佣与被雇佣关系，持有这种看法的人忽视了监理企业作为独立的法人单位所应具有的法律地位，使其处于附属于业主之下，也忘记了业主与监理之间的合同关系，将业主视为雇主，如此，则意味着在工作范围内，业主对监理人员具有任意指挥权，这有损于监理企业的独立性，是十分不当的。与此相反，有人认为，监理是"代甲方"，或甲方的"代理人"，因此工作中监理可以独揽大权，随意作主，忽视了业主对工程项目所具有的管理权和主导作用，忘记了监理只能在业主委托授权范围内行使一定的权限，况且，在监理活动中监理工程师如有失误是要承担一定的经济、法律责任的，业主对监理既无委托授权代理人，也不可能对其失误承担民事责任，因此监理不是业主的"代理人"，也不能是"代甲方"。

对于监理与施工方的关系，有人错误的理解监理就是"监工"，这是对三方管理体制的曲解。监理、施工是新的管理体制中平等的两个方面，监理只能监督约束施工单位在法律、法规的范围内实施建设活动，施工单位及其人员的社会地位和人格仍独立存在，必须尊重，在工作中必要时还应给予帮助，调动其最大的主观能动性，消除施工的随意性和盲目性。监理人员绝不能以权压人，刁难、命令他们，相反，应该在施工单位和业主之间作一个公正的第三方，竭诚为业主提供服务，同时要维护双方的合法权益，也就是说，当施工单位与业主有争议时应按合同条款给以协调，需要仲裁或诉讼法律时，要客观公正的出示证据。只有正确的理解和处理好各方的关系，才能聚分力为合力，搞好项目建设。

第三节　建筑装饰装修工程监理概述

为保护建筑物的主体结构、完善建筑物的使用功能和美化建筑物，采用装饰装修材料或饰物，对建筑物的内外表面及空间进行的各种处理过程称为建筑装饰装修工程。

建筑装饰装修工程一般属于工程项目建设中的一个阶段，但随着经济发展，许多旧建筑的改造和升级也逐渐增多，建筑装饰装修作为独立的单位工程也日渐增加。由于社会的发展和人民生活质量的提高，对生活环境、工作环境的舒适度的要求日趋强烈，新的建筑工程的装饰装修档次和标准提高，旧的建筑物装饰装修改造的频率加快，甚至有五、六年翻新一次的趋势，家庭居室装修也方兴未艾。

无论是新的工程项目，还是建筑装饰装修改造的工程项目，它们都必须要遵循基本建设的管理程序和各种有关法规、政策，也就必然应按建设监理制所推行的一系列规程、方法、程序进行监理活动。

一、建筑装饰装修工程监理的重要性

（一）装饰装修工程设计需要监理介入

装饰装修工程更多的注重于艺术性，它直接反映着人们对生活环境质量的向往和业主的个性特征。但业主往往只具有一种朦胧的意向，需要建筑师从美学、文化内涵、环境、技术、材料等方面综合构思、设计，通过施工人员在装饰装修过程中实现。从这个角度看，监理人员的介入都十分必要，他们可以作为专业的建筑设计师和业主之间的桥梁，起到沟通协调的工作，有利于业主的意向变为现实，具体说来，监理工程师将协助业主做好以下工作：

1. 编写设计要求文件

任何一个建筑装修装饰工程在委托设计（有时与施工是同一单位）前，都应把业主的要求写成书面文件，即编写设计任务书，要写明项目的性质、规模、用途、装饰装修标准、具体做法和材料、构配件的选择等，以达到实现业主对装饰装修的工程总效果的意图。这个文件非常重要，它决定了装饰装修工程的格调、品位和投资，如何确定这个总效果和周

围环境协调，和毗邻的建筑物融合和谐，既能反映业主的身份、职业、爱好和个性，又能在业主的资金额度内实现，必须有专业的监理人员帮助业主以书面形式确定下来，并交与设计人员，即作为他们的设计依据，也是业主验收图纸的依据。

2. 作好资金计划

建筑装饰装修工程的标准无统一规定，反映在设计构思的格调和艺术性方面更难以划一，在材料、构配件的造型、产地、计价等方面种类繁多、差距甚远，同一型号同一产地不同进货渠道的材料差价也变化频繁，同一品种材料也往往性能不一、外观不一，如果设计时缺乏专业人员的参与，业主的投资额不易控制。如果是大的工程，有正式设计单位的建筑师负责设计，还基本能达到业主愿望。但一般的改造工程和家庭装修多是施工单位负责设计，对非专业人员的业主来说，其标准和价格难免良莠混杂、真伪难辨，如监理人员作为专业人员参与其中，既了解业主的意向、实力和需求，又了解市场行情，可以妥善地加以处理，使业主能在计划的资金额度内最大限度地实现自己的意图。

3. 处理好建筑装饰装修与结构的关系

建筑装饰装修设计是在结构设计（或竣工）基础上的"再创造"工作，应以保证（不破坏）结构安全为前提。有些非专业人员，盲目满足业主的要求，进行装修施工时破坏了主体结构的受力体系，造成安全隐患或危险，甚至破坏了原有的设备，如水电管网，导致使用功能受损或丧失。尤其在家庭装修和旧建筑改造时，往往没有完整的装饰装修设计图纸即开工，边做边改，又没有原有建筑物的建筑设计和结构设计、设备安装图作参考，随意拆改、移动，造成被动，为避免这些现象的发生，需要专业的监理人员作好业主的参谋。

（二）签订和管理合同需要监理

1. 建筑装饰装修工程承发包的形式

在工程建设项目中，业主选择设计、施工、监理企业可有多种承发包方式，但较通用的有下列两种：

（1）总承包　是指一个建设项目全过程的全部工作由一个承包单位全面负责组织实施。但有时也对其中某个阶段而言，如对大型公共建筑的装饰装修阶段，也可由一个总承包单位负责组织实施。

总承包单位可以将若干专业性工作交给专业施工单位去完成，并统一协调和监督他们的工作，最终向建设单位（业主）交付工程。

（2）分承包　相对总承包而言，承包者不与建设单位（业主）直接发生关系，而是从总承包单位任务中分包某一单项工程或专业工程，并对总承包者负全责。

如建筑装修工程仅为项目中的一部分，可由业主直接发包，如图1-3-1，大型建筑装饰装修企业可能承接到这一类工程；也可由施工总承包发包，即装饰装修成为分包单位，如图1-3-2。中小型建筑装修企业大多是从总包单位分包到部分工程，对于专业性极强的公司，一般都属分包。前者建筑装修公司做为总包可再按专业进行分包，适用于项目规模较大，标准较高的工程，后者建筑装修施工已为分包单位，则应全部自行承担所承包的建筑装修工程，不得再行分包，这适合于规模小、通常标准、专业性不强的项目，一个水平较高的队伍即可完成所有装饰装修任务。

对于装修工程中的某一专门项目，往往是设计、供料、施工一条龙服务。由于专业性

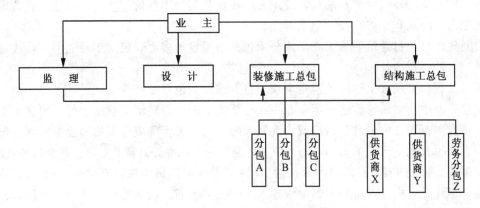

图 1-3-1　业主直接发包

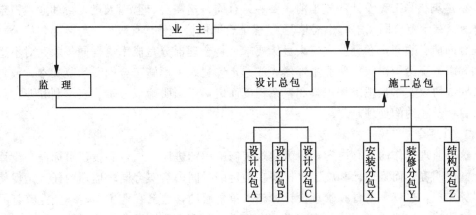

图 1-3-2　业主直接发包，总包后再分包

较强，大多由专业施工（设计）单位承包。如装修工程中的玻璃幕墙工程、高档石材铺贴等，又如金属结构制作、弱电系统、空调系统及防灾系统的设计与安装等，专业分包队伍施工更易保证质量。

监理工程师应该协助业主选择适宜的发包方式。

2. 签订合同

"合同法"和"建筑法"对总承包、分包都有严格规定，分别对建设单位（业主）和承包单位作了要求。如，发包人可以与总承包人订立建设工程合同，也可以分别与分包人订立施工合同，但不得将应由一个承包人完成的建设工程肢解成若干部分发包给几个承包人。总承包人或分承包人经发包人同意，可以将自己承包的部分工作交由第三人完成。第三人就其完成的工作成果与总承包或分承包人向发包人承担连带责任。但不得将其承包的全部工程转包给第三人或者将其承包的全部工程肢解以分包的名义分别转包给第三人。禁止总（分）承包人将工程分包给不具备相应资质的单位。禁止分包单位将其承包的工程再分包。建设工程主体结构的施工必须由总承包人自行完成。

在此特别要强调的是，不准转包，所谓转包，是指建设工程的承包人将其承包的建设工程倒手转让给他人，使他人实际上成为该建设工程新的承包人的行为。这种层层转包造成工程实际投资的逐层盘剥和克扣，使工程的质量受到根本性的损伤，同时还为腐败现象的滋生制造了环境和土壤，必须坚决禁止。

对新建大型项目建筑装修工程采用分承包的情况较为多见，但对于独立的装修改造工程总承包的趋势在增长。

监理工程师必须按上述相关规定审核承包方式及承包单位的合法性。

对修缮及中小型装修改造工程若业主在选择施工企业前聘请监理工程师（因这类工程不在必须监理范围之内）进行监理或咨询服务时，监理工程师应做到协助业主考察承包单位的实力及拟投入本工程的人力、物力资源、企业的资质等级、营业范围、资金财务状况、业绩信誉等，单位的实力必须与所承接的工程相匹配，可以做为项目部的经济和技术后盾。同时也必须注意，拟投入本项目部的管理人员、技术干部、现场操作工人、各种机具、设备等资源要数量足够、质量稳定、持续供给，避免大企业的名不符实或小企业的虚张声势，这两种况状均会导致工程难以顺利进展。

在建筑装修工程设计和施工前，要签订合同，这需要有监理人员，帮助业主拟定和审核条款（有示范合同文本时也需填写），保证合同的公正性、有效性。与装饰装修公司签订工程合同前必须完全领会业主三大目标要求，将合理部分写成术语合同条款，对不适宜的一些要求需要给予说明，使业主释然。或选定"建筑工程施工合同"示范文本，或自行拟订合同或协议文本，视工程规模和繁杂程度而定，必须明确双方责、权、利和业主预期的三大目标及违约的处理。

3. 管理合同

这是监理工作的核心内容，因为建筑装修工程的进度、质量和投资目标需在设计或施工合同中明确，而且设计和施工单位要在约定的时间内落实合同。监理的任务是促使这三大目标实现，也就是监督和管理设计、施工单位履约，这已在业主与监理企业签订的监理合同中明确，故选定恰当的、有水平、有信誉的监理企业协助业主作好前述的合同签订和管理工作至关重要。

（三）施工阶段需要监理在进度、质量、投资控制中发挥作用

装饰装修工程要达到业主的预期目标，没有专业的监理人员的介入是十分困难的。一则达到计划目标需要一系列的专业检查，从各种材料、构配件到各工序、各分项分部工程的施工工艺操作过程，均要达到相应的规范标准，各种工程计量及资金支付都应符合有关定额和造价文件的规定；再则这是一种全过程的、微观的控制，业主既不可能掌握所有相关专业知识（建筑、结构、装修、水、暖、强弱电、概预算），又不可能有偌大的精力和充足的时间，必须聘请监理企业的专业人员协助自己从事三大目标的控制工作，他们发挥其专业特长，专职在现场跟踪，实行动态控制，才能促使设计和施工人员按预定目标搞好装饰装修工程。

（四）协调各方面关系与矛盾需要监理

装饰装修工程涉及面广，参建者多，从项目内部讲，总包、设计、各专业分包、各供货商；从外部讲，毗邻建筑物产权拥有者、使用者，施工过程中难免发生扰民和民扰问题等，有诸多关系交叉，有众多规章制度制约，一个业主难以了解多方面的关系构成，施工过程中的诸多矛盾和分歧。

对项目内部，监理工程师用合同来协调各参建者之间的关系，其原则是分包服从总包，

各分包之间均要服从大局，以总目标为中心，局部服从整体。对项目外围单位之间的关系协调，原则是下级服从上级，遵守法规和规定，维护社会公共利益和环境效益，与相邻单位友好协商处理矛盾，不能强调自身工程的需要而妨碍他人的基本权益。

监理人员因具备一定的专业知识和掌握基本建设相关法规政策，具有一定的组织协调能力，又亲临现场了解第一手资料，有利于判断事务的轻重缓急和区分责任大小、后果影响，故无论各专业之间的矛盾，如设计图纸不交圈，专业之间有疑难问题，还是各分包单位施工顺序间的干扰问题、成品保护问题、各分包与总包之间合同的理解和履行过程中的纠纷问题等等，监理人员都应妥善公正的处理，实在难以协调解决时还可按照合同约定的纠纷处理程序解决。

监理在项目实施过程中的协调工作是相当繁重的工作，可以说时时有、事事在，如果没有监理，业主则可能被拖得疲惫不堪，监理把这重头的工作承担下来，业主可以腾出时间去做他擅长的本职工作，这也是社会分工的体现。当然，有些协调工作必须由业主完成，如接受当地政府有关部门的检查，一些政府行为带给项目实施的困难等，监理不能代替业主处理。

二、建筑装饰装修监理工作应纳入设计管理

在我国的建筑法中，只明确了实施建设监理制，其具体内容指施工阶段监理，目前对工程建设的设计监理是否开展，应如何开展，上级领导和相关业务部门尚在研究，还未得出一致看法，就是结构设计也未曾开展设计监理。但是在装饰装修工程中，有设计资质的施工单位可以兼营设计业务，业主（或总包）也将某项工程的施工与设计全部发包给他们，监理企业虽然能分清自己的业务范围，即不负责设计监理，但在实际工作中已不能限定在施工监理范围内，尤其是改造工程，往往业主对进度要求很迫切，未出齐施工详图就要求施工是常见之事，更有甚者，双方约定好标准后，不用图纸仅凭经验做法施工，或者是先施工后补设计图，监理面对这种局面不得已必须介入设计的管理工作。将装饰装修设计的管理工作纳入施工监理的业务范围，是装修工程监理与整体工程监理不同之处。但要注意装修设计管理并不是承担装修工程设计监理工作，这两点是有明显区别的。前者只是协助业主（或总包）督促设计出图，尽量做到不致因图纸进度而影响工程进度，并通过图纸会审尽量消除各专业之间的矛盾；而后者则意味着，监理企业须对装修设计图纸的质量负责。就目前的法律规定监理无权、也不应该承担这部分责任。而对于装修改造项目，其设计的质量虽然仍由设计单位负责，但需要监理工程师协助业主对设计进行一定的管理工作，监理工程师应对设计质量起到参谋和辅助的提高作用，主要是促使设计进度能保证工程进展的需要。

根据前述，装修设计多是整个装修工程合同的一个组成部分，因此监理工程师有责任协助业主做好设计的前期准备工作和设计的管理工作，具体工作将在以后内容中详述。

第四节 目标控制的基本概念

一、控制的程序

控制是指管理人员按计划标准来衡量所得的成果，纠正所发生的偏差，以保证计划目标得以实现的管理活动。建设监理的中心工作是目标控制，故监理工程师必须掌握控制的程序及其基本工作环节。

控制程序如图 1-4-1 所示，从资源投入开始，在制定好的目标下运行，由于外界干扰引起的内部因素变化，实际（输出）的状态会与目标有偏差，需要采取调整纠偏措施，或改变计划目标，或改变投入，使工程得以在新的计划状态下为实现新目标运行。控制就是一个定期进行、有限循环的动态的平衡过程。

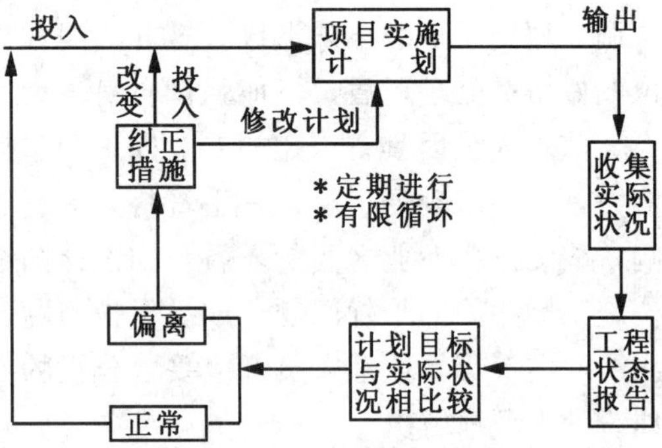

图 1-4-1 动态控制流程图

二、控制过程的基本工作环节

从控制的程序中可以得出，建设项目目标控制的全过程，是由一个个不断的、循序渐进的循环过程组成的，贯穿在项目建设的全过程中，最后达到项目建成。控制过程中基本环节工作关系如图 1-4-2。

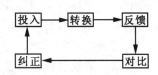

图 1-4-2 控制过程基本
工作环节

（一）投入

控制过程自此开始，主要是指施工单位的资源即工、料、机、资金的数量及技术保证措施，必须能按计划、按时间和地点投入到项目上来。

（二）转换

实质是产出，有了投入必有产出，但建筑工程不同于一般的工业产品，它是由各分项、分部的产品逐步转换成最终产品的，故必须做好各个过程中的转换控制工作，跟踪工程进展，掌握各种计划的实现情况和干扰因素的原始资料，为以后确定偏差及其纠正打好基础。

（三）反馈

这是控制的基础工作，就是给控制部门提供信息，含已发生的工程情况、环境变化和对未来工程的预测信息，其中书面形式的报告为正式反馈信息，口头的信息反馈为非正式方式，也不应忽视，且应尽量使其转化为正式信息反馈。应使信息及时、准确、可靠，建立信息来源和供给程序，规范信息反馈工作。

（四）对比

将实际目标成果与计划目标值进行对比，以便确定是否发生偏差，注意确定偏离的标准必须按本质判断，而不可用表面或局部现象代替。例如，进度偏离不能用非关键线路确定整个工程工期的偏差，也不能用关键线路上的非关键工作确定。对比、判断可采用定量与定性或两者结合的方法。还应特别提出的是，偏差不单指未达计划目标的负偏差，超越计划的正偏差也应引起注意，如某单项工程进度过分超前可能引起不平衡的不利影响，也需分析甚至纠正。

（五）纠正

对偏离的情况采取措施纠正使工程得以在计划的轨道上进行，这是控制的核心，纠正就是控制的成果。视偏离的程度决定采取纠正的措施，可从投入上下手，也可从计划目标上调整。

以上每个工作环节是连续循环的，每经一次运行应出现一种新的状态，使项目得以良性有次序地运行。

三、控制类型

控制按方式和方法可分为多种类型，如可按事物发展过程分为事前、事中、事后控制，也可按控制信息来源分为前馈和反馈控制等，但归纳起来不外下述两大类：

（一）主动控制

预先分析目标偏离的可能性，拟订并采取各项预防性措施，以使计划目标得以实现，称为主动控制。可以看出它是事前控制，是前馈控制。分析环境条件确定有利因素加以利用，识别风险因素并且设法避之，做好组织工作，调动最充足的各种资源，及时沟通信息，做好预测未来的工作等是做好主动控制工作的有力措施。

（二）被动控制

当系统按计划进行时，管理人员跟踪后对输出的信息加工整理，再传给控制部门，使其人员得以找出偏差，分析原因，制定措施纠偏的控制称为被动控制，是反馈控制。所谓被动只是表示时间是在输出后，从发现偏差开始控制，形式是被动的，但仍是一种积极的重要的控制形式，监理工程师多采用这种形式。

两种控制的方式互相补充，缺一不可，应在控制过程中加大主动控制的比例，同时进行连续的、定期的被动控制。如此，项目的控制目标即可实现。

四、工程项目目标及其确定

（一）三大目标。

工程项目的建设需要一定的投资和时间，最后应达到一定的质量标准，这就是任何建设项目都应具有的投资、质量、进度三大目标。

1. 质量目标

根据《建筑工程施工质量验收统一标准》，建筑工程质量执行验、评分离的原则，工程验收按国家规范仅有"合格"一级，评优工作由社会机构组织评定，分为国家和地方两档，国家评优工作由中华人民共和国建设部、中国建筑业协会联合评定并颁发奖状，奖项为"中国建筑工程鲁班奖"（国家优质工程），2002年建设部新设立、首次评选的"中国建筑装饰工程奖"。地方奖项由各地主管部门确定的社会机构负责，如北京地区为北京市工程建设质量管理协会组织，由"北京市优质工程评审委员会"评定并颁发奖项有五种："北京市结构长城杯"工程证书；"北京市长城杯工程"证书；"北京市结构优质工程"证书；"北京市优质工程"证书；"北京市装饰优质工程"证书。每项工程竣工后，由施工单位申报，由主办单位根据有关规定进行入围评审，然后在项目运行一年以后对入围项目各有关指标、竣工资料、观感质量进行评定。于每年第四季度内评出上一年度的获奖项目，在相关报纸上发表。其他城市也有优质奖，如上海市"白兰杯"、山东省"泰山杯"等，还有些企业内部的优良等级。

近来业内对工程质量的衡量标准提出了"精品工程"之说，获得上述奖项的工程自然都是"精品工程"，但因获奖受名额所限，普遍认为凡符合以上奖项入围条件，具备设计新颖、技术含量高、环境环保达标的基本要求的工程，虽未获奖仍可视为"精品工程"。具体说应具备以下特点：

（1）结构质量应该满足地基基础稳定牢固、上部结构坚固耐用；

（2）装修工艺精细、效果美观（如：角面线顺平直，清除污染毛边，各种界面分明清晰，色调光洁一致，细木制作精美）；

（3）使用功能令用户舒适（如：水暖电气设备安装牢固可靠，各种设备运行平稳等）。

"精品工程"应该是优中选优的工程，它内坚外美，经得起时间的考验，经得起微观的检查，是用户非常满意的工程。装修前结构的骨架早已完成，它的质量优良主要是体现内坚，当然也为装修创优备下了较好的条件，即使结构工程有某些小缺欠，通过装修也可以将其弥补，甚至美化。装修工程对整个工程项目的质量标准起着较大的作用，通过材料和工艺使建筑物达到观感和美学上的良好效果。因此"精品工程"应该说主要靠装修施工水平来达到。

在建筑装饰装修工程制定质量目标时，达到"合格"目标是最基本的目标，施工企业应以自身的实力制定出较高层次的目标，尽量向"精品工程"的方向努力（当然也需要业主的支持与投入），监理工程师可根据实际工程的各方面条件提出参谋建议。

2. 进度目标

进度目标值实质是完成工程项目所需用的日历天数。从开工到竣工日，业主根据资金筹集情况、工程规模、标准、使用（投产）要求，拟定出意向工期，监理工程师应根据经验，参考工期定额、总承包商实力等因素协助业主确定出只要稍加努力，赶工即可达到的合理工期，应恰当的留有余地，以备应对各种特殊情况，且不可一味压缩工期，因为定额工期是有科学根据的，既使采取各种有效措施，缩短定额工期三分之一已是相当可观，根据经验已经接近极限值，倘若过份压缩工期，将会影响质量和投资。

3. 投资目标

在施工监理中谈及的投资目标即业主为拟建项目投入的建筑安装工程造价，对建筑装饰装修工程而言，最根本的是业主的装修标准和实际的工程量，因此在委托设计时明确设计任务书，使设计人员充分理解业主意图，在一定的工程量的前提下，保证使用功能和美观效果，根据图纸计算出工程概算，这就是初始的投资目标，即合同价，最终以结算价为准。一般装修工程工期较短，以静态投资值为目标值即可。实际上结算价往往超出工程概算，因为工程实施过程较长，有调价因素的影响，更难免发生设计变更洽商，监理工程师在协助业主确定目标值时的工作是很细微的专业工作和协调工作，详见后述。

（二）目标的确定

这三大目标应该是在策划阶段由业主确定的，但如果监理企业受业主的委托，参加了建设项目前期的监理（或咨询）工作，也应在确定目标的工作上提出供业主参考的意见，使这三大目标能确定得更合理、更科学。投资目标往往在规划设计阶段显示，而进度和质量目标在招投标阶段显示，监理公司在协助业主制定招标文件时应做充分的研究，使这两个目标值切实反映业主意图，能为施工单位接受，也使自己的监理工作心中有底。这三大目标都将在施工合同、监理合同中确定，是监理工程师工作的依据。

（三）工程项目投资、进度、质量三大目标的关系

1. 相互对立统一的关系

投资、质量、进度这三个目标之间的关系是相互对立的，又是统一的。

这三个目标之间的矛盾与对立关系是显而易见的，在通常情况下，如要求质量目标高，势必投入较多资金和花费较长的建设工期；要求进度超前，如不增加投入势必要降低质量标准，甚至有时既便花费更多的资源也难以达到；这些都表现了三者矛盾对立的一面。

但其也具有统一性。如增加一定的投资，可以提高建设速度，缩短工期，使项目早投产早动用，尽早回收资金，项目全寿命的经济效益将得到提高；适当提高质量标准和功能要求，可能使建设期一次性投资增加、工期延长，但可为动用后的使用提供保障，减少经营费和维修费，降低产品成本，减小更新换代的投入，也能获得较好的经济效益。这一切又说明了三个目标之间具有着统一性。故三大目标关系简要地说，在建设期内是矛盾对立突出，从全寿命考虑，统一是本质。

2. 三大目标组成项目的目标系统

一般说来，监理公司在项目建设时的基本任务是对建设项目的建设工期、项目投资和工程质量进行有效的控制，这三大目标可以表示成如图1-4-3所示，像三个枪靶组成的项目建设目标系统。这个目标系统，是一个相互制约相互影响的统一体，其中任何一个目标的变化，势必会引起另外两个目标的变化，并受到它们的影响和制约。比如说，项目建设如果强调质量和工期，则对投资就要求过严（必须有充足的资金保证），建设目标应分布在（4＋1）号区域；再比如，如果要求建设项目同时做到投资省、工期短、质量高，即对三者同时有较高要求，建设目标则应分布在1号区域，这是建设监理的理想结果，就如

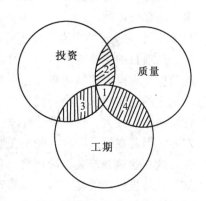

图 1-4-3 项目建设目标系统

同要求一枪射出、三靶皆中那样，只能是一种理论的要求，而实际几乎是不可能实现的。为此，在进行建设监理时，则应根据业主的要求和建设的客观条件进行综合研究，实事求是地确定一套切合实际的目标。

综上所述，三大目标之间互相依存，互相制约，是一个系统的整体的大目标，监理工程师应设法做到使目标系统获得最佳效果，而不从单独的某一个目标的效果来决定取舍。如将项目进度计划目标制定或调整得既可行又优化，使工程进展有连续性、均衡性，不仅缩短工期又可使质量稳定，虽投入未降低，从短时间内看投资增加，但从长远看，从整体看经济效益较好，则这个目标系统仍是合理的，故在制定目标时反复协调三个目标之间的需求与效果关系，以实现目标系统最优为标准，避免盲目追求单一目标而冲击或干扰其他目标。

五、工程建设监理三大目标控制的含义

（一）投资目标控制含义

投资目标控制是指在整个项目的实施阶段开展管理活动，力求使项目在满足质量、进度要求的前提下，实现实际投资额不超过计划投资额。这其间包含下述含义：

1. 投资控制不是单一的目标控制

在确定或论证投资目标时，必须考虑目标系统的协调和统一，同样，在工程施实阶段进行控制时，也必须分析项目的整体需求和平衡，力求做到各目标之间的综合优化，必须在控制投资目标时兼顾进度和质量两目标，减少对它们的不利影响，不可顾此失彼。

2. 投资控制应全面

宏观说来投资控制是指在项目建设过程中全部费用的控制，包括项目前期、设计阶段、施工（含保修）阶段的一切投入。在业主委托下，监理工作处在何种阶段和范围就应按该

阶段范围内的投资目标控制好。在施工阶段范围内钱花在何处，就在何处控制。还应对投资的时间与数量进行控制。即资金的投入应与工程的进度匹配，资源配置应平衡，这就要考虑资金的时间效益不能损失，并求得到三大目标的均衡。

3. 投资控制是微观控制活动

项目的投资控制是微观的监管活动。必须将投资目标分解，如施工阶段应从分项、分部工程开始，注意各种费用的组成，分别逐项的加以控制，从"小"处着手，放眼全过程，多方面综合控制。

4. 影响投资的重点是设计阶段

从项目的实施阶段分析，设计阶段对投资的影响程度是最大的，约占90％左右。应以此阶段作为投资控制的重点，其中随设计阶段的不断深入和细化，工程构成情况愈加明确，可优化的空间越来越小，优化的条件限制却越来越多，其影响程度也趋于减弱，以方案设计阶段影响最大，初步设计阶段次之，施工图阶段已明显减弱。到施工阶段不过占到10％左右。因此在设计阶段，特别是它的前期阶段，监理工程师应十分重视确定合理的投资目标，这在建筑装修装饰阶段更为重要。建筑装修装饰设计方案及标准的制定是建筑装修装饰工程总投资的关键。因为随着现代化建筑的发展，装修水平不断提高，其费用在全部项目投资中所占的比重越来越大，必须从设计着手严格控制。详见以后章节论述。

5. 施工阶段投资控制的重点是设计变更洽商

在设计图确定之后，因为各种原因在施工过程中都不可避免的会发生工程变更洽商，这是影响工程结算造价超过预算的重要原因。监理工程师应把此项工作作为控制重点，严格履行工程变更洽商的程序，对于导致费用变化尤其是增加费用的变更，更要认真审核，不但要符合技术可行，还要征得业主同意，详见以后程序图表。

（二）质量控制的含义

质量控制是指为满足项目总体质量要求而开展的有关监督管理活动。其含义有以下诸方面：

1. 建设项目的总体质量目标内容广泛

建设项目的质量目标按规定只有合格与优良两级，实质上无论哪一级都涵盖了广泛的内容，它不仅包含了在工程项目实体、功能、使用价值、室内环境等方面业主所要求达到的程度，还包含对全体参建单位和人员的工作质量的要求，凡构成以上各方面的因素，都可列入应当控制的质量目标范围。这种广泛性要求监理人员在整个项目实施的过程中进行控制。

2. 建设项目总体质量的形成有明显的过程

任何建设项目总体质量的形成都与过程息息相关，在实施过程中各阶段都对项目总体质量有着重大影响。从决策、设计、施工到验收，各阶段都是项目总体质量目标的实现过程，都有质量控制的分目标。就施工阶段而言，监理工程师必须根据本阶段的特点，确定质量控制分目标和任务，将质量目标分解到各分项、分部工程，最终落实到各工序的具体目标，只有各阶段的分目标都达到了，才能实现项目总目标。

3. 影响质量目标的因素众多

工程项目质量总目标虽然涉及到各阶段，但却有着共同的特点，即影响质量的因素众多，归纳起来不外下列五种：人、机械、材料、方法和环境（简称4M1E）。这五种因素还存在于设计、施工、监理、业主、供应商等众多单位中，各因素在各个阶段对质量影响的程度不完全等同，监理工程师应在普遍控制的前提下，针对不同阶段找出重要因素进行有效控制，以确保为实现质量总目标提供良好的条件。

4. 监理的质量控制与政府的质量监督紧密结合

因为工程质量不仅影响业主的投资效益，还关系着社会公众利益，在城市规划、环境保护、安全可靠、满足使用要求等方面有社会影响性。政府的建设主管部门之各级质量监督站代表政府行使其职能，监督管理工程项目的合法性，并派出专业人员以行政、司法为主辅之以经济、管理的手段，采取阶段性的和不定期的巡视、抽查、监督、验收、接受备案等方式，对项目的施工质量进行监督管理，这种管理是宏观的、强制性的，不仅对施工单位，监理企业和建设单位也在被监督范围内，必须服从。监理人员还应配合质量监督站做好平时的微观控制，监理与监督紧密结合，实现质量目标更有保证。

5. 工程项目质量控制是系统控制

工程项目质量形成有过程性，影响质量的因素又众多，其控制就必然要细致、全面，为做好这项工作，应预测防范好各种影响因素的风险，将事中控制和事后控制结合起来，进行动态的控制，利用组织、经济、技术、合同措施及时纠偏，这一系列工作实质上是质量控制的系统工作，监理工程师应把质量控制做到序列化，达到有机整体控制的目的。

（三）进度目标控制的含义

工程项目进度目标的控制，是指为使工程项目的实际进度符合计划进度的要求，按计划的时间动用（工业项目达到负荷联动试车成功，民用项目交付使用）而开展的有关监督管理活动。

其含义为下述几点：

1. 进度总目标与各阶段目标

一般情况，某一项目的总进度目标是由完成各阶段进度所需的日历天数组合而成，依我国的建设程序而定。但也有特殊情况，决策阶段和前期阶段因各种原因，有时与实施阶段脱节，故一般来讲工程项目的进度目标指实施阶段而言，含勘察、设计阶段，施工（含保修）阶段。进度目标由业主或参建单位以合同形式确定，监理工程师在委托的范围内对进度目标进行控制。在施工阶段一般是将施工进度总目标分解为年度、季度、月度分进度目标来实施控制。

2. 进度控制涉及项目全部构成

由于项目进度总目标终值是计划动用时间，故监理工程师必须对影响项目动用的各子项工程的进度都要控制得体，从实施的范围讲，要控制勘察设计、施工准备、招投标、施工各阶段的进度目标。施工阶段不能只顾主要的单位工程而忽视附属工程，不能只顾红线内而忽视红线外的室外工程，不能只顾土建而忽视水、电设备，如有的工程就因消防验收未安排好而延误了项目的动用。所以要对构成项目的各个分部、各分项工程的进度都进行控制。当然要分清主次，将目标分解，形成周密计划，有条不紊的开展控制工作。

3. 进度控制具有复杂性

影响工程进度不能按计划进行的原因众多且十分复杂，有客观条件也有人为因素。施工环境、自然条件对进度会产生影响，人为的干扰更难以预料，政治因素、社会因素也会影响进度，监理工程师必须对以上诸多因素有效地控制，尤其是要做好预控，预防为主，防范风险，还要会适应环境，有应变应急措施，才能达到进度目标的实现。

4. 组织协调是进度控制的有效手段

在影响进度的因素中，社会因素、人为因素都需要监理工程师做大量的组织协调工作，促使不利因素淡化，尽可能促其转化为有利因素。协调工作离不开业主，尤其是与政府部门、毗邻单位等这种无合同关系的远外层单位的协调，必须以业主为主，监理企业配合处理好公共关系，以维护社会公众利益为原则，减少不利因素对进度计划的干扰。对有合同关系的近外层（设计、供应商）的单位和项目的三方之间的关系协调，监理应该主动多做工作，调整好各层面之间的人际关系，使其融洽各自履约，并能互相理解和支持，通力合作，保证进度在受控状态内。组织协调的手段虽然在三大目标控制中都有作用，而对进度控制的作用最为显著，监理工程师必须具有协调能力，掌握好这个重要手段。

监理企业（工程师）应勤奋谨慎地工作，在完成上述任务过程中发挥自身应有的优势，竭尽全力力求实现建设单位对工程项目的投资、进度、质量的预定目标。在此需要说明，建设监理的目的是力求而不是保证实现项目的预定目标，这是因为监理企业只参与技术性的服务工作，而不直接参与项目的设计、施工、采购等具体的生产实施活动，项目的实现是靠设计、施工单位完成的，无论在项目的全过程还是阶段性的监理工作中，监理方只能在自己的职责范围内行使权力，履行义务，做好组织协调、动态控制、合同管理和信息管理工作，并与建设单位和施工单位一起共同实现项目的三大预期目标，而不可能通过自己一方的服务性工作来保证预期目标实现。

复习思考题

1. 何谓建设监理？其任务和目的是什么？
2. 监理企业具有什么性质，实施建设监理的依据是什么？
3. 建设监理的目标控制原理是什么？如何理解三大目标之间的关系？
4. 控制的类型和方式都有什么？
5. 简述我国基本建设程序和管理体制。与监理制配套的还有什么制度？
6. 建筑装饰装修工程监理与整体工程施工监理比较，工作内容有什么变化？

第二章 工程建设监理法律法规

第一节 法律法规简介

我国法律法规除根本大法《中华人民共和国宪法》外，可分为三个层次，由全国人民代表大会通过的法律；由国务院通过的行政法规；由具有立法执能的国务院主管部门及地方政府颁布的部门规章制度。本节主要简介与监理有关的国家法律和行政法规。关于监理行业的技术类规范和标准由相关部委及主管部门和行业制定并颁布，本节中也给予简要提示。这两部分主要内容将在后叙内容中论述。

一、国家相关法律

在建设部统一领导下，各种建设监理的规章制度已逐渐修正、补充、完善。其间，随着经济体制改革的进程在总结建设监理发展的基础上，国家又陆续出台了许多法律，形成了系统的法规体系，（在此仅简介）最具法律权威的依据性文件，这是监理从业人员必须认真学习和贯彻执行的，其他许多实施和操作性相关法规，编入相关章节内容，请联系起来学习，以全面理解法规体系。

（一）《中华人民共和国建筑法》（以下简称《建筑法》）

《建筑法》经过多年的酝酿，终于在 1997 年 11 月 1 日经八届全国人民代表大会常务委员会第二十八次会议通过并公布，已于 1998 年 3 月 1 日起实行。

本法第二章第二节中，阐述监理企业从事监理活动应具备资格许可的规定，第四章专门阐述了国家推行建筑工程监理制度的有关规定。第七章规定了各相关单位的法律责任，现将针对建设监理有关的法律条款摘录如下（书中仿宋体），其他相关的规定将在有关章节中论述。

第二章 建筑许可

第二节 从业资格

第十二条 从事建筑活动的建筑施工企业、勘察单位、设计单位和工程监理企业，应当具备下列条件：

（一）有符合国家规定的注册资本；

（二）有与其从事的建筑活动相适应的具有法定执业资格的专业技术人员；

（三）有从事相关建筑活动所应有的技术装备；

（四）法律、行政法规规定的其他条件。

第十三条 从事建筑活动的建筑施工企业、勘察单位、设计单位和工程监理企业，按照其拥有的注册资本、专业技术人员、技术装备和已完成的建筑工程业绩等资质条件，划分为不同的资质等级，经资质审查合格，取得相应等级的资质证书后，方可在其资质等级许可的范围内从事建筑活动。

第十四条 从事建筑活动的专业技术人员，应当依法取得相应的执业资格证书，并在执业资格证书许可的范围内从事建筑活动。

第四章 建筑工程监理

第三十条 国家推行建筑工程监理制度。

国务院可以规定实行强制监理的建筑工程的范围。

第三十一条 实行监理的建筑工程，由建设单位委托具有相应资质条件的工程监理企业监理，建设单位与其委托的工程监理企业应当订立书面委托监理合同。

第三十二条 建筑工程监理应当依照法律、行政法规及有关的技术标准、设计文件和建筑工程承包合同，对承包单位在施工质量、建设工期和建设资金使用等方面，代表建设单位实施监督。

工程监理人员认为工程施工不符合工程设计要求、施工技术标准和合同约定的，有权要求建筑施工企业改正。

工程监理人员发现工程设计不符合建筑工程质量标准或者合同约定的质量要求，应当报告建设单位要求设计单位改正。

第三十三条 实施建筑工程监理前，建设单位应当将委托的工程监理企业、监理的内容及监理的权限，书面通知被监理建筑施工企业。

第三十四条 工程监理企业应当在其资质等级许可的监理范围内，承担工程监理业务。

工程监理企业应当根据建设单位的委托，客观、公正地执行监理任务。

工程监理企业与被监理工程的承包单位以及建筑材料、建筑构配件和设备供应单位不得有隶属关系或者其他利害关系。

工程监理企业不得转让工程监理业务。

第三十五条 工程监理企业不按照委托监理合同的约定履行监理义务，对应当监督检查的项目不检查或者不按照规定检查，给建设单位造成损失的，应当承担相应的赔偿责任。

工程监理企业与承包单位串通，为承包单位谋取非法利益，给建设单位造成损失的，应当与承包单位承担连带赔偿责任。

第七章 法律责任

第六十九条 工程监理企业与建设单位或者建筑施工企业串通，弄虚作假、降低工程质量的，责令改正，处以罚款，降低资质等级或者吊销资质证书；有违法所得的，予以没收；造成损失的，承担连带赔偿责任；构成犯罪的，依法追究刑事责任。

工程监理企业转让监理业务的，责令改正，没收违法所得，可以责令停业整顿，降低资质等级；情节严重的，吊销资质证书。

《建筑法》不仅包含了有关各级政府主管部门发表的命令、规定、规程、办法等内容，重要的是把建设监理提升到一定的法律地位，这是从事监理工作的依据和必须遵循的准则。

监理工作人员都应该认真学习，以便指导日常工作。特别是应自觉遵守法律规定的义务和纪律，兢兢业业搞好本单位、本项目、本岗位的监理工作，为建筑市场的健康发展贡献自己所有的力量，做一个守法护法的建设工作者。

（二）《中华人民共和国合同法》（以下简称《合同法》）

1999年3月15日，由中华人民共和国第九届全国人民代表大会第二次会议通过，中华人民共和国主席江泽民签署公布了《中华人民共和国合同法》，自1999年10月1日起施行。

其中第十六章"建设工程合同"包括了工程勘察、设计、施工合同。监理工作的实质应该是合同管理，因此监理工程师必须掌握施工合同中的各有关条款。相关内容见第七章。

（三）《中华人民共和国招投标法》（以下简称《招标投标法》）

1999年8月30日第九届全国人民代表大会常务委员会第十一次会通过，中华人民共和国主席江泽民签署公布了《中华人民共和国招标投标法》，并于2000年1月1日起执行。其中与监理实施相关的具体内容将在第三章介绍。

二、国务院颁布的法规

2000年1月10日国务院第25次常务会议通过，由朱镕基总理亲自签发的中华人民共和国（第279号）国务院令《建设工程质量管理条例》予以发布，于发布之日起施行。

条例第一章总则中明确规定：凡在我国境内从事建设工程（指土木、建筑、线路管道和设备安装工程及装修工程）的拆建、扩建、改建等有关活动及实施对建设工程质量监督管理的，必须遵守本条例。建设单位、勘察单位、设计单位、施工单位和工程建设监理企业依法对建设工程质量负责。条例中规定了项目建设各方单位的质量、责任和义务，质量保修及监督管理的有关规定，尤其是有关罚则条款非常明确的列出各单位含监理企业和监理工程师违反本规定所应承担的民事处罚条款，甚至刑法条款，这是我们从事监理工作必须遵守的法则。有关内容摘录如下：

（一）工程监理企业和监理工程师的质量责任

监理企业必须依据国家建设监理规范及相关的各种条例、文件（含地方的有关规程，标准等）开展监理业务活动，并教育监理工程师和工作人员及时、认真的学习各种法规、政策，提高专业水平，将每个监理项目的质量、进度、投资三大目标控制好，尤其要对质量严格把关，因为这是建设工程控制的核心，"百年大计，质量第一"，一旦监理工程师或监理企业违反了某种法律法规，造成直接或间接的质量降低或质量事故，将受到法律的制裁，承担民事赔偿责任、处罚，甚至刑法的处理。每一个监理工程师和工作人员都必须正视这个问题，谨慎从业，诚信守法。

现根据《建筑法》和《建设工程质量管理条例》第五章"工程监理企业的质量责任和义务"和第八章"罚则"中的有关条款，按照监理企业和监理工程师个人所应承担的法律责任及违法以后的罚则分别摘要如下：

1. 对监理企业的罚则

（1）监理企业允许其他单位或个人以本单位名义承揽工程的，责令改正，没收违法所得，处合同约定的监理酬金1~2倍（不含）的罚款；可以责令停业整顿，降低资质等级；情节严重的吊销资质证书。

（2）监理企业转让监理业务的，责令改正，没收违法所得，处合同约定的监理酬金25％~50％（不含）的罚款；可以责令停业整顿，降低资质等级；情节严重的，吊销资质证书。

（3）监理企业若与建设单位或施工单位串通，弄虚作假、降低工程质量或将不合格的建设工程、建筑材料、建筑构配件和设备按照合格签字的，责令改正，处50~100万元（不含）的罚款，降低资质等级或者吊销资质证书；有违法所得的，予以没收；造成损失的，承担连带赔偿责任。

（4）监理企业与被监理工程的施工承包单位以及建筑材料、建筑构配件和设备供应单位有隶属关系或其他利害关系承担该建设工程的监理业务的，责令改正，处5~10万元（不含）的罚款，降低资质等级或吊销资质证书；有违法所得的，予以没收。

（5）监理企业违反国家规定，降低质量标准，造成重大安全事故，构成犯罪的，对直接责任人员依法追究刑事责任，处5年以下有期徒刑或者拘役，并处罚金；后果特别严重的，处5年以上10年以下有期徒刑，并处罚金。

2. 对监理工程师、单位主管、直接责任人的罚则

（1）若监理企业受到罚款处罚，则对单位直接负责的主管人员和其他直接责任人员处单位罚款数额5％~10％（不含）的罚款。

（2）注册监理工程师因过错造成质量事故的，责令停止执业1年，造成重大质量事故的，吊销执业资格证书，5年以内不予注册；情节特别恶劣的，终身不予注册。

（3）监理企业的工作人员因调动工作、退休等原因离开单位后，被发现在该单位工作期间违反国家有关建设工程质量管理规定，造成重大工程质量事故的，仍应当依法追究法律责任。

以上罚款和没收的违法所得，全部上缴国库。

以上各条款规定的监理企业及各级监理人员对工程质量所应承担的民事、刑事责任，体现了终生责任，所有从业人员都必须正视，在工作中要勤奋敬业工作，守法办事，做廉洁执法的企业领导和监理工程师。

（二）建设单位的质量责任和义务

《建设工程质量管理条例》第一章总则中规定从事建设工程活动，必须严格执行基本建设程序，坚持先勘察、后设计、再施工的原则。县级以上人民政府及其有关部门不得超越权限审批建设项目或者擅自简化基本建设程序。

监理企业和监理工程师必须牢记这条规定，不得接受违反或简化基建程序的工程项目的业主的委托从事监理活动。

第二章中还明确规定了建设单位的质量责任和义务，与监理工作有关的条款摘录如下：

第八条　建设单位应当依法对工程建设项目的勘察、设计、施工、监理以及与工程建设有关的重要设备、材料等的采购进行招标。

第九条　建设单位必须向有关的勘察、设计、施工、工程监理等单位提供与建设工程有关的原始资料。

原始资料必须真实、准确、齐全。

第十二条　实行监理的建设工程，建设单位应当委托具有相应资质等级的工程监理企业进行监理，也可以委托具有工程监理相应资质等级并与被监理工程的施工承包单位没有隶属关系或者其他利害关系的该工程的设计单位进行监理。

三、建设部和有关部委的部令

(一)《建设工程监理范围和规模标准规定》（以下简称《监理范围规定》）

中华人民共和国建设部于 2000 年 12 月 29 日经第 36 次部常委会讨论通过，部长俞正声于 2001 年月 1 月 27 日签发了第 86 号令《建设工程监理范围和规模标准规定》，并从发布之日起施行。《质量条例》第二章第十二条确定了必须实行监理建设工程范围，86 号令对其进行了细致的说明，现摘录如下，标题为《质量条例》原文，其后的解释为 86 号令的细化分类。

1. 国家重点建设工程

2. 大中型公用事业工程

指总投资额＞3000 万元的供水、供电、供热等市政工程项目；科技、教育、文化、体育、旅游、商业、卫生、社会福利等领域内或其他的公用事业项目；

3. 成片开发建设的住宅小区工程

指建筑面积在 50000m² 以上的项目，若面积小于 50000m² 可以实行监理，具体范围和规模标准，由省、自治区、直辖市人民政府行政主管部门规定；为了保证住宅质量，对高层住宅及地基、结构复杂的多层住宅应当实行监理；

4. 利用外国政府或者国际组织贷款、援助资金的工程

指使用世界银行、亚洲开发银行、外国政府及其机构贷款或援助资金的工程；

5. 国家规定必须实行监理的其他工程

指投资额 3000 万元以上，关系社会公共利益、公众安全的基础设施项目，如：

(1) 煤炭、石油、化工、天燃气、电力、新能源等项目；

(2) 铁路、公路、管道、水运、民航以及其他交通运输业等项目；

(3) 邮政、电信枢纽、通讯、信息网络等项目；

(4) 防洪、灌溉、排涝、发电、引（供水）、滩涂治理、水资源保护、水土保护等水利建设项目。

(5) 道路、桥梁、地铁和轻轨交通、污水排放及处理、垃圾处理、地下管道、公共停车场等城市基础设施项目；

(6) 生态环境保护项目；

(7) 其他基础设施项目。

对于必须实行监理的建设工程，建设单位应当委托具有相应资质的工程监理企业进行监理，也可以委托具有工程监理相应资质等级并与被监理工程的施工承包单位没有隶属关系或者其他利害关系的该工程的设计单位进行监理。

对于不属于上述范围和类别的工程，国家鼓励建设单位（业主）对项目实施监理，国务院建设行政主管部门会同各有关部门后，可以对本规定确定必须实行监理的范围和规模进行调整。委托有相应资质的监理企业对工程建设进行三大目标控制，以取得较好的效果。

以上类别工程按其规模、用途、标准分为一、二、三个等级，有专门表格可以查阅。因

为监理企业资质分为甲、乙、丙三级（详见下节），不同级别的监理企业可以承担的工程监理项目等级范围不同，建设单位必须按规定选择相应资质等级的监理企业。

单纯的装饰装修工程未有等级的划分，建设单位自行选择监理企业即可。工程实践中，对大型新建工程中的装修部分可能重新选择专业的装饰施工单位，但监理企业基本不会动。

（二）中华人民共和国建设部 16 号令：《工程建设监理企业资质管理试行办法》（以下简称《试行办法》），1992 年 1 月 28 日发布，自 1992 年 2 月 1 日起施行。

2001 年 8 月 29 日建设部颁布 102 号部令《工程监理企业资质管理规定》，这是对 16 号令的完善，16 号令与 102 号令的内容将在本章第二节中讲述。

（三）中华人民共和国建设部 18 号令于《监理工程师资格考试和注册试行办法》（以下简称《资格考试试行办法》），1992 年 6 月 4 日颁布，于 1992 年 7 月 1 日起施行。18 号令的内容将在本章第三节中讲述。

（四）中华人民共和国建设部第 89 号令《房屋建筑和市政基础设施工程施工招标投标管理办法》（以下简称《招投标管理办法》）。

（五）中华人民共和国国家发展计划委员会、建设部等七部委第 12 号令《评标委员会和评标方法暂行规定》（以下简称《评标规定》）。

（六）《北京市招标投标条例》

以上（四）、（五）、（六）三个文件的具体内容将在第三章内阐述。

四、监理行业相关的法规和技术规范

（一）《工程建设监理规定》（以下简称《监理规定》）

建设部、国家计委 1995 年 12 月 15 日发布，建监［1995］737 号，1996 年 1 月 1 日起执行。本文在监理开展的初期起到的指导作用，其内容已在后续文件逐一完善。

（二）《建设工程监理规范》（以下简称《监理规范》）

实行建设工程监理制，对工程建设实施专业化监督管理，提高其投资效益和社会效益，已受到了社会的广泛关注和普遍认可。为提高建设工程监理水平，规范建设工程监理行为，由建设部组织中国建设监理协会主编，由铁道部科学研究院监理公司等 10 家单位参编的《建设工程监理规范》（GB50319－2000）于 2000 年 12 月 7 日发布，2001 年 5 月 1 日起实施。

这是全国各系统、各类型监理企业开展工作的依据。

（三）《建设工程监理规程》（以下简称《规程》）

依据上述相关法律和"北京市工程建设监理管理办法"及有关监理的法规、标准等文件，北京市建设委员会决定，对北京地区的新建、扩建和改建工程于 2002 年 4 月 1 日起执行北京市地方标准《工程建设监理规程》（DBJ01－41－2002），在北京地区进行施工监理可作为参考。

（四）监理旁站制度

建设部自 2001 年就提出强调旁站监理作用，要规范旁站行为，认真建立健全旁站监理制度，于 2002 年 7 月 17 日发布了《房屋建筑工程施工旁站监理管理办法》（试行），自 2003 年 1 月 1 日起执行。办法中对监理人员在施工监理中对关键部位、关键工序的施工质量实施全过程现场跟班监督活动作了具体规定。因为主要涉及的是结构施工阶段，故此处从略，但对装修的重要部位进行旁站的有关操作方法应该参照执行。

（五）有偿服务取费制度

国家物价局、建设部于 1992 年 9 月 8 日联合发布了《关于发布工程建设监理费有关规定的通知》[（92）价费字 479 号] 规定，自 1992 年 10 月 1 日起施行。依据所委托的监理业务的范围、深度、工程的性质、规模、难易程度及工作条件等件等情况，按照工程概算百分比或人均年度收入的计价方法由监理企业与建设单位协商确定，并写入监理合同。

《工程建设监理收费标准》详见附录 III。监理企业与业主均不应违反规定降低取费标准。因为如监理企业以降低取费来获取业务，属不平等竞争，应予制止。如建设单位为节约投资过分降低监理费，将导致监理企业投入减少，监理人员积极性受挫伤，对监理工作本身的质量、效果产生不良影响。

根据近年来监理行业取费的发展趋势，为适应我国加入 WTO 后形式发展的需要，上海市建设监理协会于 2001 年 12 月 12 日发布了《工程建设监理费上海市行业指导价标准》（沪建监协字（2001）第 20 号），将监理工作的时段划分为不同阶段，其相应的取费标准及最少人数配置做出参考标准，取费可上下浮动，最低不少于-10％，除按百分比计价外，还提出了按监理工作人员工作时间计价的方法，较北京市标准有明显提高，这将成为一种趋势。

第二节 工程建设监理企业的资质管理

监理企业是指具有法人资格，取得资质证书，主要从事工程建设监理业务的监理公司、监理事务所等企业，也包括法人资格单位下属的从事监理业务的二级机构，如设计院中的监理部等。它是建筑市场的三大主体之一，按其资质等级可分甲、乙、丙三级，按其业务范围可分不同专业类别，对其资质的管理是保证监理企业正常运营和健康发展的关键。

一、工程建设监理的管理体系

全国人民代表大会常务委员会负责制定我国工程建设监理行业的基本法律。如《建筑法》、《招标投标法》、《合同法》等，并部署检查各种法律的推行情况。

国家发展计划委员会和建设部共同负责推进建设监理事业的发展。

由建设部归口管理全国的监理企业资质管理工作，省、自治区、直辖市建设主管部门负责本行政区地方监理企业资质管理工作。国务院交通、工业等部门配合建设部参与负责管理本部门直属监理企业的资质管理工作。

国家工商局负责办理监理企业申办营业执照和监督其合法经营。

国家物价局及建设部负责制定取费标准等工作。

最后要提到的是监理协会，这是国家批准的社团组织，协助政府主管部门为监理企业的发展做工作，如制定规范、规程，组织监理工程师培训和继续教育、编写教材、组织考试、推动企业改革等。

二、建设监理企业资质审批制度

我国监理制推行以来，发展十分迅速，为了限定监理企业依法经营业务，促进工程建设监理事业的按法制轨道发展，对监理企业实行资质审批制度，中华人民共和国建设部于 1992 年 1 月 28 日发布 16 号令：《工程建设监理企业资质管理试行办法》（以下简称《试行办法》），2 月 1 日起施行。根据《试行办法》审批和管理监理企业有序增长，至 1993 年监理企业已有 1300 家，1997 年增加到 2500 多家，2001 年全国监理企业已达 6200 多家。《试行办法》在监理制推行的前期发挥了积极作用。

经过几年的实践，2001 年 8 月 23 日经建设部第 47 次常务会议通过，部长俞正声于 8 月 29 日签发并颁布 102 号部令：《工程监理企业资质管理规定》（以下简称《管理规定》），自发布之日起执行。1992 年实施的 16 号令（《试行办法》）同时废止。随后颁发了《工程监理企业资质管理规定实施意见》，上述文件中，对监理企业的资质申请、主项资质和增项资质、资质审批及资质年检和证书的管理更加完善，对原定各级的基本条件都有所提高，现有的监理企业资质自 2002 年开始按新规定就位，两年过渡期，至 2004 年前全部就位完毕。

《管理规定》共分六章四十五条，第一章总则；第二章资质等级和业务范围；第三章资质申请和审批；第四章监督管理；第五章罚则；第六章附则。主要条款精神如下：

（一）关于监理企业的资质管理体制

1. 国务院建设行政主管部门负责全国监理企业的资质的归口管理工作。国务院铁道、交通、水利业、民航等有关部门配合国务院建设行政主管部门实施相关资质类别工程监理企业资质的管理工作。

省、自治区、直辖市人民政府建设行政主管部门负责本行政区域内工程监理企业资质的归口管理工作。省、自治区、直辖市人民政府交通、水利、通信等有关部门配合同级建设行政主管部门实施相关资质类别工程监理企业资质的管理工作。

上述规定较《试行办法》淡化了国务院各部门的政府机构的管理职能，突出了地域管理的作用，这就更加符合市场经济的发展规律。

（二）监理企业资质等级的划分

监理企业分为甲、乙、丙三级，各级的基本条件详见 102 号令。相对于监理企业的分级，所能承担的工程类别及等级（见 102 号令附录，本次分类已与设计和施工的分类基本相同）的监理业务必须匹配。《管理规定》比《试行办法》淡化了对监理人员职称的要求，强调了对监理经历和注册的要求，这将对监理行业从业人员整体水平的提高有促进作用。

按照《试行办法》规定，经批准的监理企业只能领取临时资质等级证书，自领取营业执照之日起，从事监理工作满二年后，方可向监理资质管理部门申请核定资质等级，因为一、二年内往往完不成工程建设项目，工程没有竣工，三大目标控制的效果很难得到最终的认定。监理工作若未结束难评业绩优劣，所以有二年以上监理业绩才可以申请定级。只有认定了监理成效，才能评定一个监理企业的能力大小，才能确定其资质等级的高低。这虽是合乎情理的规定，但有一较大漏洞，即临时级企业可以承揽任何等级建筑工程的监理任务，造成了一定的不良后果，导致市场的混乱和管理的难度，《管理规定》明确新设立的监理企业按最低等级核定其资质，并设一年的暂定期。这就避免了《试行办法》的缺陷，加强了开办企业的定级约束及较快的升级渐进性，对企业的发展和上级的管理更加科学有序。

监理企业无论申报哪一级资质，其等级的审定都是从以下四个方面考虑的：

1. 监理企业负责人的专业技术素质；

2. 监理企业的群体专业技术素质及专业配套能力；

3. 注册资金的数额；

4. 监理工程的等级和竣工的工程数量以及监理成效。

监理成效，主要是指监理活动在控制工程建设投资、工期和工程质量等方面取得的成效。因此，在审定监理企业资质时，规定必须有一定数量竣工的工程。一般情况下，监理成效是一个监理企业人员素质、专业配套能力、技术装备状况和管理水平以及监理经历的综合反映。监理的工程规模或技术难度越大，监理成效就越显著，监理企业可能获得批准的资质越高。

（三）资质申请及审批

1. 资质申请

（1）工程监理企业

应当向企业注册所在地的县级以上地方人民政府建设行政主管部门申请资质。

（2）中央管理的企业

直接向国务院建设行政主管部门申请资质，若申请甲级资质，由中央管理的企业向国务院建设行政主管部门申请，同时向企业注册所在地省、自治区、直辖市建设行政主管部门报告。

（3）新设立的工程监理企业

到工商行政管理部门登记注册并取得企业法人营业执照后，方可到建设行政主管部门办理资质申请手续。

所需准备的资料详见 102 号令。

2. 资质审批

（1）甲级资质

由国务院建设行政主管部门每年定期集中审批一次，应当在企业申请材料齐全后 3 个月内完成审批。经省、自治区、直辖市人民政府建设行政主管部门审核同意后，由国务院建设行政主管部门组织专家评审，并提出初审意见；其中涉及铁道、交通、水利、信息产业、民航工程等方面工程监理企业资质的，由省、自治区、直辖市人民政府建设行政主管部门会同同级有关专业部门审核同意后，报国务院建设行政主管部门初审并审批。由有关部门负责初审的，应当从收齐企业的申请材料之日起 1 个月内完成初审。国务院建设行政主管部门应当将审批结果通知初审部门。

审核部门应当对工程监理企业的资质条件和申请资质提供的资料审查核实。

申请甲级资质的工程监理企业需经专家评审合格和国务院有关部门初审合格，合格的企业名单及基本情况，在中国工程建设和建筑业信息网上公示。经公示后，对于工程监理企业符合资质标准的，予以审批，并将审批结果在中国工程建设和建筑业信息网上公告。

（2）乙、丙级资质

由企业注册所在地省、自治区、直辖市人民政府建设行政主管部门审批；其中交通、水利、通信等方面的工程监理企业资质，由省、自治区、直辖市人民政府建设行政主管部门征得同级有关部门初审同意后审批。可实行即时审批或者定期审批，由审批部门自行决定。

（3）监理企业由于改制或者分立或合并时，根据实际达到的资质条件按照《管理办法》的规定程序审批。

（4）歇业或终止

监理企业因故歇业或终止经营时，其资质等级即自行取消，资质等级证书交回原发证机关注销。

监理企业属于技术服务行业，其开展经营活动与一般商业企业一样，应该具有工商局批准的营业执照。

（四）企业资质管理与监督

资质管理的内容除上述审批制度外特别规定了关于资质证书的管理条款，此处从略。现仅简介关于资质管理的监督条款。

1. 县级以上人民政府建设行政主管部门和其他有关部门应当加强对工程监理企业资质的监督管理。

禁止任何部门采取法律、行政法规规定以外的其他资信、许可等建筑市场准入限制。

2. 建设行政主管部门对工程监理企业资质实行年检制度。

甲级工程监理企业资质，由国务院建设行政主管部门负责年检；其中铁道、交通、水利、信息产业、民航等方面的工程监理企业资质，由国务院建设行政主管部门会同国务院有关部门联合年检。

乙、丙级工程监理企业资质，由企业注册所在地省、自治区、直辖市人民政府建设行政主管部门负责年检；其中交通、水利、通信等方面的工程监理企业资质，由建设行政主管部门会同同级有关部门联合年检。

《管理规定》将企业市场行为（8 条相关指标）列入年检内容，结论分为三档：合格、基本合格、不合格。这不仅增大了衡量企业经营活动水平的空间，使得管理单位评价的结论弹性范围更加合理，也更使得企业有了较为宽泛的生存条件和发展前景，为名牌监理企业的诞生创造了条件。

（五）违规处罚

《试行办法》对违规缺少定量处理标准，《管理办法》明确了处罚尺度，使得监理企业约束自身的经营活动更有警示作用，将对市场的有序发展有推动作用。

监理企业的资质管理是一项严肃的工作，对建设市场的健康发展有直接关系，在上级主管部门领导下，各级具体工作人员必须严格执法。

三、工程建设监理活动准则

在建设部（85）建建字第 366 号文中，明确指出监理企业应"正确执行国家建设法规，守法、公正、诚信、科学、维护国家利益。"这是任何监理企业、监理工程师开展监理活动和监理业务工作时都必须遵循的准则。

（一）守法

对任何一个具有民事能力的单位或公民而言，从事任何经营活动，都必须遵守相应的法律规定，这是最起码的行为准则，对监理企业——企业法人而言，守法即依法经营，其含义有二，一方面监理企业也是企业，必须遵循我国关于工商企业设立、经营、变更等程序办理相关手续，还应遵守行政、技术、经济、税收等各种法律法规；另一方面它是建筑领域中专业性很强的建筑市场主体之一，还必须遵守本领域中的一切法律法规，如以上各项国家法律、法规、建设部令及政府主管部门颁布的各种政策和文件规定。值得提出的是，监理企业履行监理合同也是守法经营体现之一，因为合同是一种具有法律效力的文件，不得违背。因此监理企业应按照合同约定尽自己的职责，行使权力，实现自己的承诺和义务。

（二）诚信

做人的基本品德之一是诚信，同样，企业信誉的核心之一也是诚信。监理工作的产品是无形的，监理工程师从事的工作是技术服务，其脑力劳动反映出的监理工作成果，除部分文字资料外，大部分都体现在施工人员完成的建设项目上（产品的质量和进度控制）及业主的资金投入上（投资控制），如何利用最好的高智能资源，最大限度的把这三大目标控制好，是监理企业的法人代表、领导班子及项目总监的职责。只有项目监理班子中每个监理人员都能心中有数、全力以赴，才能使这个有弹性的"软指标"达标，故监理企业及监理工程师都应以对客户负责的态度，诚实的、中肯的投入和服务，不能欺骗、隐瞒客户，也不能消极对付工作，应继承我国传统的商业道德"诚信为本"，自觉地尽职尽责，充分发挥高智能单位的优势和水平，为"监理工程师"争光，为监理企业和监理事业做出贡献。

（三）公正

监理企业是受业主的委托和授权来监理承建商的建设行为，处在业主与承建商之间的"中人"地位，在其工作中肯定会遇到业主与承建商之间的纠纷和矛盾，也会遇到双方间的索赔问题，均需监理工程师处理。监理企业（或工程师）在处理这些问题时一定要公正、公开、公平。其原则应是竭诚的为业主服务，实现业主的意愿，维护业主的利益，同时也要不损害承建商的合法权益。即如遇业主有违法、违约行为也应劝阻、制止，需要在某种场合作证时，也应客观的出示各种证据。具体说应做到以下几点。

1. 不为私利而违背公允处理问题；

2. 坚持实事求是的原则，不一味地服从上级或业主；

3. 提高综合分析能力，不以局部或表面现象模糊视听，从项目整体考虑业主与承包商双方合法权益；

4. 提高执行法律和政策的能力，以合同条款为据，尽早尽快协调矛盾和纠纷，协调不妥时按合同约定交与相关上级部门解决。

（四）科学

监理工作是专业性很强的技术服务工作，这就决定了监理企业的经营活动必须遵循科学的准则，它应体现在以下两方面：

1. 监理企业自身的管理要科学化、现代化

一个单位的水平和效益如何，很大程度上取决于管理水平。监理企业自身应具备科学化管理体系，如：按国际质量认证体系 ISO 9000 族标准进行管理就是标志之一，对监理工作的开展有一系列的规范化的操作程序和检查制度等。现代化的办公程度也是衡量科学化的水准之一，如建立监理公司自己的局域网，与各项目监理部联网，进一步向网络管理方式迈进，已提到议事日程。目前已有监理企业在这方面作出成绩，反映出监理行业整体科学化、现代化的管理已迈上新的台阶。

2. 项目监理组的工作要有科学手段和方法

项目监理部应配备有一定的检测设备和办公设备，如计算机、打印机、检测仪器、工具等，还应特别强调的是，每位监理人员都要以严谨求实的科学作风从事现场的监理操作，实话实说，用文字及数据和证据办事，不可敷衍通融，不可推测想象。唯此，才能保证监理工程师职责的顺利完成，才能建立起监理企业的声誉。

四、建设监理企业改制工作已开始

建设监理作为建设管理体制的一项重大改革，在我国已经推行了十多年，为提高工程质量和建设投资效益，促进国民经济发展，作出了积极贡献。但随着改革开放的深入和市

场机制的不断完善，也和其他国有企业一样，面临着严峻挑战。

我国监理企业大致有下列四种形式，分别属国有、有限责任公司、中外合资、合作等类型。

1. 政府主管部门为改善经济条件，安置分流人员成立的公司；

2. 企业集团设立的子公司或分公司；

3. 教学、科研、勘察设计单位分立出来的公司；

4. 社团组织及社会人士成立的监理公司。

除少数社会化的监理公司外绝大多数在《公司法》颁布前按照传统的国有企业模式成立的公司，存在着产权关系不清晰，法人治理结构不健全，分配机制不合理的现象。缺乏自我发展的内在动力，职工的积极性难以充分调动，严重制约了监理企业和监理行业的进一步发展。特别是我国加入 WTO 以后，面临国外同行的竞争，为了在日益激烈的市场竞争中求生存、求发展，必须进行改制。建立"产权清晰、权责明确、政企分开、管理科学，决策、执行和监督体系健全"的现代企业制度。

根据党的十五届四中全会《关于国有企业改革和发展若干重大问题的决定》精神，为使监理企业的管理制度和经营机制与市场经济体制相适应，中国建设监理协会于 2000 年 7 月 11 日至 13 日在上海召开了建设监理企业改制工作研究会。全国各地监理企业的代表及部分地区与部门监理协会和监理主管部门的代表参加了会议。与会者一致认为，目前，时机已经成熟。建设监理是新行业，监理企业历史不过十年左右，没有包袱，而且注册资本金不高，股权设置容易。部分企业已经改制，取得了一些经验，全面改制工作得以借鉴。

监理企业的改制类型及做法大致如下：

1. 由多个单位以法人参股的方式组建成新的股份制企业。为增强企业的凝聚力，调动职工的积极性，可设置一定比例的职工股，将企业利益与个人经济效益结合起来。

2. 国有股与职工股相结合的形式，又可分为两种：一种是自然人持股占控股的方式，另一种是原国有投资方占控股。

3. 将企业的全部资产买断，再由企业内职工出资认股，有职工股和企业法人股两种。这种改制类型的企业所占比例最大。

此外，还有合伙制的监理事务所等类型。

改制的核心是股权分配，随改制配套的人事用工及分配制度也相应的改革，各企业应从调动积极性、适应市场竞争和企业长期发展的角度进行改制，以使监理企业更具有活力。

第三节　监理工程师执业资格考试与注册

从监理制试点开始，监理从业人员的队伍迅速增长，从 90 年代初的 7 万人，到 90 年代末期达 11 万人。到 21 世纪初期已超过 20 万人。这支队伍的建设工作对监理事业的发展至关重要。建设部从监理制引进就紧紧抓住监理队伍的建设工作，组织编写了监理培训教材，先期培训了教师，随之在全国范围内开展了监理人员培训工作，凡参加监理工作的人，必须经过岗前培训，取得监理工程师培训证书方能上岗。这一措施解决了当时急需监理人员的燃眉之急。

为使监理制健康发展，必须尽快培养具有监理工程师执业资格的人员才能符合国际惯例，我国实行监理工程师资格考试注册制度。

一、监理工程师资格考试注册制度

《监理工程师资格考试和注册试行办法 》（简称《资格考试试行办法》），于 1992 年 7 月 1 日起施行至今，近年来每年建设部发布当年的注册工作通知。为满足当初监理行业发展及现场工作的急需，1992 年批准了百名免试监理工程师。1993 年又分两批批准了免试的监理工程师共 1034 人。1994 年在全国 5 省市进行了监理工程师执业资格的试点考试，获得资格者达 1900 人。取得经验后，于 1997 年在全国首次开展考试工作，又有 13205 人获得执业资格。1998 年进行了第二次考试，于 1999 年 5 月又进行了第三次考试。以后每年 5 月进行一次全国考试，到 2002 年已进行了六次，至 2001 年约有 13000 人获得监理工程师执业资格并申报注册（含变更注册），这些工作标志着建设监理组织和队伍建设在逐渐完善，建设监理正沿着健康的轨道有序地发展。

前几年也有少数城市开展了地方监理工程师资格考试工作，如深圳最先试行，1995 年以后北京也举行了市级监理工程师的资格考试工作，对此种作法有不同的意见，有人认为"监理工程师"是专有的执业资格称谓，只能有国家建设部和人事部一种考试注册方式，不应再有地方的考试和注册，以维持其权威性。但有人认为，为满足监理工作发展的需要，开展地方性考试工作解决人才短缺的矛盾，也不失为一种过渡办法。北京市级监理工程师考试已于 2001 年停止，就表示其过渡期的结束。

二、监理工程师称谓的含义

《监理工程师资格考试和注册试行办法》第一章总则第二条规定本办法所称监理工程师系岗位职务，是指经全国统一考试合格并经注册取得《监理工程师岗位证书》的工程建设监理人员。

由此可见"监理工程师"是一个岗位称谓，而不是职称系列的称谓，它没有级别的区分，只有注册才能执业。监理工程师按专业设置岗位。

三、《监理工程师资格考试和注册试行办法》内容简介

"资格考试试行办法"共分五章，第一章总则，第二章监理工程师资格考试，第三章监理工程师注册，第四章罚则，第五章附则。根据上述各章的内容简明摘要如下：

（一）监理工程师注册管理机关

建设部为全国监理工程师注册管理机关。省、自治区、直辖市人民政府建设行政主管部门为本行政区域内地方单位监理工程师注册机关；国务院有关部门为本部门直属监理企业监理工程师注册机关。

（二）监理工程师考试的组织

监理工程师资格考试在全国监理工程师资格考试委员会统一组织指导下定期进行。

全国监理工程师资格考试委员会与地方部门监理工程师资格考试委员会共同完成考试的各项任务和工作。

（三）监理工程师资格考试程序

参加监理工程师资格考试应具备的条件，并按要求向地方或部门监理工程师资格考试委员会提出书面申请，经审查批准后方可参加考试。经监理工程师资格考试合格者，由监理工程师注册机关核发《监理工程师资格证书》。

（四）监理工程师注册程序

申请监理工程师注册，必须具备监理工程师注册条件。申请注册，由聘用申请者的监理企业统一向本地区或本部门的监理工程师注册机关提出申请。对符合条件的，根据全国监理工程师注册管理机关批准的注册计划择优予以注册，颁发《监理工程师岗位证书》，并报全国监理工程师注册管理机关备案。

（五）关于监理工程师纪律的规定

监理工程师不得出卖、出借、转让、涂改《监理工程师岗位证书》；监理工程师不得在政府机关或施工、设备制造、材料供应单位兼职，不得是施工、设备制造单位和材料、构配件供应单位的合伙经营者；只取得《监理工程师资格证书》而未取得《监理工程师岗位证书》者，不得以监理工程师的名义从事工程建设监理业务；监理工程师不得以个人名义承揽工程建设监理业务。

（六）监理工程师注册条件复查

监理工程师注册机关定期对监理工程师进行注册条件复查。对不符合条件的，注销注册，并收回《监理工程师岗位证书》。

（七）监理工程师证书管理

监理工程师退出、调出监理企业或被解聘，须向原注册机关交回《监理工程师岗位证书》，核销注册。核销注册不满五年再以监理工程师名义从事工程建设监理业务的，须重新注册。

（八）处罚

监理工程师有违纪、违法行为以及因监理过错造成利害关系人严重经济损失的，由监理工程师注册机关根据情节分别给予相应处罚；构成犯罪的，由司法机关依法追究刑事责任。

四、监理工程师应具备的素质

监理工程师是监理企业派驻工程项目现场进行监督管理的技术人员，不仅应该具有较强的专业知识，更应该具有较高的政策水平和协调能力，综合而论监理工程师应该是复合型人才，具备以下几方面素质：

（一）高层次学历和多学科的知识结构

根据国外经验，监理工程师的学历都在大本以上，以硕士居多，还有博士。我国为满足工作要求和适应加入 WTO 以后国际形势的需要，也规定参加监理工程师考试的条件为具有中级职称 3 年以上或具有高级技术职称的工程设计或施工管理人员，这就间接的反映出对监理工程师的学历要求较高，在知识结构中，专业知识只是最基本的要求，还应该具有经济法律等相关的社会学科的知识，只有这样，知识结构比较丰满才能适应三大目标控制的要求。

（二）丰富的实践经验

监理工作要在项目的现场对施工质量、进度、投资进行控制，因为在现场充满各种矛盾，人与人、单位与单位、材料与环境、业主的要求和客观条件的限定等等。必须有很丰富的经验才能分析出矛盾的主次，采取应急措施，有序地解决，使工程按原计划顺利进行。没有相当的实践经验是很难胜任的，所以要求监理工程师必须具有施工管理的实际经历，单纯的高学历者还需要补充这一点。

（三）较高的政策水平和良好的道德品质

监理工作不单纯是建筑类的专业工作，是一门综合了社会科学、政策法律的管理工作，监理工程师除了具有熟练的专业技术外，还必须具有较高的政策水平和法律意识，这需要监理工程师不断地学习和提高自己。具有良好的职业操守，热爱自己事业，有很强的敬业精神，尤其要廉洁奉公、主持公道更是从事监理工作的基本的道德品质。

（四）身体健康、精力充沛

虽然监理工作是高智能的技术服务工作，监理工程师属于脑力劳动者，但不同于科研、教学、设计等室内工作，必须在现场从事露天作业，而且在建筑物从地基开挖到结构封顶和装修完毕的全过程中，随时在操作现场进行检查，工作条件艰苦，环境较差，必须有健康的身体和充沛的精力才能坚持。因此，监理工程师注册的条件之一是身体健康，胜任现场监理工作。如北京市建委规定超过65岁的监理工程师不再给予注册。

五、监理工程师的职业道德与守则

工程建设监理是建设领域中高层次的技术服务工作，除要求从业人员具有较高学历、多学科知识、丰富的实践经验外，由于它的中介性质对其政策水平和从业品德尤其提出了更高的要求，这是树立监理工程师形象和监理行业的权威的根基。在施工监理过程中每个监理人员都必须遵守监理工程师职业道德和工作守则。

（一）职业道德和工作守则

关于监理工程师应遵守的职业道德与纪律并没有单独的规定，现根据各类文件将有关内容摘录汇总如下：

1. 维护国家的荣誉和利益，按照"守法、诚信、公正、科学"的准则执业。

2. 执行有关工程建设的法律、法规，履行监理合同规定的义务和职责。在坚持按监理合同的规定向业主提供技术服务的同时，帮助被监理者完成其担负的建设任务。

3. 努力学习专业技术和建设监理知识，接受行业的再教育，不断提高业务能力和监理水平。

4. 不以个人名义承揽监理业务。

5. 不同时在两个或两个以上监理企业注册和从事监理活动，不在政府部门和施工、材料设备的生产供应等单位兼职。

6. 不为所监理项目指定承建商、建筑构配件、设备、材料和施工方法。

7. 不收受被监理企业的任何礼金。不擅自接受业主额外的津贴，也不接受被监理企业的任何津贴，不接受可能导致判断不公的报酬。

8. 不泄露所监理工程各方认为需要保密的事项。

9. 认真履行工程建设监理合同所承诺的义务和承担约定的责任。

10. 坚持科学的态度和实事求是的原则，坚持公正的立场，公平地处理有关各方的争议，不得损害他人名誉。

监理工程师的工作应受到社会的监督，若违背职业道德或违反工作纪律，将受到投诉，监理公司内部应进行教育处理。若造成工程质量事故，则根据有关法律受到制裁。

（二）FIDIC条款中的规定

国际咨询工程师联合会（FIDIC）于1991年在慕尼黑召开的全体成员大会上，讨论批准了FIDIC通用道德准则。该准则分别从对社会和职业的责任、能力、正直性、公正性、对他人的公正5个问题计14个方面规定了监理工程师的道德行为准则。目前，国际咨询工师协会的会员国家都认真执行这一准则。随着我国入世后的发展，监理企业走出国门和在国内与外国并行其事的机会已日趋接近，故学习这个准则也应引起行业的关注。详见该条款附录。

在监理实施的流程中施工过程监理及以后的各环节工作，是本教材的重点，将在第四至七章中分别叙述。

复 习 思 考 题

1. 《建筑法》和《质量管理条例》对监理工程师有什么罚则规定？
2. 工程建设监理企业经营活动的准则是什么？
3. 监理工程师的职业道德和守则包含哪些内容？
4. 建设工程监理范围和规模含哪些内容？

第三章 工程建设监理实务

工程建设监理实施的流程见图 3-0-1，按照流程开展监理业务，流程内各个环节的工作将在以下各节中分别论述。

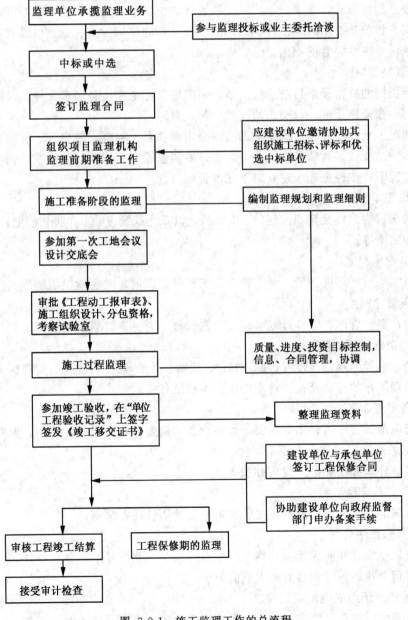

图 3-0-1 施工监理工作的总流程

第一节　工程建设监理招投标

一、监理招投标的相关知识

在《工程建设监理规定》（737号文）第十条中明确指出，项目法人一般通过招标投标方式择优选定监理。因监理工作内容属技术服务工作，并非直接生产，监理招投标工作程序基本与施工招投标一致，但其内容和评标方法相对简单。现以北京地区为例作一简略介绍。

（一）招标方式

多选公开招标方式，在规模不大，工期紧张的情况下，为节省工作量，可能会选择邀请招标方式。目前还有用后续工程仍沿用原监理企业的议标方式，这是以原监理企业的工作业绩与承诺兑现良好为前提的。

（二）资格予审

监理招投标的资格预审目前尚为简单，不需要投标企业准备诸多文件，仅需按主管部门规定填写一张资格予审表，交出所需的证明资料即可。

通常情况下是业主到拟参加投标的监理公司和项目上考察，考察一个监理公司管理工作的优劣，一是要考察其领导者的能力，二是要侧重考察其规章制度的建立和贯彻情况。

一般情况下，监理企业应建立以下几种管理制度：

1. 组织管理制度

包括关于机构设置及其职能划分、职责确定以及会议制度、工作报告制度；党、团、工会工作管理制度等。

2. 人事管理制度

包括员工录用、培训制度，员工晋升、工资分配制度，奖惩激励机制等。

3. 财务管理制度

包括资产资金管理、财务计划管理、工资管理、财务审计管理制度等。

4. 生产经营管理制度

包括企业的经营规划（经营目标、方针、战略、对策等）、工程项目监理机构的运行办法、各项监理工作的标准及检查评定办法、生产统计办法等。

5. 设备管理制度

主要指电脑、复印机、测度仪器等大型设备的购置办法，设备的使用、保养规定等。

6. 现场管理制度或称业务手册

项目管理评审办法和推广应用办法等。

7. 档案文书管理制度

包括档案的整理和保管制度，文件和资料的使用管理办法等。

（三）招标文件重点

目前监理招标文件尚无范本，均为业主自行拟定，除最基本的各项目外，业主应主要说明选择监理企业的条件和对监理大纲的要求。

1. 对监理班子组成提出明确要求

委托监理的目的，是要求对工程项目的建设过程提供高质量的监理服务。任务完成的好坏，主要是依赖监理班子的技术水平、工程经验、应变能力和协调能力。因此采用招标选择监理企业时鼓励的是人力资源竞争，对班子的选择是第一位的。招标单位主要审查投标单位拟派驻本项目监理班子的人员组成和水平。因此招标文件应对其组成、年龄与职称结构、专业人员总数及其各自的监理资历等明确提出要求。这一项评分占总分的30％。

监理班子人员中尤以总监理工程师的人选至关重要，必须提出详细要求。如监理资历、职称条件、同类项目的监理经验、年龄限制等。总监人选的条件在评分中占9％（含在30％内），可见其地位的重要。

2. 对监理大纲要求

监理大纲是监理企业承揽业务的文件，是监理投标书的组成内容之一，应根据招标文件要求编写。监理大纲是选择监理公司的重要依据之一，其中招标人要明确监理工作的范围、期限、工作内容，要求监理企业提出进度、质量，投资控制及合同和信息管理方面的工作程序、措施，结合本项目特点阐明监理工作的要点，投入的物质资源等。投标的监理企业，应该根据每个招标的工程项目的特点，编制监理大纲，反映出本企业的实力和技术水平，尤其要强调针对性，对整体项目而言，需要对结构工程、安装工程和装修工程的监理要点作详细的阐述，如果仅为装修工程，应该对各分项工程质量控制的要点详细论述。还要阐明进度控制和投资控制的措施。此项评分占总分的25％。大纲中还应该写明所投入的检测设备，应能满足监理工作需要，此项评分占10％。

监理大纲一般由监理企业的经营部或总工程师办公室编制，也可吸收拟派往该项目的总监理工程师和专业监理工程师参与编制，这样有利于中标以后监理工作的开展。

3. 对监理取费要求

由于监理费是国家指导价，仅允许有少量浮动，且与评分直接挂钩，因降价得分幅度较小，不会影响大局，故应从其他经济优惠方面提出要求，如额外工作、延期工作费用支付等条件。这项评分只占总分的10％。

4. 企业荣誉和监理业绩

监理企业的经历是指监理公司成立之后，从事监理工作的历程，其业绩是指所监理过的工程的规模、类型、数量及业主的反映。在多数情况下投标的各监理公司业绩相差无几、资质等级相同，水平十分接近。如果只看公司业绩，同类项目监理经验可能稍有差异，但这都不是决定性因素。按当前使用的监理评标计分标准，对甲级资质、获过奖励、且通过贯标的监理企业均可得到满分，无法拉开差距。业主应主要考察与招标项目相类似的工程监理业绩与经验，在招标文件中予以明确。此项评分占总分的25％，其中企业荣誉占10％，监理业绩占15％。

5. 对违约的处理

为保护项目业主的权益，减少项目运行过程中的纠纷，在招标文件中必须写明对违约的处理条款，以考察监理公司的承诺态度。如监理公司投标时总监人选往往是资质、业绩都很理想，但中标后，项目入场时总监已被调换，业主十分被动。如在招标文件中写明对类似情况的处理，对监理公司可起到约束的作用。

（四）评审方法及注意事项

监理评标与施工评标程序相同，只是评标办法及分值是统一规定，较易掌握。在此提醒业主报价在选择监理企业中居于次要地位。施工招标选择承建单位的原则：在技术上满足要求的前提下，主要考虑报价和工期的竞争条件。而在监理招标的过程中，过多的考虑报价不一定恰当。因为监理酬金在项目总投资中所占比例很小，而监理企业的优质服务可以能使项目获得实际的投资效益。如对已完成工程量的严格计算；控制工程变更和洽商增加费用；公正的处理索赔，督促承建单位按时或提前完工早日交付使用，以及提合理化建议节约投资等，都能减少资金的投入，这比压低监理取费的效益更明显。若费用过低，监理企业只能采用减少监理人员的数量和工作时间，或多派职称低、工资低、新上岗的人员，其结果必然使工程项目受到无形的损失，业主的投资效益在无形中流失，看起来省监理费，实际上是得不偿失。

二、委托监理合同

《合同法》第十六章第 276 条规定，"建设工程实行监理的，发包人应当与监理人采用书面形式订立委托监理合同。发包人与监理人的权利和义务以及法律责任，应当依照本法委托合同以及其它有关法律、行政法规的规定"。从本条文中可以清楚看到，监理合同属委托合同之类，应符合合同法第二十一章的有关规定。在此应说明的是虽然监理工作是一种技术服务，还含有技术咨询的作用，但监理合同不属于技术合同（含技术开发、技术转让、技术咨询和技术服务）。中华人民共和国建设部与国家工商行政管理局联合制定了监理合同示范文本，合同中规定了发包人与监理人的职责、权利和义务，建设单位在选中监理企业后，应在规定的时间内签订监理合同。签订监理合同是监理企业法人和经营部门的管理工作，监理工程师只需要认真执行其中有关自身的职责和义务的条款，其双方若发生争议等由双方的法人代表出面解决。

根据《合同法》规定，业主（或称建设单位）含自然人、法人、社会团体组织等类型，作为委托人与受托人即中标（或选定的）监理企业就工程监理业务，在公平、自愿的原则下签订委托监理合同。有如下几种方式：

（一）正式合同

目前我国通用的是由中华人民共和国建设部和国家工商行政管理局共同拟定的文本，各地区有自己的文本，如北京市建设委员会与北京市工商行政管理局共同监制的"北京市建设工程委托监理合同"。

（二）委托协议

对一些较小的工程，如装饰装修改造，某单项工程建设单位委托监理业务可通过签定协议方式进行。建设单位通过社会调查初步选择几家监理企业进行资质、实力、信誉等几方面的比较后，再对其进行实地考察，并通过与其技术负责人、经营负责人的接触和洽谈，逐步筛选出中意的监理企业。并就委托的监理范围、工作要求、取费及支出方式等内容与其签定协议，同样具有法律效力。双方必须按协议规定的各自的责、权、利履行约定。

（三）标准合同

这是国际监理行业协会或组织专门指定的标准委托合同格式（或指南），它适应性大、规范，故国际上应用日趋普遍。随着我国的入世，及对国外建筑行业的开放政策的落实，这种标准合同文本也将要逐步使用，作为监理工程师若有机会学习、了解是提高自己适应发展的好事。

（四）合同内容　合同或协议均应包括如下内容

1. 签约各方的认定

这项内容是合同双方的身份说明，包括名称、地址、实体性质、银行帐号等，必须书写全称，正确无误、真实可靠，双方对对方的资质情况均应有所调查了解，否则将有损失。

2. 标准条件

阐述合同词语定义、适用范围和法规；明确了监理人、委托人的权利、义务和责任；规定了合同生效、变更、终止与争议的解决及监理报酬等事项。

3. 专用条件

结合具体监理项目写清监理服务范围、期限、酬金及支付方式、奖励与赔偿等事项。

第二节　招投标基本知识及施工招投标

建设工程招投标是以工程勘察、设计、施工、监理或以工程所需的物资、设备、建筑材料为对象，在招标人和若干个投标人之间进行的择优活动，它是商品经济发展到一定阶段的产物。招投标起源于西方市场经济国家的政府采购，其雏形最早于 1782 年产生于英国，1809 年在美国出台了第一部密封投标法规，以后以法律的形式规定下来，必须在许多规则下进行，具有公开透明的过程。在我国于 1984 年国务院的文件中第一次出现工程招投标的提法，以后历经十多年逐渐完善，直到《招投标法》的问世。施工招投标工作在我国建筑市场中起到了良好的作用，在施工监理的实务中也是监理工程师可能参与的一件工作。

如果监理公司承揽到含项目前期的监理业务，则应协助业主组织施工招投标工作，若是在施工队伍确定后承揽到的监理业务，则可能参与设备、材料供应商和专业分包队伍的招投标工作，因此监理工师了解和掌握招投标的相关法律和基本知识是十分必要的。

一、有关招投标的国家法规

（一）《招标投标法》

本法有总则、招标、投标、开标、评标和中标、法律责任和附则六章。总则中阐明为了规范招标投标活动，保护国家利益、社会公共利益和招标投标活动当事人的合法权益，提高经济效益，保证项目质量，制定本法。是在我国境内进行招标投标活动的根本性法律，本节所讲述知识均以本法各章节内容为准。

（二）《房屋建筑和市政基础设施工程施工招标投标管理办法》（以下简称《招投标管理办法》）

经 2001 年 5 月 31 日建设部第 43 次部常务委员会讨论通过，前任部长俞正声 2001 年 6 月 1 日签发了建设部第 89 号令《房屋建筑和市政基础设施工程施工招标投标管理办法》，《招投标管理办法》规范了房屋建筑和市政基础设施工程施工招标投标活动，其内容有总则、招标、投标、开标、评标和中标、罚则及附则共六章六十条，其具体内容将在第三章内阐述。

（三）《评标委员会和评标方法暂行规定》（以下简称《评标规定》）

2001 年 7 月 5 日由中华人民共和国国家发展计划委员会、国家经济贸易委员会、建设部、铁道部、交通部、信息产业部、水利部的主任或部长共同签发了 12 号令，规范了评标委员会的组成和评标活动，12 号令含总则；评标委员会；评标的准备与初步评审；详细评审；推荐中标候选人与中标；罚则及附则共七章六十二条，其具体内容将在第三章内阐述。

（四）《北京市招标投标条例》

由北京市第十一届人民代表大会常务委员会第 36 次会议于 2002 年 9 月 6 日通过并公布《北京市招标投标条例》，自 2002 年 11 月 1 日起施行，其内容共六章六十二条。北京地区招投标活动可照此执行。

（五）《工程建设项目招标范围和规格标准规定》（以下简称《规定》）

于 2002 年 4 月 4 日国务院批准，同年 5 月 1 日国家发展计划委员会发布执行。

该规定对《招标投标法》中的第 3 条给予了详细的补充说明，是招标范围和规格标准的细化，具有操作性。

二、建设工程施工招标程序

建设工程施工招标的程序，共有 15 个环节（见图 3-2-1），此程序中的各环节工作均由建设单位办理，由招标办审查或监督。若在此前已委托监理，则监理公司应选派有经验的人员参与有关工作，尤其是编制招标文件、评标等环节，应协助业主发挥专业人员的作用。

（一）建设工程项目报建

1. 报建范围

建设工程项目的立项批准文件或年度投资计划下达后，具备《工程建设项目报建管理办法》规定条件的，须向建设行政主管部门报建备案。报建范围为：各类房屋建设（包括新建、改建、扩建、翻建、大修等）、土木工程（包括道路、桥梁、房屋基础打桩）、设备安装、管道线路敷设、装饰装修等建设工程。

2. 报建内容

主要包括：工程名称、建设地点、投资规模、资金来源、当年投资额、工程规模、结构类型、发包方式、计划竣工日期、工程筹建情况等。

3. 交验资料

办理工程报建时应交验下列文件资料：立项批准文件或年度投资计划、固定资产投资许可证、建设工程规划许可证、资金证明。

4. 报建程序

建设单位填写统一格式的"工程建设项目报建登记表"，有上级主管部门的需经其批准同意后，连同应交验的文件资料一并报建设行政主管部门。

（二）呈报招标申请

招标单位填写"建设工程施工招标申请表"，若有上级主管部门，需经其批准同意后，连同"工程项目报建登记表"报招标管理机构审批。主要包括以下内容：工程名称、建设地点、招标建设规模、结构类型、招标范围、招标方式、要求施工企业等级、施工前期准备情况（土地征用、拆迁情况、勘察设计情况、施工现场条件等）、招标机构组织情况等。

（三）编制与送审资格预审文件、招标文件。

1. 编制资格预审文件

选择公开招标并采用资格预审时，需参照范本编写资格预审文件和招标文件，只有资格预审合格的施工单位才可以参加投标；不采用资格预审时，在开标后进行资格审查，只需写招标文件。

2. 编制招标文件

编制招标文件在招标工作中占首要地位，内容应满足项目的特点和需要，包括项目基

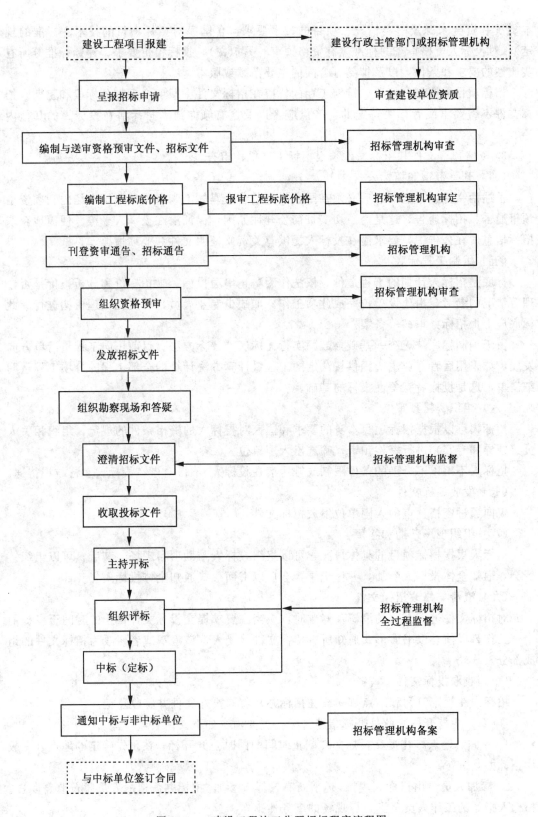

图 3-2-1　建设工程施工公开招标程序流程图

本概况和资金来源及落实情况、项目的技术要求（含国家对招标项目的技术、标准的规定）、对投标人资格审查的标准（有资格预审时另拟文）、投标报价要求、评标标准等所有实质性的要求和条件，以及拟签订合同的主要条款或版本。

招标项目需要划分标段、确定工期的，应在招标文件中载明合理划分标段和工期。招标文件不得要求或者标明特定的生产供应者以及含有倾向或者排斥潜在投标人的其他内容。

3. 资格预审文件和招标文件须报招标管理机构审查。

（四）刊登资审和招标公告

上述两文件经审查同意后必须在国家指定的公众媒体上和有形的建筑市场内刊登资格预审通告、招标通告。这是为了切实贯彻公开性原则，保证潜在投标人平等、便捷地获取招标信息。在公告中，要求潜在投标人提供有关资质证明文件和业绩情况。

（五）编制工程标底

标底是招标人计划的工程造价，依法作为防止串通投标、哄抬标价和分析报价是否合理等情况的参考。由建设单位完成此项工作，如缺少专业人员，可委托代理机构进行。此标底应上报招标办审核、备案。

由于编制标底缺乏统一基础，鼓励实行无标底的评标方法。目前正向工程量清单方向发展，如采用后者，业主应提供按法定的工程量计算方法计算的全部工程的分项工程量明细清单，这是投标者竞争性投标的基础。

（六）组织资格预审

招标人可以根据招标项目本身的要求和国家对投标人的资格条件的规定，组织相关人员（领导和专家）进行资格预审，筛选出入围单位。

招标人不得以不合理的条件限制或排斥潜在投标人，不得对潜在投标人实行歧视待遇。

（七）发放招标文件

仅向通过资格预审的入围单位发放招标文件。

（八）组织现场踏勘和答疑会

招标人根据招标项目的具体情况，可以组织投标人踏勘项目现场。其后，可以组织答疑会，通知全体投标人参加，并作记录，会后以书面形式通知全体投标人。

（九）澄清与修改招标文件

对招标文件进行必要的澄清及修改时，应当在要求提交投标文件截止的时间至少提前十个工作日以前，以书面形式通知所有招标文件接受人。该澄清或者修改为招标文件的组成部分。

（十）收取投标文件

招标人在规定时间和地点（一般在招标办）收取投标文件并签收登记。

（十一）主持开标　此处开标指经济标，主要内容如下。

1. 时间、地点　在提交投标文件截止时间的同时公开开标；在预先确定的地点（一般为招标办）进行。

2. 参加人员　由招标人主持，邀请所有投标人参加。招标办派遣的人员履行监督职责。招标人指派的工作人员负责开标现场的事务性工作。

3. 议程

（1）招标人在规定的时间前收到的所有投标文件，都属开标范围。

（2）标书拆封前，由投标人或其委托的代表检查投标文件的密封情况，经确认无误后，由工作人员当众拆封，宣读投标人名称、投标价格、三材用量和其他主要内容。

（3）记录开标过程由工作人员当场记录，并经投标人审核无误后，签字确认存档备查。

（十二）组织评标

开标后，随即由招标人依法组建的评标委员会负责在招标办指定地点对经济标和技术标进行评审。

1. 评标委员会组成

依法必须进行招标的项目，其评标委员会成员人数为五人以上单数，由招标人的代表和有关技术、经济等方面的专家组成，专家不得少于成员总数的三分之二。在这个组成中，招标人的代表及其上级领导，可以在评标过程中充分表达其意见，与评标委员会的其他成员进行沟通，并对评标的全过程实施必要的监督。相关专业的技术专家，对投标文件中施工方案的技术可行性、合理性、先进性和质量可靠性等指标进行评审比较，以确定在技术和质量方面的优劣、差异。经济专家对投标价格、降价措施、投标人的财务状况等商务（经济）条款进行评审比较，以确定在经济上对招标人最有利的投标。根据招标项目的不同情况，招标人还可聘请其他方面的专家为评标委员。比如对一些大型的或国际性的招标项目，还可聘请法律方面的专家，以对投标文件的合法性进行审查把关。评标委员会成员中，专家的人数占绝对多数，目的是充分发挥专家在评标活动中的权威作用，保证评审结论的科学性、合理性。

与投标人有利害关系的人不得进入相关项目的评标委员会；已经进入的应当更换。评标委员会的名单在中标结果确定前应当保密。

2. 专家资格

专家应当从事相关领域工作满八年、具有高级职称或者具有同等专业水平，由招标人从国务院有关部门或者省、自治区、直辖市人民政府有关部门提供的专家库或者招标代理机构的专家库内确定；一般招标项目可采取随机抽取方式，特殊招标项目由招标人直接确定。

3. 评标过程的保密纪律

招标人应当采取必要的措施，保证评标在严格保密状况下进行。尤其要严格执行标底保密，对发现有泄露标底的违法行为，依法予以处罚，并追究单位负责人和直接责任人的责任。建设单位还可对评标委员会制定纪律，以起到约束作用。

4. 评标方法

评标方法有综合评估法、经评审的最低投标价法、法律允许的其他评标办法。选用何种方法，应在招标文件的评标办法中明确。评标委员会应当按照招标文件中的评标办法，对投标文件的符合性、完整性进行初步评审，确认为有效标以后，按技术标（施工组织设计）和商务标（报价及让利）分别进行详细评审和比较，招标人若采用量化计分制，评委应独立、慎重的依评分标准打分。量化评分标准可由业主制定。

在此提出，评标委员会必须正确使用标底，标底只能作为参考，不能作为衡量投标人报价的基础，目前一般作法是将标底和各投标人的报价用不同权数综合为基准价，再与报价进行比较。

评标委员会完成评标后，应当向招标人提出书面评标报告。

（十三）中标（评标、打分、定标）

根据建设部89号令，若采用低标价中标，则根据评标委员会认定的合理最低标推荐中标人；若采用综合评定法确定中标人，评标委员会可推荐三名之内的候选人，由建设单位的领导根据综合考评结果确定中标人。中标人的条件如下：

1. 能够最大限度地满足招标文件中规定的各项综合评价标准；

2. 能够满足招标文件的实质性要求，并且经评审的投标价格最低；但是投标价格低于成本的除外。

文件特别规定使用国有资金投资或者国家融资的工程项目，招标人应当按照中标候选人的排序确定中标人。招标人应在开标后30日内确定中标人。

89号令和七部委12号令颁布以来，最低投标价法的应用日渐增多。但目前还没有准确确定企业成本的方法，很难判定某家企业报价是否低于其成本价。评标委员会通常选择最低报价推荐中标人，使经评审的合理最低价中标未得到落实。相信最终将会有比较恰当的评审操作方法出台。

监理工程师如被业主聘为评委，应根据工程造价的知识和建筑市场的信息，能鉴别有明显错误的低报价，提供给评委会审议，以避免不良影响。

还应注意另一种倾向，即虽为最低标，但仍高于业主计划的控制价，且有明显不合理之处，这种情况在装修工程中可能出现。此时，应协助业主对报价进行复核，剔除不合理的工程量和费用。并与预中标人洽谈，求得共识后可为中标人，若分歧较大可自高分向下依排名顺序延伸复核，直至最后确定中标人。

（十四）通知中标与非中标单位

建设单位应将中标结果通知中标与非中标单位，并在确定中标人之日起15日内向所在地县级以上地方人民政府主管部门提交书面招投标工作报告备案。

（十五）签订合同

建设单位应在确定中标人后30日内与中标单位按招标文件中的约定签订施工合同。

最后要提醒招标人注意预留投标文件的编制时间，依法必须进行招标的项目，自发出招标文件之日起至提交投标文件截止之日，最短不得少于二十日。对于自愿招标的项目，招标人应当视工程规模、难易程度确定编制投标文件所需要的合理时间。

五、建设工程施工投标程序

任何一个项目的投标都是一项系统工程，必须遵循一定的程序，见图3-2-2。

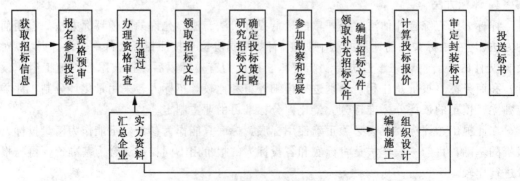

图 3-2-2 施工投标程序

（一）获取招标信息

施工企业经营部门应有专人负责搜寻市场信息，及时获取到项目招标的信息。

（二）报名参加招标的资格预审

到建设单位直接表示参与投标及资格预审的意向。

（三）办理资格预审

按建设单位资格预审公告所提条件，备齐资料，按时上交接受审查，通过后成为入围单位。

招标文件要求提交的资格预审资料，以北京地区为例，通常包括如下几类。

1. 有关确定投标单位法律地位的原始文件的副本（包括营业执照、资质等级证书或经建设行政主管部门核准的资质证件）。

2. 在过去 3 年完成的同类工程情况和现在正在履行的合同情况。

3. 拟担任本工程的项目经理及技术负责人的简历，包括获奖情况。

4. 拟投入本项目的经理部人员构成表

含管理干部和主要技术人员的情况。投标单位应使该项目部的人员职称、年龄结构合理，专业配套，岗位全面，唯此才具有竞争力。

5. 企业荣誉证书

企业近 3 年所获取的工程荣誉称号或奖项，国家奖项"鲁班奖"，在北京地区如"长城杯"工程、建筑装饰优质、优良工程等。如外地企业投标可将同类奖项获奖证书上报。企业所获取的其他荣誉证书，视招标文件的要求汇总。

6. 提供财务状况情况

企业最近 2 年经会计师事务所审定的审计报告（含必要的财务报表）。

7. 资信情况

企业最近 2 年经中介机构评估的信用等级证书，如 AAA 级证书等。

8. 信用情况

由工商局颁发的重信用守合同证明，注意要在有效期限内。

9. 安全生产

由市经委颁发的生产安全许可证明，注意要在有效期限内。

10. 质量和环境认证书

质量认证（ISO9000 族）和环境认证（ISO14000）的证明应注意其在有效期内每年都应有通过外审的记载。

投标人对以上资料应确保其真实可信，可用复印件加盖红章上报，不得涂改伪造，一旦发现造假行为将被取消投标资格。

（四）领取招标文件

按招标通告中规定的时间、地点领取招标文件，并交一定的押金（可退）或工本费（不退）。

（五）研究招标文件，确定投标策略

取得招标文件之后，首要的工作就是认真仔细地研究招标文件，根据投标须知、工程性质、投标工作量大小、投标时间的长短、评标办法和评分办法，决定投标力量的投入与分配，安排经济、工程造价专业的技术人员研究专用条款、招标范围、工程量清单、指导价表等文字部分和图纸，要吃透精神，找出问题以备答疑和编制经济标。还应有各专业的施工技术人员研究设计图纸和技术规范，了解工程特点、建筑装修及设备各专业的流程和施工条件，根据进度要求了解现场周边环境，准备编制技术投标书（含绘制网络图与横道图）。投标单位的领导应确定投标策略，包括技术资源的投入、工期及报价方面的优势、对建设单位的让利优惠、疏通各种渠道的公共关系等工作以指导编制标书。

（六）参加现场勘察和答疑会

参加勘察就是要了解招标工程施工的自然、经济和社会条件与环境，这些都是制约工程施工和影响报价的因素，所以在投标前要尽可能了解清楚。参加答疑是在学习招标文件后发生的疑问，感到表达不确切、不具体的要求条件，通过答疑得到明确解答，在编制投标书中可以明确计算、表态和应对。这两个机会对投标人而言是十分重要的，应派拟担任本项目的技术负责人、概预算人员参加，以获得确切、有利的信息。

（七）领取补充招标文件

按招标人规定的时间和地点领取补充招标文件，其中有对原招标文件的澄清与修改，投标应对必须以此为准。

（八）编制投标文件

从领取招标文件以后即可开始准备编制投标书，直到领取了补充招标文件前，都还在与招标人就招标事宜联系，只在其后才真正进入独立编标阶段。

投标人应当按照招标文件要求的内容格式和份数编制投标文件。应做到文句通顺、目录正确、图文编码对应，内容应有针对性，投标文件主要可分为下列三大部分。

1. 计算投标报价

此工作与下述工作平行进行，可配备两套人员专门负责。此项工作的基础工作是计算图纸工作量和掌握工程造价信息及管理的政策、收费标准和定额计价。以求报价具有竞争力。

2. 编制施工组织设计

施工组织设计（重点是施工方案）是招标单位评价时要考虑的主要因素之一。在技术标评审中占较大比例，应由投标单位的技术负责人主持制定，应考虑施工方法、主要施工机具的配置、各工种劳动力的安排及现场施工人员的平衡、施工进度及分批竣工的安排、安全措施等。施工方案的制定应在技术和工期两方面对招标单位有吸引力，同时又有助于降低施工成本。

3. 汇总企业实力资料

在资格预审的基础上进一步完善，按招标文件的要求逐一落实。施工企业平时应注意资料的积累，投标时应做到分类、有序的汇总，避免因有资料但拿不出而造成丢分的被动局面。

（九）审定、封装投标文件

1. 投标单位应有专人对投标文件全文进行检查审定，必须做到以下几点：

（1）应当对招标文件提出的实质性要求和条件作出响应；

（2）根据项目实际情况，载明拟在中标后将中标项目的部分非主体、非关键性工作进行分包，且含分包单位的简介；

（3）本单位对投标工程所做出的质量和让利优惠的承诺，其中降低措施应单列明示。

2. 按照招标文件的规定进行装订，尤其要满足无标识装订的要求，签章及封口符合要求，以确保评标的公正性。

《招标投标法》中规定，在提交投标文件的截止时间前可以补充、修改或者撤回已提交的投标文件，但一般投标人不会发生此现象，因其均在投标截止的最后时间送达，故此处从略。

（十）送达标书

在招标文件要求的截止时间前，将投标文件送达投标地点，并签字履行手续。若在截止时间后送达的投标文件，招标人应当拒收。投标人少于三个的，招标人应当依照本法重新招标。

六、相关纪律及注意事项

（一）招标人应遵守的纪律

招标人不得向他人透露已获取招标文件的潜在投标人的名称、数量以及可能影响公平竞争的有关招标投标的情况，招标人设有标底的，标底必须保密。

（二）投标人应遵守的纪律

1. 投标人不得相互串通投标报价，不得排挤其他投标人的公平竞争，损害招标人或者其他投标人的合法权益。

2. 投标人不得与招标人串通投标，损害国家利益、社会公共利益或者他人的合法权益。

3. 禁止投标人以向招标人或者评标委员会成员行贿的手段谋取中标。投标人不得以低于成本的报价竞标，也不得以他人名义投标或者以其他方式弄虚作假，骗取中标。

七、建筑装饰装修工程招标

随着建筑行业专业化、市场化程度的不断提高，装饰装修工程已从建筑工程中分离出来单列为招标内容之一。其招标程序与上述相同，但具体做法又依自身特点而有所不同，现仅就其特点讲述如下。

（一）装饰装修工程招标实质含两种招标

80年代前，新建工程招标时结构与装修一次完成，但实践显示出，有些总承包对标准较高的装饰工程施工并非长项，或质量不尽如人意，或需要分包。还有些大型建筑，或是工期紧，或是开发商的用户还未定准，装修图纸不能与结构图同时出齐，这就促成了可以将装饰装修剥离出来另行选择承包商而重新单独招标的现实。

90年代以来，更新改造项目逐渐增多，装饰装修工程更成为单独的招标对象。许多大型或高档装修中的材料、做法、节点处理都必须有详细图纸，指导施工，只有一、二级建筑装饰装修工程施工企业，才具有设计资质（甲、乙级），故装修工程招标实质上是含了设计与施工两大内容，随着实践的增多，发现施工与设计的优势并非都集中在一个装饰企业中，尤其是对建筑装修项目的个案，往往设计方案最佳的单位施工实力（或拟派遣本项目部的实力）并不理想。因此近年来，已有众多业内人士和专家学者提出，招标工作应将设计与施工分开进行，这是向国际惯例接近的一个很大进步，实践中也不乏其例。

北京位于先农坛、定位为"京味豪宅"的"耕天下"住宅项目，约200余套豪宅装修，总工程近亿元，从2002年7月中旬起举行室内装修设计的公开招标。登报发标，应者如云，引起装饰工程界的极大兴趣。

"耕天下"的开发商经过与评委初审，选了北京侨信、深圳长城、清华工美、上海美达、

49

深圳美芝、中美圣拓 6 家单位进行正式投标。中国建筑学会室内设计学会、清华大学美术学院环艺系、中国人民大学艺术学院设计系等教授、专家作为评委，当场打分宣布，经过公开、公正、公平的评比定标，北京侨信、深圳长城、清华工美分列一、二、三等奖。在北京房地产多年发展过程中，发展商专门针对室内装修设计方案组织的公开招标，"耕天下"尚属首次。

当然，也有持不同观点的人认为装饰工程不宜分设计、施工两步招标，目前国家尚无统一规定，业主可根据工程情况自主选择恰当的方式。

（二）选择招标方式

1. 对工程规模小、技术要求低的工程，设计与施工招投标可一步进行。要注意必须选择具有设计资质的装饰装修企业参与投标。这是通过资格预审的基本要求。

2. 对工程规模大、技术要求高的工程可进行设计与施工两步招标。设计招标主要进行方案对比评审，通过专家评审论证，业主决策，选择最佳设计方案。设计招标结束后由中标单位负责设计施工图，统一装修标准、材料品种。施工招标在设计招标基础上进行，原设计中标单位也可参与竞争，并可享受一定的优惠加分，视评委会和业主的意见而定。按评标程序在施工方案、工期、质量、造价上进行竞争，择优选定中标单位。

值得说明的是，设计招标与设计方案竞赛不同，原实行的整个项目的设计方案竞赛是评选获奖级别，即使一等奖得者的方案也未必是最后的执行方案，业主仍可参照其他方案优点改善，且获奖单位也不一定是施工图设计者，但装修设计招标不同，中标方案即是施工图的依据，中标单位必须据此完成施工图的设计任务。

八、装饰装修企业投标要点

（一）重视项目工程投标

获取工程任务是建筑装修企业生存与发展的前提，随着《招标投标法》法的全面施行，建筑市场运作规范化，行业竞争也更加激烈。任何建筑装修企业，都得凭借自身的信誉和综合实力，参与投标竞争。这是争得市场份额的唯一出路。因此重视项目工程投标的组织与管理，提高投标中标率，是企业领导和经营部门的中心工作。

（二）设置专门的投标机构（人员）

在装饰企业尤其是大型公司或集团公司中，大多有经营部或商务部负责对项目投标全过程实施严格的组织与管理，如小型公司则应设有专人组成投标机构，负责投标的业务工作。其成员由建筑经济管理、施工技术和商务金融专业的人员组成。既负责经济标和技术标的编制工作，又要负责搜集商业信息，在建筑市场中寻找商机。

（三）领导决策投标取舍

对任何一个项目的招投标工作，企业领导层都必须给予重视，一定要对市场的商机给予充分的风险分析，作出正确决策。决策有两层含义，分析决定是否投标和决定投标的策略（下述）。依据是对招标工程项目、业主情况的了解程度，原则上凡不利于公司形象、业主压价明显或无利润、业主资金未属实需要垫资、双方利益责任不对等的或者已有"内定"对象，带有陪标性质及风险较大的项目，应果断地放弃投标。反之，若对企业有利（不仅是经济利益，有较好的社会效益，哪怕利润很薄，也应视为有利于企业）则应积极投标。

领导层要理智的分析，从对招标人和其他投标人了解的情况，用掌握的所有法规进行分析判断，有取有舍，切不可"见标就投"，一定要有的放矢，否则盲目投标而多次不中，将产生不良后果，一则影响企业声誉，再则挫伤企业职工尤其是参与投标工作人员的积极性，是有弊无利的事，要尽量避免。

（四）领导规划投标策略

当决定了某个项目参加投标后，制定与投标人接触、洽谈，增进了解，参与资格预审的策略、技巧，在技术标和经济标中如何体现自身的优势，以专制短，如何表现对业主的优惠，投标书具有吸引力，都是决策工作的内容。这些不是投标工作人员所能确定的，必须由领导亲自坐阵指挥敲定。因此对投标活动进行总体规划，研究策略是中标的关键。

无论是在设计施工招标一次进行还是分两次进行都必须使标书编制得有的放矢，有分必得。现提出四点看法供装修企业编制标书参考。

1. 经济标要有竞争力——合理低价

由于装修工程材料品种规格多，材料质量档次价格相差大，定额难以全面覆盖，活口多，定量分析、编标口径较难统一，故多用无标底招标。

如果业主以低标价为中标条件，则投标报价是核心，如业主是以综合评议法确定中标单位，则投标报价是占总分的比例较高的一项（多占到50％以上），因此投标报价直接关系到投标工作的成败，报价过高会失去中标机会；报价低虽然可能中标，但会带来亏本的风险。过低也可能被认为低于成本价而淘汰出局。因此关键是确定企业在投标项目上的成本价，为此必须做好如下工作。

（1）工程量计算必须准确，分项工程不能遗漏、重复，工程量不能多算、少算，要求编标人员细致、认真阅图、拆量。

（2）各种材料单价要做到满足设计要求和招标条件的市场低价，这靠企业具有的供货渠道，物资供应管理体制降低成本。人工消耗工日和单价也应做到合理低价，从提高劳动生产率、技术革新等方面挖潜。

（3）各种取费精打细算，发挥企业优势，挖掘管理潜力，将各种直接间接取费率降低，甚至一些费用减免，如技术措施费，总包管理费（对有实体整建制的施工企业而言）等。

后两条对工程量清单的招标方式尤显重要，因为工程量一致，竞争对手从同一基础做起。在此要提醒施工企业，按国际惯例，投标人应对工程量清单进行复核、确认。我国虽未有这方面规定，但投标方应在编号报价过程中留意，一旦发现确有错误，应单独列出，以便中标后向业主提出，经其确认漏算或少算之处，办理洽商变更，一方面使工程完整，一方面减少自己的损失。对发现多算的量，也应公正的向业主提出，办理手续，一方面减少业主的投资损失，一方面反映出投标人的诚信态度，有助于投标的取胜。

2. 设计方案有吸引力——创意新颖

对装修设计招标（无论是独立还是与施工同时），由于评委的要求和审美观不同，难以用单一的评标办法中的条文进行评审，打分的自主度较大，但设计方案的创意新颖，独具吸引力往往是中标的决定性条件。如某学校会议交流中心三层楼装修改造设计招标，在四家投标方案中，三家方案虽各有千秋，也都满足了业主要求的标准、风格、色调，但看不出特色。唯有一家利用楼梯扶手下侧墙面，做成灰色大理石装饰水墙，其上敷设古钟造型图案，且有层层声波，从墙顶部有水帘徐徐落下，下面有不宽的水槽，放入鹅卵石、金鱼，既没占用更大的空间，创造了接近自然的水环境，其钟声还给人们很多启示和寓意，成为整个设计的亮点，因此被选中。所以设计投标时一定要抓住立意创新，在文化品位等软件上下工夫。

3. 技术标（施工组织设计）要纲举目张——具有规划性、针对性

编制施工组织设计对投标人来说是轻车熟路，一般规定的内容都可以写出成套文字，但往往达不到业主所需。在此提醒大家注意两点：

（1）规划性

投标时的施工组织设计实质是施工组织规划，要突出对该工程的重视程度，投入的人力物力资源，尤其是管理层次和操作层——项目经理部的运作系统，对分包的管理，保证项目目标实现的措施等，要使人相信指挥体系和作战人员均能令行禁止，走活一盘棋。尤其是管理项目的水平，必须展示清楚，不能只细说施工方法，而忽视了管理、规划。

（2）针对性

施工方案和方法、施工进度计划、机械、材料、设备和劳动力计划安排、文明及安全生产措施等方面，一定要结合投标项目仔细阐述，不可套用规范术语或教材资料，那是典型的通用的文字，应该转换成自身的做法，特别突出本工程中的技术难点、要点给以论述。如上述工程有落地玻璃门，其高度已超出常规尺寸，就应该写明施工要点和保证施工期及使用期安全的措施，而不能照抄一段幕墙施工规范和一般的安全措施。又如改造工程往往不停止办公，此时的进度计划及保证措施必须能具体落实，包括向业主提出需要配合之处，采取防止噪声及空气污染的措施，以减少扰民使工程顺利进行等。

总之，施工组织设计的规划性与针对性表述清楚，可以达到纲举目张的效果，是争取这项评审得分的关键。

4. 企业资信等硬件翔实——具有可信度

招标文件所需要的各种企业资信材料（见前述）应复印清晰，加盖红章，有些招标单位在资格预审时要求上缴，入围后不再编入投标书，但有时招标单位仍要求编入投标书，一定要满足招标人的要求。各种证书、证明必须真实可靠，具有可信度是对投标单位诚信品德的基本考验。

《招标投标法》不仅为建筑装饰装修企业提供了平等竞争的环境和法律保障，在业主占支配地位的"买方市场"的装修行业内，也是建筑装饰工程的质量保证。建筑装饰工程招投标是市场经济发展的必然结果，也是一种竞争行为，作为市场主体的建筑装饰企业，应该积极适应市场变化，苦练内功，不断提高市场竞争能力，参与招投标竞争，为企业的生存和发展寻求源泉。

第三节　总监负责制

一、总监负责制的法规规定

关于总监负责制在《工程建设监理规定》737号文第五章中有明确规定，摘录如下：

第二十四条　工程项目建设监理实行总监理工程师负责制。总监理工程师行使合同赋予监理企业的权限，全面负责受委托的监理工作。

第二十五条　总监理工程师在授权范围内发布有关指令，签认所监理的工程项目有关款项的支付凭证。

项目法人不得擅自更改总监理工程师的指令。

总监理工程师有权建议撤换不合格的工程建设分包单位和项目负责人及有关人员。

第二十六条　总监理工程师要公正地协调项目法人与被监理企业的争议。

二、总监理工程师负责制的含义

（一）总监理工程师负责制是项目监理实施的管理办法之一，包含三点内容。

1. 总监是由监理企业法定代表人任命，并书面授权，按合同项目设立的岗位职务。总监理工程师是项目监理的责任主体，应向业主与监理企业负责。

总监的地位决定了对他们的任命必须有书面文件，除正式通知业主外，还必须在施工合同内写明，向施工单位明示。监理企业不得随意改变监理投标时的总监人选，若因故需要调换总监时，必须征得业主同意。

2. 总监理工程师是项目监理的权力主体，全面领导项目监理工作，负责组建班子、编制规划、签署各种有关报表等。

3. 总监理工程师是项目监理的利益主体，要对国家的利益负责，对业主的投资效益负责，也对项目监理组的效益负责，负责组内人员的利益分配。

总监理工程师是上述三个权力主体的体现者，应该表现在如下三个方面，首先对施工单位应具有约束力，对他们发出的指令和通知必须能做好有令必行，有禁必止；同时对业主应具有影响力，即遇到症结问题能提出恰当的、可行的建议并被业主采纳；还应对监理机构内部人员应具有凝聚力，团结大家把项目的监理工作搞好。

总监还应切记在工作中，必须适度的行使自己的权限，不能超越自身的角色地位包揽一切，甚至代替业主决策，或代替施工单位出具施工方案等技术文件。不应把自己的作用估计的过高，应该以身作则，小事放权，大事作主，敢于负责，总体说来应对各方有关人员都具有亲和力，使自己成为项目监理工作运转的中心。

（二）总监理工程师的职责

在项目监理机构中，总监对外代表监理企业执行项目的监理业务，对业主负责；对内组织监理机构的正常运转和日常工作，向公司负责。因此，他的职责甚为重要，根据"监理规范"规定，应履行以下职责。

1. 确定项目监理机构人员的分工和岗位职责；

2. 检查和监督监理人员的工作，根据工程项目的进展情况可进行人员调配，对不称职的人员应调换其工作；

3. 主持编写项目监理规划、审批项目监理实施细则，并负责项目监理机构的日常工作；

4. 审查分包单位的资质，并提出审查意见；

5. 审定承包单位提交的开工报告、施工组织设计、技术方案、进度计划；

6. 主持监理工作会议，签发项目监理机构的文件和指令；

7. 审核签认分部工程和单位工程的质量检验评定资料，审查承包单位的竣工申请，组织监理人员对待验收的工程项目进行质量检查，参与工程项目的竣工验收；

8. 主持或参与工程质量事故的调查；

9. 审查和处理工程变更；

10. 调解建设单位与承包单位的合同争议、处理索赔、审批工程延期；

11. 审核签署承包单位的申请、支付证书和竣工结算；

12. 组织编写并签发监理月报、监理工作阶段报告、专题报告和项目监理工作总结；

13. 主持整理工程项目的监理资料。

总监所签署的各种表格请参见《监理规范》附录。

在监理实施的过程中，总监所要承担的上述职责和工作实质上是解决工程项目在进度、质量、投资控制中的诸多矛盾，多个分包单位之间的分歧，甚至纠纷，遇到这种情况总监必须在听取各方意见的时候，表现出一视同仁、热情对待，在确定处理方案时，对原则性问题和有关工程质量进度的事件要坚持原则，不能让步，要从大局、从整体冷静处理；在调解各方利益分歧上，要耐心细致地做工作，使得各方达到求同存异的共识，只有这样才能化解各类矛盾，使项目进展消除障碍。提倡处理矛盾时做到刚柔相济、冷热相宜。

总监与总监代表的职责区别见下节。

总监是项目监理机构的核心人物，对他们的素质要求更加完备，他们应该具备高度的责任感和敬业精神，崇高的职业道德，全面的、复合型的知识结构，还应具有较高的领导艺术和协调能力，有关这方面的知识不在此论述。

三、总监理工程师考核制度

总监理工程师是项目监理实施的核心人物，为保证其任职水平能满足监理工作需要，虽然国家对总监资质还未明文规定要求，但各地普遍执行了总监执业上岗证书制度，必须具有国家注册的监理工程师执业资格证书、具有高级职称和一定的项目监理实践的条件才可申报总监理工程师的资质，经过考核批准后才可上岗工作。如北京地区对具有基本条件的人员进行考核，分为三级（一级、二级、二级副）总监，通过以后取得上岗证书方可担任项目总监，这样对监理工作质量有了保证作用。总监还需要定期参与继续教育，通过职业培训不断提高自己的业务水平。

由于监理项目远离公司本部，总监的工作状态完全靠自己约束，其工作水平和工作效果与总监自身的素质、修养和自控能力密切相关，难免参差不齐，因此监理企业应该有完整的对总监工作进行检查、考核的管理制度，适时还要征求建设单位的反映，以利于项目监理工作的开展和取得最佳效果。

第四节　工程项目监理机构

一、组建工程项目监理机构

在建设项目施工监理准备阶段中，组织项目监理机构并确定各岗位职责，配备监理设施和编写监理文件最为重要，这是开展监理工作前的物质和组织准备，而组建工程项目监理机构更是首要工作，因此单作一节讲述，其他工作在下节中叙述。

（一）《监理规范》中相关规定

项目监理机构是监理企业为履行委托监理合同，实施工程项目的监理工作而设立的临时组织机构。组织形式、其进出现场时间、人员配备与职责应满足监理规范中的有关条款要求，详述如下。

1. 项目监理机构存在时间

监理企业必须在施工现场建立项目监理机构。应在项目即将取得开工许可证前入场，做好准备工作。项目监理机构在完成委托监理合同约定的监理工作后可撤离施工现场。

2. 项目监理机构的组织形式

项目监理机构的组织形式和规模，应根据工程类别、规模、技术复杂程度、工程环境、委托监理合同规定的服务内容、服务期限等因素确定。视工程可采用直线式、职能式、直线—职能式和矩阵式等不同的形式。如图 3-4-1 及 3-4-2 所示。

直线制的组织形式简单明了，各种职位是按垂直系统直线排列，机构简单、人员分工明确、权力隶属关系直接，便于决策和领导，在装修工程监理中广泛采用。

职能制组织形式从职能角度进行人员配制，横向联系与监理人员业务的提高较为方便，具有机动性和适应性，对于较为复杂的工程适用。

矩阵式的监理组织形式较为复杂，应用于大型综合型建设项目，建筑装饰装修工程中不采用，故此处从略。

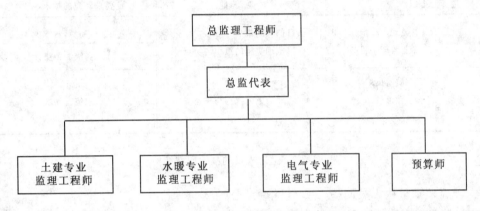

图 3-4-1 直线制监理组织形式

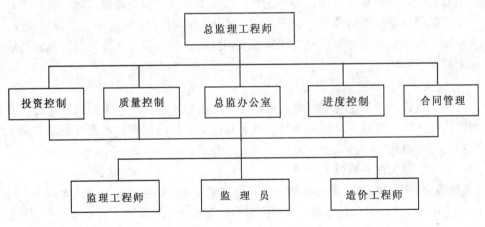

图 3-4-2 职能制监理组织形式

3. 项目监理机构的人员构成及其资质

《建筑法》第三十七条规定：工程监理企业应当选派具备相应资格的总监理工程师和监理工程师进驻施工现场。

《监理规范》规定项目监理机构的监理人员应包括总监工程师、必要时可配备总监理工程师代表、专业监理工程师和监理员及其他辅助行政人员。

总监理工程师应由具有三年以上同类工程监理工作经验的人员担任；总监理工程师代表应具有二年以上同类工程监理工作经验的人员担任；专业监理工程师应具有一年以上同类监理工作经验的人员担任。监理员与辅助行政人员视项目规模而适量设置。

一名总监理工程师只宜担任一个项目的总监理工程师工作。当需要同时担任多个项目的总监工作时，须经建设单位同意，且最多不得超过三项。

监理人员应专业配套、数量满足工程项目监理工作的需要，年龄和职称结构合理，职称结构可参阅图3-4-3。一般情况，在监理投标时已向业主呈报过组成人员，如无特殊情况应按投标书组建并入场，否则业主可视为违约，如有特殊情况应向业主阐明并得到同意

监理组织层次		主要职能	要求对应的技术职称
项目监理部	总监理工程师	项目监理的策划	高级
	专业监理工程师	项目监理实施的组织与协调	高级、中级
现场监理员	质监员 计量员 预算员	监理实务的执行与作业	中级、初级

图 3-4-3　监理人员的技术职称结构

4．项目监理机构人员调整

监理企业应于委托监理合同签订后十天内将项目监理机构的组织形式、人员构成及对总监理工程师的任命书面通知建设单位。当总监理工程师需要调整时，监理企业应征得建设单位同意并书面通知建设单位。还应注意，因施工合同中写明总监人选，实质上是把监理与被监理的关系以法律的条文明确下来，因此当总监调换时，切勿忘记书面通知施工方，以免新总监工作被动。当专业监理工程师需要调整时，总监理工程师应书面通知建设单位和承包单位。

（二）监理企业组建监理班子注意事项

监理企业组建监理班子时应注意到监理班子人员的职称构成、年龄结构合理，形成阶梯状态，这样才能使监理人员优势互补，现场与内业工作均衡高效。业主若对监理人员的组成不满意可提出调整，监理企业应尽量满足其要求。

二、确定监理人员的岗位及职责

《监理规范》中对各类监理人员的职责，均有明文规定，各监理企业结合规范，还可细化，并在进入监理项目办公地点后，制作镜框明示上墙，一方面展示了监理企业的形象，一方面便于接受大家的监督。

（一）总监理工程师　详见第三节。

（二）总监理工程师代表（简称总监代表）

是由总监理工程师任命并授权，行使总监理工程师授予的权力，从事总监理工程师指定的工作的一种岗位。

当工程项目较大，或有特殊专业性单项工程时，或是总监兼项目较多，负担过重时，可

以设置总监代表岗位以协助总监工作，一般说来总监代表由总监提名，监理公司领导批准后即可。总监代表应履行的职责及总监不得委托其代表的工作分别如下。

1. 应履行的职责

（1）负责总监理工程师指定或交办的监理工作；

（2）按总监理工程师的授权，行使总监理工程师的部分职责和权力；

2. 总监理工程师不得将下列工作委托总监理工程师代表：

（1）主持编写项目监理规划、审批项目监理实施细则；

（2）签发工程开工/复工报审表、工程暂停令、工程款支付证书、工程竣工报验单等；

（3）审核签认竣工结算；

（4）调解建设单位与承包单位的合同争议、处理索赔、审批工程延期；

（5）根据工程项目的进展情况进行监理人员的调配，调换不称职的监理人员。

此处需要强调的是，总监与其代表的职责范围是有明确界定的，在实施过程中，切记既要恪尽职守，又不可超越界限，即总监不要事无巨细均要事必躬亲，要发挥其代表及专业工程师的作用，不可大权独揽，也不可"大撒把"把不该下放的权力下放；总监代表也不可越权，将不属于自己职权范围内的工作承担下来且履行签证手续，这样做非但无效，且可能引起不良后果，望切实注意。

（三）专业监理工程师

专业监理工程师是施工阶段在现场进行三大控制的技术人员，是很关键的操作层人员，可按专业、部门或某一方面的业务设置其岗位。如合同管理、造价控制等。当工程项目规模大，在某些专业或某一方面业务可设置几名专业监理工程师。总监理工程师在他们中应指定负责人，但均称为专业监理工程师。工程项目中如涉及特殊行业（如爆破工程），从事此类项目监理工作的专业监理工程师还应符合国家有关对专业人员资格的规定。

专业监理工程师应履行以下职责。

1. 负责编制本专业的监理实施细则；

2. 负责本专业监理工作的具体实施，并根据实施情况做好监理日记；

3. 组织、指导、检查和监督本专业监理员的工作，当人员需要调整时，向总监理工程师提出建议；

4. 审查承包单位提交的涉及本专业的计划、方案、申请、变更，并向总监理工程师提出报告；

5. 核查进场材料、设备、构配件的原始凭证、检测报告等质量证明文件及其质量情况，根据实际情况认为有必要时对进场材料、设备、构配件进行检验，合格时予以签认；

6. 负责本专业分项工程验收及隐蔽工程验收；

7. 负责本专业的工程计量工作，审核工程计量的数据和原始凭证；

8. 定期向总监理工程师提交本专业监理工作实施情况报告，对重大问题及时向总监理工程师汇报和请示；

9. 负责本专业监理资料的收集、汇总及整理，参与编写监理月报。

（四）监理员

是经过监理业务培训，具有同类工程相关专业知识，从事具体监理工作的人员。属于工程技术人员，不同于项目监理机构中的其他行政辅助人员（如文秘、资料人员）。

监理员应履行以下职责。

1. 在专业监理工程师的指导下开展现场监理工作；

2. 检查承包单位投入工程项目的人力、材料、主要设备及其使用、运行状况，并做好检查记录；

3. 复核或从施工现场直接获取工程计量的有关数据并签署原始凭证；

4. 按设计图及有关标准，对承包单位的工艺过程或施工工序进行检查和记录，对加工制作及工序施工质量检查结果进行记录；

5. 担任旁站工作，发现问题及时指出并向专业监理工程师报告；

6. 做好监理日记和有关的监理记录。

（五）总监及监理工程师的岗位职责考核

在监理实施过程中，总监理工程师及总监代表的工作水平及工作质量在项目监理机构中是至关重要的，因为他们都是"带头人"，他们的工作效率高、业绩好，项目的三大控制就有了基本保证，为便于对他们的考核，现将其工作职责分解列出标准如表3-4-1、表3-4-2，仅供参考。

项目总监理工程师岗位职责标准　　　　　　　　　　表 3-4-1

项目	职 责 内 容	考 核 要 求	
		标　准	完 成 时 间
工作指标	1. 项目投资控制	符合投资分解规划	每月（季）末及竣工
	2. 项目进度控制	符合合同工期及总控制进度计划	每月（季）末及竣工
	3. 项目质量控制	符合质量验收标准	各分部工程阶段末及竣工
基本职责	1. 根据业主委托与授权代表企业负责和组织项目的监理工作	1. 协调各方面的关系 2. 组织监理活动的实施	施工期内
	2. 根据监理委托合同制定项目监理规划，并组织实施	1. 对项目监理工作进行系统的策划 2. 组建好项目监理班子	合同生效后1个月内
	3. 审核各子项、各专业监理工程师编制的监理工作计划或实施细则	应符合监理规划，并具有可行性	各子项专业监理开展前15天
	4. 监督和指导各子项、各专业监理工程师对投资、进度、质量进行监控，并按合同进行管理	1. 使监理工作进入正常工作状态 2. 使工程处于受控状态	平时开展工作，每月末检查
	5. 做好建设过程中有关各方面的协调工作	使工程处于受控状态	平时开展工作，每月末检查
	6. 签署监理组对外发出的文件、报表及报告	1. 及时 2. 完整、准确	平时开展工作，每月末检查
	7. 审核、签署项目的监理档案资料	1. 完整 2. 准确、真实	竣工后15天或依合同约定

项目	职责内容	考 核 要 求	
		标 准	完 成 时 间
工作指标	1. 投资控制 2. 进度控制 3. 质量控制 4. 合同管理	符合投资分解规划 符合控制性进度计划 符合质量验收标准 按合同约定	月末及竣工 月末及竣工 分项工程各阶段末及竣工 月末及竣工
基本职责	1. 在项目总监理工程师领导下，熟悉项目情况，清楚本专业监理的特点和要求	制定本专业监理工作计划或实施细则	实施前 1 个月内
	2. 具体负责组织本专业监理工作	监理工作有序，工程处于受控状态	平时开展工作，每周（月）检查
	3. 做好与有关部门之间的协调工作	保证监理工作及工程顺利进展	平时开展工作，每周（月）检查、协调
	4. 处理与本专业的重大问题并及时向总监理工程师报告	及时、如实	问题发生后 10 日内
	5. 负责与专业有关的签证，如：对外通知、备忘录、以及及时向总监理工程师上交的报告、报表资料	及时、如实、准确	每件事发生后两日内
	6. 负责整理本专业有关的竣工资料	完整、准确、真实	竣工后 10 天或依合同约定

第五节　工程项目监理实施原则及主要程序

一、监理工作的实施原则

监理机构在项目监理实施中应遵循下列原则。

（一）公正、独立、自主

在项目建设中，业主与承建商是独立运行的经济主体，他们目标不同、行为各有差异，监理工程师必须在双方施工合同约定的责权利基础上，协调双方的一致性，工作中坚持公正、独立、自主的原则，尊重科学、尊重事实，按监理规范独立开展工作。只有这样，项目得以实现，业主可以实现投资的目的，承建商也可以实现产品的合法价值和盈利。

（二）权责一致

这条原则含三点内容，首先是业主对监理企业的授权体现在签订监理合同上，明确监理工程师承担的职责与权限，随之，监理企业授权给总监理工程师，使其对外代表监理企业行使职权，承担责任，对内向监理企业负责。最后，又因为被监理企业与监理企业之间无合同关系，故还应在施工合同中明确总监的人选及权限范围，以使总监在项目中切实发挥作用。

（三）严格监理，热情服务

严格监理，指对承建商的活动要按国家政策、法规、规范和合同控制目标，以严谨、科学的工作作风，严格把关。热情服务指对业主应按合同提供多方位多层次的服务，维护业主的权益，当然不能一味服从而不顾承建商的合法权益，因为顾此失彼也会给业主造成损失。

（四）综合效益

监理工作在实现业主利益的同时，必须符合公众利益、社会整体利益和环境效益，要对国家负责，使项目的建设取得最佳的综合效益。

（五）预防为主

由于工程项目具有"一次性"和"单件性"特点，使其在建设过程中有许多风险，监理工程师必须具有预见性，做好"预控"，"防患于未然"，避免被动。

（六）实事求是

监理工程师在监理工作中必须依据事实办事，用证明、检验或试验资料说明问题，不能以权压人，更不能敷衍了事，实事求是的原则应贯彻在监理工作的始终。

二、施工准备阶段的监理工作

（一）配备监理设施

监理设施是项目监理机构开展工作的物质条件，应分别由建设单位和监理公司配备。

建设单位应提供委托监理合同约定的办公、交通、通讯、生活设施；项目监理机构应妥善保管和使用建设单位提供的设施，并应在完成监理工作后移交建设单位。

监理公司应根据工程项目类别、规模、技术复杂程度、所在地的环境条件，按委托监理合同的约定，为项目监理机构配备计算机、打印机、常规检测设备和工具，同时还应配备监理工程师工作和生活的必需品，如冬季取暖、夏季降温、饮水器等用具，为工地一线的人员创造较好的工作条件，也是展示监理企业实力和形象的窗口之一。

（二）做好开工前的准备工作

1. 参加第一次工地会议

工程开工前，监理人员应参加由建设单位主持召开的第一次工地会议，有如下内容。

（1）建设单位、承包单位和监理企业分别介绍各自驻现场的组织机构、人员及其分工；

（2）建设单位根据委托监理合同宣布对总监理工程师的授权；

（3）建设单位介绍工程开工准备情况；

（4）承包单位介绍施工准备情况；

（5）建设单位和总监理工程师对施工准备情况提出意见和要求，为签发开工令做好准备；

（6）总监理工程师介绍监理规划的主要内容，主要是监理依据（法令、法规等）程序和需要施工方配合的工作。

从以上内容可知，会议既是开工的部署，还应起到监理交底的作用（北京地区《监理规程》中，除此会外，还提出了监理交底会，由总监主持，可与第一次工地会议合并前、后召开），因此总监理工程师应做好充分准备，首先要讲清监理工作目的和宗旨。是为了使施工单位明确，监理机构虽是受聘于建设单位介入建设项目，但决不是施工单位的对立面，而是增加了一个同向分力，使项目的建设合力增大，宏观上认识到监理机构与其自身是战略伙伴，只是在具体施工过程中，又多一道监督和把关，双方工作的追求是一致的，使他们消除与监理的对立或抵触情绪。

国家规定监理工作是技术性的中介服务工作，具有明确的委托特点，对任何一个工程项目进行施工监理，都要按照科学、公正、诚信、守法的宗旨，为建设单位服务，同时还必须站在第三方公正的立场上，维护施工单位的正当合法权益。监理机构一定要按这个目的和宗旨进行工作，这样从开工伊始双方就能在同一个起点上，为以后的合作打下了良好基础。

虽然监理工作已推行了十年之久，多数施工企业已初步掌握了监理的运作模式，但仍有沿袭传统做法的现象，况且还有一些管理人员是初次接触监理，因此还要认真宣布监理的运行体系，必须强调以下三点。

其一，监理工程师是受建设单位委托在施工现场惟一的管理者，建设单位的意见和决策通过监理机构实施。项目监理部是监理企业派到施工现场的监理机构。

其二，施工监理实行总监理工程师负责制。总监对外代表监理企业，对内负责监理组的日常工作，总监的各种指令通过监理部配备的各岗位人员（含各专业现场监理工程师和资料人员）执行。

其三，监理工程师在现场的监理工作只对总包单位，各分包单位进行施工、资料报审、报验工作一概通过总包进行。

为了使每一位管理人员都能了解这种新的管理体制，必须改变以前的传统做法和习惯势力，尽快按新的模式入轨、就位、对口工作。不要凡事直接与建设单位商定，不通知或迟通知监理企业。对分包单位要进行认真管理，对他们的一切施工活动负责。

公布监理纪律也是交底的重要内容之一。国家主管部门在各种文件中早已公布了监理工程师应遵守的纪律，在交底会上必须向施工单位一一说明（略），尤其要讲明不允许监理工程师借职权之便吃、拿、卡、要。

既是把他们作为合作者看待，请其监督监理人员的行为，要遵守监理纪律和职业道德，要真正站在公正的立场对项目负责，对人、对事做到秉公处理。同时也是施工单位的告诫，请他们在工程中出现问题后不要以请客、送礼等行贿方式试图减轻责任、侥幸过关。

（7）研究确定各方在施工过程中参加工地例会的主要人员，召开工地例会周期、地点及主要议题。

会后，项目监理机构负责起草会议纪要，并经与会各方代表会签。

可以说，第一次工地会议对项目运行的作用至关重要，利用这个是展示监理公司、项目监理部、监理工程师形象的机会，必须发挥出应有的水平。总监应注意，无论工程大小、施工企业级别、资历，监理交底都不能等闲视之，全应认真对待。开会前总监准备一个精彩的施政演说，内容可视具体的项目特点和施工企业的项目经理部、人员构成有所侧重，使每一位施工管理人员都学习或强化一遍监理的知识和程序，肯定有利于项目稳定运行，达到预期的目的。

2. 参与设计交底

项目监理人员进驻工地后，首先要参加由建设单位组织的有设计、施工单位参加的设计技术交底会，并了解如下内容。

（1）设计主导思想、建筑艺术构思和要求，采用的设计规范、确定的抗震等级、防火等级、基础、结构、内外装修及机电设备设计（设备造型）等。

（2）对主要建筑材料、构配件和设备的要求，所采用的新技术、新工艺、新材料、新设备的要求以及施工中应特别注意的事项等。

在设计交底前，总监理工程师应组织监理人员熟悉设计文件，并对图纸中存在的问题在会上以书面形式提出意见和建议，会上确认的设计变更应由建设单位、设计单位、施工单位和监理企业会签。因为熟悉图纸、了解工程特点、工程关键部位的施工方法和质量要求，以督促承包单位按图施工，是监理预先控制的一项重要工作。虽然监理企业对设计问题不承担责任，但如发现图纸中存在按图施工困难、影响工程质量以及图纸错误等问题，在交底会上提出，设计技术交底会要由施工单位负责整理，总监理工程师进行签认，引起建设单位和设计单位重视得以改正，将对项目顺利进展铺平道路。

设计交底会议纪要由施工单位负责整理，总监理工程师进行签认。

3．审核施工组织设计

工程项目开工前，总监理工程师应组织专业监理工程师审核承包单位报送的施工组织设计（方案），提出审查意见，并经总监理工程师审定。

（1）审核程序

①承包单位完成施工组织设计的编制及自审工作后，并填写施工组织设计（方案）报审表，报送项目监理机构。

②总监理工程师应在约定时间内，组织专业监理工程师审查，提出审查意见后审定批准。需要承包单位修改，签发书面意见退回，修改后再报审，重新审定，同意后签认。

③已审定的施工组织设计由项目监理机构同时报送建设单位。

④承包单位应按审定的施工组织设计组织施工。如需对其内容做较大变更，应在实施前将变更内容书面报送项目监理机构重新审定。

⑤对规模大、结构复杂或属新结构、特种结构的工程，审查后应报送监理企业技术负责人审查，其审查意见由总监理工程师签发，必要时与建设单位协商，组织有关专家会审。

（2）审核的基本要求

①应有承包单位负责人签字。

②应符合施工合同要求。

装修工程虽不如整体工程复杂，但作为一个单独合同工程，施工单位和监理企业也应按上述规定编制和审定施工组织设计，如为小型改造工程，可简化为施工方案。

4．审查分包单位资质

如在施工合同中未指明分包单位，总包需聘请分包单位时，项目监理机构应对该分包单位的资格审查如下内容：

（1）分包单位的营业执照、企业资质等级证书、特殊行业施工许可证、国外（境外）企业在国内承包工程许可证；

（2）分包单位的业绩；

（3）拟分包工程的内容和范围；

（4）专职管理人员和特种作业人员的资格证、上岗证。

符合有关规定后，由总监理工程师予以签认批准后分包方可进场施工，否则不能进场。

5．考察试验室

专业监理工程师对承包单位自有试验室或外委试验室按以下五个方面进行考察，满足工程需要可予批准，否则请其调换直至满足。

（1）试验室的资质等级及其试验范围；

（2）法定计量部门对试验设备出具的计量检定证明；

（3）试验室的管理制度；

（4）试验人员的资格证书；

（5）本工程的试验项目及其要求。

本项工作也可在正式施工后进行，但必须要在试验工作开始前完成。

6. 签发工程开工令

总监理工程师应在审查施工单位准备工作完成后，签发工程开工报审表，工期即从此开始计算。

以上各项准备工作所需的报审表，请参考附录Ⅰ中相应的A类表。这些准备工作也可在签发开工令后进行，视具体项目进展情况由总监安排，同时应进行监理规划的编制。

（三）编制监理规划

监理规划是监理工作的众多文件中最重要的一个，它是开展监理工作的纲领性文件，具有指导性作用。监理规划作为指导监理机构开展工作的重要文件，为使项目监理机构的工作规范化、程序化、制度化、有利于建设单位、承包单位极其他相关单位与监理企业之间配合协调。根据《监理规范》规定，应针对项目的实际情况，按照监理工作开展的先后次序明确每一阶段工作内容、行为主体、考核标准、工作时限，监理工作程序、方法和措施，应实现事前控制和主动控制的要求。

1. 编制的程序及报送时间

监理规划应在签订委托监理合同及收到设计文件后，由总监理工程师主持、专业监理工程师参加编制，经监理企业技术负责人审核批准。一个月内编制完成，总监理工程师在第一次工地会议上宣讲主要内容。

2. 编制依据

（1）建设工程的相关法律、法规及项目审批文件；

（2）与建设工程项目有关的标准、设计文件、技术资料；

（3）监理大纲、委托监理合同文件以及与建设工程项目相关的合同文件。

3. 主要内容

项目总监应按上述规定的监理工作程序，编制好监理规划。

（1）工程项目概况；

（2）监理工作范围；

（3）监理工作内容；

（4）监理工作目标；

（5）监理工作依据；

（6）项目监理机构的组织形式；

（7）项目监理机构的人员配备计划；

（8）项目监理机构的人员岗位职责；

（9）监理工作程序；

（10）监理工作方法及措施；

（11）监理工作制度；

（12）监理设施。

4. 监理规划的调整

在实际监理过程中，由于工程项目的具体情况，可能会产生监理工作内容的增减或工作程序颠倒的现象，但无论出现何种变化都必须坚持监理工作"先审核后实施、先验收后施工（下道工序）"的基本原则。当涉及到建设单位和承包单位的工作时，应符合委托监理合同和施工合同的规定。这体现了监理规划的时效性，在项目的实施过程中应根据情况变化适时适当调整，不可一编到底。这也是监理动态控制的表现和依据。因此，《监理规范》规定，在监理工作实施过程中，如实际情况或条件发生重大变化需要调整监理规划，应由总监理工程师组织专业监理工程师研究修改，按原报审程序经过批准后报建设单位。如某公共建筑项目，建筑面积 4 万平方米，历时三年建成，笔者接受任务做总监时基础已经完成，上部结构设计图纸刚刚出齐，结构封顶后近一年建设单位才根据用户确定了精装修图纸，故共组织编制了基础工程、主体结构、精装修三部分的监理规则。

（四）编制监理实施细则

对中型及以上或专业性较强的工程项目，应结合工程项目的专业特点，由专业监理工程师编制监理实施细则，并必须经总监理工程师批准，在相应的专业工程施工前编制完成。应符合监理规划的要求，做到详细具体、具有可操作性。

1. 编制依据

（1）已批准的监理规划；

（2）与专业工程相关的标准、设计文件和技术资料；

（3）施工组织设计。

2. 主要内容

（1）专业工程的特点；

（2）监理工作的流程；

（3）监理工作的控制要点及目标值；

（4）监理工作的方法及措施。

3. 在监理工作实施过程中，监理实施细则应根据实际情况进行补充、修改和完善。

在大型装修工程中，专业技术强的子分部或分项工程应编制监理实施细则，例如玻璃幕墙工程，外墙饰面板（砖）工程等，对他们的外观质量和安装牢固的保证条件，应该在细则中表述清楚。

三、施工过程中的监理工作

施工过程中的监理工作主要是对项目进行质量、进度、投资三大目标的动态控制，这是本书的核心部分，分别在四、五、六章中进行论述。同时进行的合同与信息管理工作有关内容，将在第七章论述。

第六节　建筑装饰装修施工监理特点及要点

建筑装修工程监理内容仍然是投资、质量、进度的三大目标控制及合同管理、信息管理，但在实施过程中又有许多不同于结构工程施工监理之处，且工作内容也有所增加，监理工程师必须根据其特点抓住监理要点，做好监理工作。

一、建筑装饰装修工程监理的特点

（一）分项分部工程多，专业性强

总承包（或业主要求）可能将部分工程分包，有些专业性强的工程又有相关的上级主管部门的管理体系监督，其中纵向领导关系，横向配合、合作关系头绪很多，需要监理处理的各种关系协调工作量较大，有各种分包专业工种，分包合同多，合同信息管理工作量也随之增大，因此应该说建筑装修装饰工程的信息管理、合同管理和协调工作较结构工程和设备安装工程更加繁杂，面宽量大，更需要监理工程师全方位全过程的在现场及时处理好各种信息，对监理工程师的组织协调能力要求更高。

（二）动态控制难度较大，要求监理工程师具有更高的业务水平和敬业精神

建筑装饰装修工程中各工种（工序）繁多且交叉进行，相互干扰不可避免，无论在进度控制还是质量控制方面，一个工种（工序）的偏差就可能影响全部工程的进度或质量，也就是"进度链""质量链"上的元素多，动态控制难度相对较大，要求监理工程师要有更高的业务水平，对影响进度或质量的因素能及时准确的分析判断，能果断的采取纠偏措施以保证链环的连续正常运行，要付出更多的时间学习各种新材料、新工艺、新标准，要在现场加强旁站巡视力度，对每个工序认真检查签认。结构监理检查的量和项目固定有限，且标准成熟、统一，无论是钢筋，还是混凝土都是大面积、大体积的签认过程。而建筑装修装饰监理是细致、体量小、层次多、种类多的签认，稍有疏漏，就会影响使用功能和寿命，或者影响美观，达不到艺术效果。故要求监理人员具有更强的敬业精神，要有耐心、有韧性，把监理任务完成好，满足业主的要求。

（三）设计与施工交叉进行，设计管理工作加重

结构工程中图纸均可做到施工详图程度，类型、尺寸、材料、工程量及做法均十分明确，施工及监理有据可依，尤其是监理，可在熟读图纸的基础上开展监理活动。建筑装修装饰工程往往是设计与施工并行，造成建筑装修装饰的施工监理无图无据，无从检验，因此不仅增大了监理工作量，也使整个监理工作增加了难度，对设计管理的工作内容如下所述。

二、设计管理工作主要内容

（一）协助业主编写设计要点、委托设计

建筑装饰装修工程质量验收规范以强制性条文对有关装修工程做出规定：

建筑装饰装修工程必须进行设计，并出具完整的施工图设计文件。施工图纸是监理工作的依据，监理工程师必须督促施工方照图施工，同时要照图验收。

同时规定承担建筑装饰装修工程设计的单位应具备相应的资质，并应建立质量管理体系。由于设计原因造成的质量问题应由设计单位负责。

监理工程师应协助业主将装修标准、意图等编入设计要点，供设计人员作为出图的依据，尤其是投资额度及分配（各专业、各分部、分项工程），必须使设计人员明确，要在限定资金额度内最大限度的发挥聪明才智和创造性，最好的体现业主的意图，这个设计任务书或设计要点可作为合同附件或单列成条款写入合同中。

（二）协助业主组织方案竞赛和招投标优选设计单位

如果业主选用装修设计方案竞赛或招标方式确定设计单位，监理工程师可协助业主作

好有关的组织工作。通过此工作优选方案及施工图设计单位。其工作程序与一般工程的建筑方案设计竞赛及招标的组织工作相同。

（三）协助业主审定设计的进度计划

督促设计单位编制出设计进度总计划及分解计划，并控制其执行计划，防止出图不及时拖延进度。

由于图纸滞后而影响装修工程总进度的情况屡见不鲜，故控制设计进度是监理工程师必须实际操作的工作，要求设计单位编制出计划，确定阶段性出图时间是做好进度保障的基础，绝不可依据口头允诺来控制出图进度，这样会造成被动局面和责任不清。有了进度总计划和分解计划，可以实施动态控制。协助业主随时检查进度情况，一旦发现偏差，组织有关人员汇集情况，分析原因，找出补救办法，尽快纠正偏差。此间，对各专业图纸进度的掌握与协调十分重要，抓住主要工程部位设计的出图速度和时间，平衡其他部位出图时间，确保总进度的实现。

（四）为设计提供必要的基础资料

为保证设计的质量和速度，实现业主的意图，提供必要的基础资料是业主的义务。如提供必要的参数、原始资料（结构设计、建筑设计图等）、新材料、新工艺的选择、设备造型等等。资料齐全可避免设计可能出现的失误与浪费，使设计达到可靠性、安全性、经济性的最佳状态。

（五）协助业主制定设计管理条例

这个工作可以说这是对没有开展设计监理的一个弥补措施，可以使设计管理有章可循。

工程设计前期，监理工程师根据实际情况，制定出若干管理规定如下，由业主签发后执行。

1. 明确设计管理工作原则、工作程序及管理内容等。明确业主和监理企业的职责划分和工作范围。

2. 明确设计变更通知的编制内容、审批程序签发及管理过程中各单位的责任及权限，以便控制投资。

3. 明确设计交底和图纸会审主要内容、程序及组织分工；图纸会审纪要的编写与发放；文件与图纸发放程序、数量、保管及保密等有关规定。

4. 明确执行国家部委文件名称；竣工文件（含图纸及相关资料）的内容及其编制方法，专业工程分类及审查审批程序等内容，做到竣工文件齐全、准确、及时。

（六）协助业主验收设计成果

1. 建筑装饰装修设计成果内容

（1）总体设计方案

建筑装饰装修规模、标准、布局、设备配套、投资概算均能满足质量目标和水平。

（2）专业设计方案及施工图

各专业装饰装修设计标准、设备、功能和使用价值均能满足适用、经济、美观、安全、可靠等要求，各专业施工图齐全，节点细部图详尽。

（3）主要设备、材料清单

设备和材料的型号、规格、质量要求、数量、产地的清单，各种产品具备与建筑装饰装修工程验收标准相适应性。

（4）概、预算总价

工程量计算、取费标准、费率的计算方法及概算价格，且具有正确性、合理性。

2. 设计成果验收标准

对以上设计成果，监理工程师应根据"装修规范"基本规定中关于设计的条款（含强制性标准及一般规定）逐项验收，必须满足下列要求。

（1）建筑装饰装修工程设计必须保证建筑物的结构安全和主要使用功能。当涉及主体和承重结构改动或增加荷载时，必须由原结构设计单位或具备相应资质的设计单位核查有关原始资料，对既有建筑结构的安全性进行核验、确认。

（2）承担建筑装饰装修工程设计的单位应对建筑物进行必要的了解和实地勘察，设计深度应满足施工要求。

（3）建筑装饰装修设计应符合城市规划、消防、环保、节能等有关规定。

（4）建筑装饰装修工程的防火、防雷和抗震设计应符合现行国家标准的规定。

（5）当墙体或吊顶内的管线可能产生冰冻或结露时，应进行防冻或防结露设计。

三、建筑装饰装修工程监理的要点

根据上述的建筑装修装饰工程监理的内容和特点，不难得出其监理的要点。

（一）必须坚持按施工图监理

对新建的大型公共建筑或标准较高的公寓及别墅，如装饰装修设计图完整，照图施工及监理，自不必赘述。但有些项目在全套设计图中，只有建筑图对装饰装修工程有初步的粗略图纸和说明，达不到施工图的程度。业主在发包时如按结构和装饰装修分包给两个施工单位，装修装饰的总包又将按装修装修的各分部工程或专业工程分包给各施工队，这时施工监理是最难开展工作的。因为此时极易出现施工队出节点大样施工图，而原有总设计无暇顾及、默认许可之状态，此时监理工程师应特别注意检查分包合同中有无设计内容。如有，还应通过总包审查分包单位的资质，看其有无相应的设计资质，如没有，绝不能让其设计，所设计的图纸无效；如有设计资质，则其图纸需有正式签认程序，即原来的总设计因对某些专项施工不甚熟悉或时间不允许，同意由分包出施工图时，原设计单位必须签认分包设计的图纸。这一程序是不可忽略的，因为随着装修标准的提高，许多分项工程也直接影响着使用功能和安全，如外立面的干挂石材，如细部设计不合理，或受力的构件强度不足，则会导致石材脱落造成危险。因此各分项专业性强的工程装饰装修设计的图纸经原设计审核是必不可少的程序。监理工程师必须坚持无正式图纸不可施工的原则，而且向业主、设计、总包、分包讲清楚，各单位的责、权、利统一，在合同范围内履约，各司其职，各负其责，不可推诿，不可越权。

对专门的装饰装修改造工程，图纸更应该正规，更应严格执行照图施工的程序监理，若有需变动之处，应按设计洽商变更程序处理。

往往由施工期紧张，人们又认为装饰装修无碍使用和安全大局，对某分项的做法和选材来不及落实到文字和图纸上，有关各方仅做口头约定待做好以后出现不尽人意之处，几方扯皮，责任难以区分划定，继而引发纠纷，此时监理十分被动。施工前坚持规范出图，将避免这些不愉快的事件发生，有利于工程的整体目标的实现。

（二）严格监控施工材料

对任何工程使用的原材料都必须进行事先控制，检查材质性能要符合设计要求，供货厂家要有相应的资质和手续。但对装修工程所用材料还有两个特殊要求，即从消除室内环境污染，保障人民身体健康的角度要求限制有害物质的含量，从安全、耐久性方面对隐蔽部位的材料也提出具体要求（如下述两条）。这是规范中的强制性条文，监理工程师必须严格控制。

1. 建筑装饰装修工程所用材料应符合国家有关建筑装饰装修材料有害物质限量标准的规定。

2. 建筑装饰装修工程所使用的材料应按设计要求进行防火、防腐和防虫处理。

上述第一点可结合第四章第七节学习。

（三）注意保护主体结构不被破坏和原有设备系统（水、暖、电）正常运行

《装修规范》强制性条文规定：

建筑装饰装修工程施工中，严禁违反设计文件擅自改动建筑主体、承重结构或主要使用功能；严禁未经设计确认和有关部门批准擅自拆改水、暖、电、燃气、通讯等配套设施。

在装饰装修工程中，无论是新建还是改造，均不得破坏主体结构的安全，必须保证原有的结构受力体系完整、无损，在承重构件上不得随意剔凿、开洞。

在新建项目中，结构受力体系（骨架）不致变动，但在受力构件上剔凿、打洞时有发生。如设备安装位置的变化，某些挂件的安置均需在楼板、墙板甚至是梁、柱上打洞、挖槽，原则上不允许，因为确实需要的均已在整体设计中已有结构预留孔洞，若不得不打洞时也应注意孔洞不得开得太大（直径不得大于 30cm），不得切断钢筋。剔凿开洞时不要动用大型机具，减少对墙、板等构件的冲击力。

在改造项目中，往往出现拆改承重构件的现象，业主或为扩大使用面积，或为通畅明亮美观提出某种要求，某些非专业的设计（或施工）人员单纯为满足业主需要，随意拆改承重墙体，在墙体上开门连通相邻房间，在楼板（天花板）上安设大型吊灯等等，使原有承重构件抗震性能、抗拉、抗弯、抗压强度均受不同程度损伤，这不仅威胁了局部改动处的安全，还严重破坏了原有结构承重体系，对全楼也造成事故隐患。还有少数工程，设备选型迟迟不定，或几经变化，导致孔洞易位，重新开凿，破坏了构件受力性能。监理工程师务必在事先做好预控工作，给业主讲明道理，对施工人员晓以利害，防止这类事情发生。

（四）控制室外环境污染

《装修规范》强制性条文规定：

施工单位应遵守有关环境保护的法律法规，并应采取有效措施控制施工现场的各种粉尘、废气、废弃物、噪声、振动等对周围环境造成的污染和危害。

这是对施工现场控制环境污染的要求，主要是施工过程中的工艺做法和建筑垃圾引起的声音和空气的污染与环境破坏，可从改善施工方法，增加防范措施，如隔声、遮盖，加强保洁工作等方面要求施工方降低污染和破坏。

对室内环境污染的控制详见第四章第七节。

对通过 ISO14000 环境认证体系的施工企业，应该按其企业内部的防污排污标准和程序执行，监理工程师也应注意检查施工方的落实情况。

（五）注意控制的综合效果

建筑装修工程监理实施中，监理工程师一定要做好业主的参谋，求得质量、进度、投资三大控制中综合效果最佳。如在确定设计方案、标准及设备材料选型时，业主受诸多方

面影响会经常变化，导致图纸几经修改难以确定，此时监理必须清醒地以整体项目的关键性工序作为进度控制的"后门"，将其关死，劝告业主不能试图"十全十美"无限制的改变设计，进度失控将是大的损失，助其果断定案，有些非关键线路上的工作还可继续思考，但关键线路的关键工作不容延误。又如在选择某些装修材料和购配件时，不可单独考虑低价采购，一定要连同材料质地、寿命、色彩及最终效果一并考虑，即考虑性价比合理的产品，才是最优选择，这样可以获得投资目标与质量目标综合的最佳期效果。

复习思考题

1. 施工监理实施的流程是什么？

2. 施工准备阶段和施工阶段监理工作都有哪些？

3. 简述工程项目施工招标与投标的程序及监理工程师的工作内容。

4. 总监负责制的含义是什么？

5. 各层次监理人员的岗位职责是什么？

6. 为什么装修工程设计阶段就需要监理介入？此阶段监理工程师的主要工作有哪些？

7. 施工阶段承包商应参加哪些业主或监理机构主持的会议？

8. 建筑装修工程监理有什么特点？工作要点是什么？

第四章 建筑装饰装修施工监理的质量控制

质量控制是施工监理的核心内容，是从投入原材料到形成实体工程交付业主使用（或投产）的全过程的控制工作，过程控制实质上就是验收过程。建筑装饰装修工程所用的原材料和构配件品种多、分项分部工程多，控制的依据和标准与结构施工相比，较为繁杂，监理工程师必须一一对应掌握。近年来，由于建筑装饰装修造成的室内污染引起人们极大关注，因此室内环境，实际就是室内空气的质量也是监理工程师应该控制的工作。本章一至六节将叙述工程实体质量控制与验收，第七节叙述"气体"的质量控制。

第一节 质量控制的依据

建筑装饰装修工程实体质量的控制依据为国家的法定文件与施工合同的有关约定，即在每个工程项目的设计、施工及验收阶段相应的规范和标准，施工合同中关于质量目标的约定条款及法定文件内容监理工程师都应该掌握。并贯彻在监理工作中。

一、国家规范与技术标准

（一）原材料、半成品、构配件质量类

控制工程质量必须从源头抓起，因此监理工程师应该根据各种材料的国家标准进行检验。

1. 有关产品技术标准

建筑装饰装修材料或构配件的技术标准，大多可查相应的国家标准得到，如铝合金建筑型材标准为 GB/T5237—93，普通玻璃和浮法玻璃技术标准分别为 GB4871 和 GB11614—89，锦砖的公差要求可查 JC201—75，胶合板等级及质量标准可查 GB738—75 和 GB1349—78 等等，在此不一一而论。

2. 有关试验、取样方法的技术标准

如木材物理力学试验方法总则为 GB1928—80，铝及铝合金阳极氧化膜厚度的试验方法，重量法为 GB80151—87 等。

3. 有关材料验收、包装、标志的技术标准。

如对型材有关规定（GB101—80），对装饰装修的有关规定（GB2102—80）等。

4. 若采用新材料时，应有权威部门关于技术性能的鉴定。

建筑装饰装修用到以上 1、2、3 项，施工中可查阅各类手册或标准，第 4 项尤为重要，应在施工中给予重视，不得无根据地采用新材料。

（二）工程质量类

1. 有关建筑装修施工工艺规程

这是为保证工序质量而制定的操作技术规程，或以分项、分部工程，或某类实体工程为对象制定的，有国家和地方及行业不同层次的标准。如《木结构工程施工质量验收规范》（GBJ206—83）、《建筑机械使用安全技术规程》（GBJ33—86）、《建筑防火设计规范》

（GBJ16）、《高层民用建筑设计防火规范》（GB5045），又如《建筑安装分项工程施工工艺规程》（DBJ01—26—96）（北京），《玻璃幕墙工程技术规范》（JGJ102—96）GBJ301—88（其中第十、十一章废止）。

2. 若采用新工艺、新方法、新技术的建筑装修装饰工程，事前应做试验，并制定工艺规程，经有关政府部分认定的权威机构进行必要的技术鉴定，并通过其使用。

（三）质量验收类

为适应新形势的发展，总结了以往的实践，对工程质量控制标准向国际惯例靠拢，由中国建筑科学研究院会同中国建筑业协会工程建设质量监督分会等十个有关单位共同编制了《建筑工程施工质量验收统一标准》（GBJ50300—2001）（以下简称《统一标准》），由建设部于2001年7月20日以建标［2001］157号通知的形式予以颁布，自2002年1月1日起施行。此标准是将原执行的建筑工程施工及验收规范和工程质量检验评定标准合并，贯彻"验评分离、强化验收、完善手段、过程控制"的指导思想，统一了建筑工程施工质量的验收方法，质量标准和程序，组成新的工程质量验收规范体系，除本标准外，尚有13个专业的工程质量验收规范配合使用。在建筑装修工程中，以《建筑装饰装修工程质量验收规范》（50210—2001）（以下简称《装修规范》）为主，《建筑地面工程施工质量验收规范》（GB50209—2002）（以下简称《地面规范》）使用较多，兼或使用其他相关规范，其名称与代号参见附录。

1. 质量验收规范支撑体系。

前述的工程质量验收规范系列是个新的技术标准体系，将对工程质量的管理产生大的影响。它由三部分内容组成，如图4-1-1，形成了工程质量验收的完整的支撑体系。

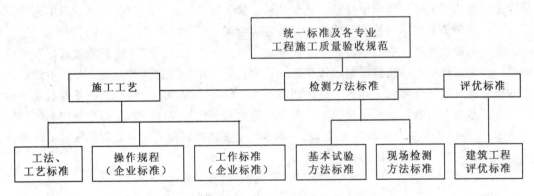

图 4-1-1　工程质量验收规范支撑体系示意

（1）施工工艺部分　即图中的三部分组成，除国家规范的工艺标准外，各建筑施工企业均应有自身的质量管理体系和相应的施工工艺技术标准，在操作过程中更偏重于企业自身所制定的标准。

（2）检测方法标准　其中含基本试验和现场检验两种，强调了现场检测。

（3）评优标准　是行业性推荐标准，为社会及企业的创优评价提供依据，除考虑工程安全、功能评价、建筑环境等方面的质量要求外，还应兼顾工程观感质量。

从上图看出这个体系发挥了全行业的力量，从不同的角度努力控制建设工程的质量，我们相信工程项目的质量会日趋完美。

2. 施工质量验收控制指标分类

由于建筑工程的形成过程不同于一般的工业产品，其复杂性、庞大性、受多种因素干扰性都导致其质量控制的难度，规范规定按其对质量产生的影响程度分为下列三类指标进行控制。

（1）强制性标准（条文）（规范中用黑体字注明，本教材中除标题外的黑体字）

《标准化法》规定：保障人体健康、人身、财产安全的标准和法律、行政法规规定强制执行的标准是强制性标准，其他标准是推荐性标准。

工程建设强制性标准的范围包括：勘察、规划、设计、施工（包括安装）及验收等的综合性标准和重要的质量标准；有关安全、卫生和环境保护的标准；重要的试验、检验和评定方法等标准及其他需要强制的工程建设标准。相当于国际上发达国家的技术法规，严格在工程建设工作中贯彻，不执行就是违法，就要受到处罚。这是我国工程建设标准体制改革的重要步骤。

对分项工程只设下列 2 个质量指标。

（2）主控项目

建筑工程中的对安全、卫生、环境保护和公众利益起决定性作用的检验项目。

（3）一般项目

除主控项目以外的检验项目。主要是施工工艺和技术方面的内容，可由企业或行业标准确定，以充分发挥企业的积极性。

3．质量验收的层次划分

体系中明确了实体工程验收层次从检验批、分项、分部工程到单位工程，各层次的质量合格标准均按上述三类指标分列，建筑装饰装修工程中的相关内容参见第四章第七节。

二、施工单位投标文件及与业主签订的施工合同

施工单位投标文件中的承诺和与建设单位所签订的施工合同中约定的质量目标和相关条款，都是监理工程师质量控制的依据之一。如：对使用装修材料的标准、品牌承诺，约定的质量验收和评优奖项（如第一章第四节所述）等等。因为国家规定的质量验收统一标准只有"合格"一级，但评优奖项却有多种，除国家、地方奖项外，还有企业内部的"优良"，这些等级的质量标准都是在"合格"的基础上更加完善的目标，监理工程师的控制目的必须以合同的约定的目标为据。

第二节 施工质量控制的内容和手段

一、控制阶段

对任何一项建筑装饰装修工程，不外经过设计、施工和验收三大阶段最终形成产品交付业主，因此质量控制也自然分为三个阶段。

（一）设计阶段

如果业主委托中含有设计阶段监理，监理工程师就应从策划方案开始到施工图完成进行监控，对设计图纸的质量予以控制，详见第三章。目前国家尚未出台工程项目设计阶段监理的相关规范（规程），一般说来，由于装修工程的特殊性，往往设计与施工不单独进行，业主虽是委托施工阶段监理，但其中含有设计监理的内容，此时监理工程师应做的工作是参与设计交底和施工图会审。

（二）施工阶段

施工是形成工程实体的阶段，也是监理工作最重要的阶段，对实体质量形成的控制，是从小到大分层控制，控制检验批质量合格形成分项（子分项）工程，控制分项工程质量合格形成分部（子分部）工程，并控制其质量合格形成单位（子单位）工程，最后达到项目合格。在此间监理工程师的控制工作是本课程的重点，将在下述内容中详细介绍。

（三）保修阶段

这是质量控制最后的一个流程，在此阶段中监理工程师应按照《工程建设监理规范》的相关规定，逐一履行责任。

1. 监理企业应依据委托监理合同约定的工程质量保修期监理工作的时间、范围和内容开展工作。

2. 承担质量保修期监理工作时，监理企业应安排监理人员对建设单位提出的工程质量缺陷进行检查和记录，对承包单位进行修复的工程质量进行验收，合格后予以签认。

3. 监理人员应对工程质量缺陷原因进行调查分析并确定责任归属，对非承包单位原因造成的，监理人员应核实修复工程的费用和签署工程款支付证书，并报建设单位。

二、施工质量控制的基本规定

施工是形成工程实体的阶段，也是形成最终产品质量的重要阶段。其质量控制贯穿于整个阶段。验收标准尤其重视施工中的过程控制，在《统一标准》中做了如下规定。

（一）施工现场质量管理（《统一标准》第 3.0.1 条）

施工现场质量管理应有相应的施工技术标准，健全的质量管理体系、施工质量检验制度和综合施工质量水平评定考核制度。施工现场质量管理可按表 4-2-1 进行检查记录。

施工现场质量管理检查记录　　开工日期：　　　　　　　表 4-2-1

工程名称			施工许可（开工）证	
建设单位			项目负责人	
设计单位			项目负责人	
监理企业			总监理工程师	
施工单位		项目经理	项目技术负责人	
序　号	项　　　目		内　　　容	
1	现场质量管理制度			
2	质量责任制			
3	主要专业工种操作上岗证书			
4	分包方资质与对分包单位的管理制度			
5	施工图审查情况			
6	地质勘察资料			
7	施工组织设计、施工方案及审批			
8	施工技术标准			
9	工程质量检验制度			
10	搅拌站及计量设置			
11	现场材料、设备存放与管理			
12				

检查结论：
　　总监理工程师
（建设单位项目负责人）　　　　　　　　　　　　　　　年　月　日

该表由施工单位现场主管人员填写，由总监理工程师检查，签字认可。这是开工后监理工程师的首要工作，要逐项检查，并将检查结果填写明确。在装饰装修施工中，第6与第10项一般不发生，可免除，但应注意根据工程实际需要增添检查项目。

（二）原材料、半成品、成品、建筑构配件、器具和设备的质量控制（《统一标准》4.0.2-1）

建筑工程采用的主要材料、半成品、成品、建筑构配件、器具和设备应进行现场验收。凡涉及安全、功能的有关产品，应按各专业工程质量验收规范规定进行复验，并应经监理工程师（建设单位技术负责人）检查认可。这是工程质量的源头，必须从头控制住。

（三）分项工程（工序施工）操作质量的控制（《统一标准》4.0.2-2、-3）

各工序应按施工技术标准进行质量控制，每道工序完成后，应进行检查。

相关各专业工种之间，再进行交接检验，并形成记录。

未经监理工程师（建设单位技术负责人）检查认可，不得进行下道工序施工。

（根据《统一标准》2.0.8，由施工的承接方与完成方经双方检查并对可否继续施工作出确认的活动称为交接检验。）

各分项工程（工序操作）质量，由检验批进行控制。

各检验批的质量，应根据检验项目的特点选择《统一标准》中规定的抽样方案进行质量验查，检验批是工程质量形成的基础，必经下列手续检验。

1. 施工单位自检，合格后申请报验

验收过程中规定，必须是施工单位先自行检查合格后，再交付验收，检验批、分项工程由项目专业质量检查员，组织班组长等有关人员，按照施工依据的操作规程（企业标准）进行检查、评定，符合要求后签字，然后交监理工程师验收签认。注意工艺流程的控制，不可随意简化或颠倒流程。

2. 监理工程师巡视抽检合格后签认报验单，这是各专业监理工程师的工作。由各检验批合格即可生效判定分项合格。

（四）分部工程质量控制

对分部（子分部）工程完工后，由总承包单位组织分包单位的项目技术负责人、专业质量负责人、专业技术负责人、质量检查员、分包项目经理等有关人员进行检查评定，达到要求各方签字，然后交监理企业进行验收。分部乃至单位工程的报验，这两次必须由总监理工程师签认方可生效。

施工单位的质量保证体系在此必须发挥作用，施工方各层次质检人员均要在申报验收单上签字。关于验收的规定将在以后的章节中介绍。

三、质量控制的主要手段

建筑装饰装修施工监理质量控制的程序和方法与土建结构施工监理相同，其主要环节如下。监理工程师现场操作中所需要审批的各种表格详见附录Ⅰ中A、B、C三类表式。

（一）审核有关技术文件、资质或报表，签署施工现场质量管理检查记录

在质量控制工作中，这部份是相当重要的，每个程序都必须认真履行，不得从简。主要审核反映施工方管理质量的各项制度和技术文件，如有关人员资料和上岗证、各种试验结果、分项工程一次验收合格率统计表、施工组织设计、施工方案、工序质量动态的统计资料或管理图表等，监理工程师应按施工顺序、进度和监理计划及时审核和签署有关质量文件、报表，这是对施工质量进行全面控制的重要手段之一。

（二）进场验收

据《统一标准》2.0.4，对进入施工现场的材料、构配件、设备等按相关标准规定要求进行检验，对产品达到合格与否做出确认，称为进场验收。监理工程师对每次进场的原材料、构配件、设备均要依据设计图纸及产品技术参数要求对质与量进行检验，一切手续要齐全。产品合格、数量准确准予用于工程，不合格产品要立即清退出场，不得进入现场暂存，以免误用。

（三）见证取样检测

据《统一标准》2.0.7，在监理企业或建设单位监督下，由施工单位有关人员现场取样，并送至具备相应资质的检测单位所进行的检测，称为见证取样检测。这是控制施工和材料检验的有效方法之一。所谓"见证"即监理人员现场监督某工序全过程完成情况的活动，因此见证取样的全过程监理工程师必须都在场，不可中途而退。

（四）旁站监理

根据《监理规范》术语，所谓旁站是在关键部位或关键工序施工过程中，由监理人员在现场进行的监督活动。具体的监理旁站人员操作方法及规定详见《房屋建筑工程施工旁站监理管理办法》（试行），建市［2002］189。

（五）抽样检验（《统一标准》2.0.11）

按照规定的抽样方案，随机地从进场的材料、构配件、设备或建筑工程检验项目中，按检验批抽取一定数量的样本进行检验。

注意抽样方案应按照统一标准中的有关规定选择。

（六）平行检验（《监理规范》术语）

项目监理机构利用一定的检查或检测手段，在承包单位自检的基础上，按照一定的比例独立进行检查或检测的活动。

注意，"平行"绝不是监理工程师与施工人员一起检查，应在其后单独进行。

（七）巡视

监理人员对正在施工的部位或工序在现场进行的定期或不定期的监督活动。实际操作中，这是每天都要做的基础工作，主要部位和重要工序甚至要每日多次，基本每日上、下午各一次，可以做到质量在受控状态。

（八）主持召开工地（监理）例会

根据《监理规范》术语，工地例会即：由项目监理机构主持的，在工程实施过程中针对工程质量、造价、进度、合同管理等事宜定期召开的，由有关单位参加的会议。在施工过程中，总监理工程师应定期主持召开工地例会，内容如下：

1. 检查上次例会议定事项的落实情况，分析未完事项原因；

2. 检查分析工程项目进度计划完成情况，提出下一阶段进度目标及其落实措施；

3. 检查分析工程项目质量状况，针对存在的问题提出改进措施；

4. 检查工程量核定及工程款支付情况；

5. 解决需要协调的有关事项；

6. 其他有关事宜。

会后应由项目监理机构负责起草会议纪要，并经与会各方代表会签。

（九）及时召开专题会

总监理工程师或授权专业监理工程师,根据需要可及时组织专题会议,解决施工过程中的各种专项问题。

工程项目各主要参建单位均可向项目监理机构书面提出召开专题会议的动议。动议内容包括:主要议题、与会单位、人员及召开时间。经总监理工程师与有关单位协商,取得一致意见后,由总监理工程师签发召开专题工地会议的书面通知,与会各方应认真做好会前准备。会议纪要的形成过程与工地例会相同。

（十）利用监理工程师通知单

监理工程师通知单是监理工程师工作的重要手段之一,是向施工方发出的文字信息,具有监理指令的作用。在质量、进度、投资的控制中,均可采用。各专业的问题可由专业监理工程师签发,全局问题或重要问题需经总监理工程师签发。在质量控制中遇下列情况可使用这种方式:

1. 发现施工质量缺陷并经口头提醒仍未引起施工单位重视;

2. 施工方对质量缺陷整改效果不明显;

3. 遇有重大质量隐患或安全隐患,需提醒施工方注意。

需要注意的是,监理通知单是监理机构工作的重要记载文件,也是区分质量责任的原始记录之一,因此监理工程师在起草文稿时应注意问题要提准确、文字要简洁通顺,要有落实的人员、时间要求。通知发出时,应有施工方的签收,发出后要及时收取施工方的回执,表明对监理工程所提问题的处理方案,监理工程师对所提方案还应再次检查,并做记载,这样才使得监理资料闭合、完整。

四、质量检查方法

进行现场质量检查的方法有如下三种。

（一）目测（即观察）法和感触法

可归纳为看、摸、敲、照四字。

1. 看 即目测外观与质量检验标准对比,并给以该工序质量评价。可用于裱糊、喷涂、油漆、内墙抹灰等工序的外观检查,可检查颜色、平整度、顺直度、搭接等做法是否符合要求。

2. 摸 即手感检查,可用于检查水刷石、干粘石的牢固程度,油漆的光滑度,地面抹灰是否起砂等。

3. 敲 即利用工具或手指通过敲击进行音感检查,可用于地、墙面的抹灰与饰面石的镶贴,检查有否空鼓,根据声音的清脆与沉闷,判定空鼓在面层还是底层;利用手敲玻璃,如有颤动音响,表示压条不实等。

4. 照 即利用镜子反身射或灯光照射方法,检查光线较暗或不易看到、易被施工疏忽的地方,如利用小镜子反射,可检查门扇顶部的油漆程度（有时被遗漏,有时只刷一遍漆）。

（二）实测法

利用工具在现场实测,通过实测数据与施工验收规范和质量评定标准对比,判别质量是否合格,其手段可归纳为靠、吊、量、套四种。

1. 靠 即利用直尺、塞尺检查地面、墙面、屋面平整度,适用于抹灰、镶贴等工序。

2. 吊 即利用托线板以线锤吊线检查垂直度,用于墙、柱面抹灰,饰面镶贴等工序。

3. 量 即用测量工具和计量仪表等检测断面尺寸、轴线、标高、湿度、温度等的偏差,在建筑装修装饰多个工序中使用。

4. 套 即以方尺套方，塞尺辅助的方法，检查阴阳角的方正、踢脚线的垂直度、门窗口及构配件的对角线等。

（三）试验检查

利用试验手段对质量进行判断的检查方法，用于相关的工序。如饰面板（砖）与幕墙工程中后置埋件现场拉拔强度试验；幕墙结构硅酮胶试验；墙、柱粘贴剂拉力试验；型钢连接件强度试验等。

以上所述为常规的检测方法，随着科学技术的发展，现代化的测试工具、仪器、设备也不断涌现，如激光等，监理工程师应了解发展趋势，并尽快掌握使用方法。

第三节 工程质量控制要点

由于形成最终工程实物质量是一个系统的过程，所以施工阶段的质量控制也是一个由对投入原材料的质量控制开始，直到完成工程质量检验为止的全过程的系统控制过程。在这个过程中，本节所讲的四大工作是其中的要点。

一、设置质量预控点

所谓质量预控点是质量控制中的重点，应根据工程特点和质量标准，全面、合理的选择，在监理规划中明确。

应注意所谓预控点涉及面很广，并非专指某一部位、某一工种，可以是结构复杂的某一单项工程，也可以是技术要求高、难度大的工序或分项、分部工程，还可以是影响工序质量的某一环节，如技术参数的选择、操作环境限定等。视其对质量影响及危害的程度而选定，对建筑装饰装修工程，可从以下几类中选定质量预控点。

（一）影响质量的因素

工程施工是一种物质生产活动，也就应从影响生产活动的五个主要方面（通称 4M1E），即人、机械、材料、方法、环境等因素进行全面的控制。

1. 人的行为（人）

某些工序可将此作为重点控制，如特种作业、精密度要求高的构配件的安装、技术难度大的分项工程如精细木制作、单件的装饰等。应从操作人员的基本素质、技术水平、心理状态、思想活动等方面给予控制。

2. 物的状态（机械）

此处物主要指施工所用机械、工具、设备及作业场地条件等。许多工序中都以物为控制重点，如：现制水磨石中应根据作业场地大小、操作人员的技术水平、进度要求等选用恰当的机具，如单盘旋转机、双盘对转机、多用磨石机。

3. 材料和构配件（材料）

材料和构配件的质量很大程度上决定了工序的质量，这在建筑装饰装修施工中尤为显著，如外饰墙面的石材的质量，包括尺寸误差、色差、光洁度等都必须严格控制。石材样品选中后应进行建设单位、施工单位、监理企业三方封样，以备现场进货时对照。如果材料质量不均衡，外墙装修效果达不到设计要求。

4. 操作顺序及关键（方法）

操作方法选择是否得当，影响着工序的工艺水平，进而影响工程（分项、分部）的质量，故应认真比较、恰当选择，监理工程师应给予关注。

有些工序因技术要求有严格的先后顺序和时间间歇，如果施工时被简略或被遗漏，将造成质量隐患。如砖墙抹灰，应在砌筑后6～10天内，让墙体充分沉陷，稳定干燥后才能进行，抹灰层干燥后才能喷白、刷浆；又如瓷砖在粘贴前，应用水浸润8小时以上等，这些规定不能违背，必须作为重点进行控制。

5. 施工环境（环境）

某些工序对施工环境（温度、湿度、风沙等）有一定要求，应注意满足。如外墙涂料施工最低温度为5℃，且环境潮湿、阴雨天气，墙面挂水时均不宜进行。若遇到冬季施工达不到温度要求时可用掺和外加剂方法解决。外加剂的种类、型号选择及掺量，都直接影响装修质量，应作为质量预控点。又如铝合金门窗系列技术参数必须根据门的大小、所在层数高度考虑足够的强度和刚度选择。由此看出，施工环境必须作为质量预控点之一。

（二）常见的质量通病

为搞好质量控制工作，在建筑装饰装修施工中，许多分项工程的质量通病应列为重点控制对象，尤其是施工过程中某项工序质量不稳定或一次合格率较低，更应作为预控点，着重巡视检查。为此，将常见的质量通病按工序的作业条件分列如下。

1. 湿作业及有关工序的质量通病

目前，建筑装饰装修工程中湿作业还占有一定比例，如抹灰、现制水磨石、喷涂等。这种湿作业因工作环境差，条件不好，操作工艺虽然简单但不宜掌握均衡、稳定等原因，常常出现质量缺陷。当然，随着工业化生产的进展，机械化和装配化程度的提高，干作业将逐步取代湿作业。

（1）地面抹灰工程面层疏松、起灰　这是因为养护不足或水泥砂浆中水灰比过大造成，面层完成后，应洒水养护，且要养护时间充足。施工人员往往图速度而省略此工序或简单的短时间养护，因而造成地面表层疏松、起灰。

（2）地面空鼓　基层处理不干净或洒水润湿不够，造成地面空鼓。

（3）现制水磨石地面观感不良　分格条显露不清或被压弯、压碎，是因为面层厚度超厚或不足造成，当然开磨时间与分格条粘贴也应掌握好火候。

（4）室内抹灰爆皮　用混合砂浆白灰的淋期不够或不淋制，引起爆灰现象。

（5）顶棚或结构层抹灰层空鼓等　底层表面处理不净，或粘结层不力，或砂浆中水泥掺量过少，砖墙面抹灰前湿润不足，均可导致抹灰层空鼓或成片脱落。

（6）外墙涂料泛碱等　墙面干燥程度不够、夏季逢雨作业、冬季室外温度过低，墙面受冻作业，均可造成涂料颜色不匀、泛碱、脱落等。

（7）内墙涂料被污染　施工超前，污染其他工序。

2. 门窗施工

（1）木门窗、门框变形　原材料含水率过大，造成日后变形、开裂。对空心胶合板门，除上述现象外，粘胶剂质量与操作质量不良也会引起开裂。

（2）铝合金窗下口返水　披水坡度不足，产生雨水返水。门窗框与墙面接缝处未加玻璃胶封堵，造成雨天漏水、渗水。

（3）门、窗玻璃安装有误　尺寸偏小，用腻子填平堵齐，造成日后脱落隐患；或玻璃安装后不打腻子，工序遗漏，造成有失美观与使用功能差，甚至有安全隐患。

3. 玻璃幕墙

由于玻璃幕墙可使建筑物显得光洁、明快、挺拔，给人以现代化的感觉，并且将外围护墙的一些建筑功能（隔热保温、防噪声、防空气渗透等）有机的融合在一起，近年来被广泛使用。其设计施工技术性高，专业性强，特别是隐框玻璃幕墙，从外观形象到功能以及材料、结构等要素，涉及到多学科、多专业的知识与技术，监理工程师必须及时补充知识，做到了解、掌握上述要素以利监理工作。《玻璃幕墙工程技术规范》（JG102—96），监理工作中可查阅。

近来，许多专家和用户提出了玻璃幕墙的应用带来负面作用，如光污染、安全隐患等，监理工程师作为技术人员也应关注这一趋势。现将它的质量通病及防治措施列出，可见表4-3-1。

玻璃幕墙施工质量通病及防治措施 表 4-3-1

项次	项目		质量通病	防治措施
1	材料	玻璃	表面光泽消失而变得昏暗、发霉、缺楞掉角、毛边、暗裂	1. 制订一套采购、包装、运输、储放等的措施并严格遵守 2. 玻璃磨边，倒角处理 3. 检查时要特别注意暗裂
		铝型材	机械损伤，如划伤、擦伤、压痕及斑点、污迹等	1. 严禁擦、砸、摔及硬物碰伤 2. 表面加保护膜
		结构胶	粘结力达不到设计要求	必须通过严格的与接触性材料相容性的粘结力试验，达到设计要求才准使用
2	幕墙安装	预埋件	位置偏差大、被混凝土掩没、漏埋，未按设计要求进行防腐处理	1. 金属胀锚螺栓加强 2. 使用镀锌钢板，对所有锚固件、紧固件进行防腐处理
		铝型材龙骨	1. 主龙骨间伸缩缝、沉降缝，次龙骨端头设置弹性胶垫有缺陷 2. 灰浆玷污及斑点和压痕、擦伤等	1. 按设计要求留设伸缩缝和弹性胶垫 2. 沾上灰浆时及时用软质布抹除，切忌用硬物刨刮，工程完成前再撕除保护膜 3. 施工过程中，严禁攀登骨架
		玻璃	1. 不平整或松动 2. 四周空隙不均匀，直接同龙骨接触 3. 灰砂及电焊、切割、喷砂造成污染、损伤等	1. 严格控制主次龙骨安装质量 2. 按设计要求放置胶垫，并清除龙骨槽内所有杂物 3. 幕墙附近湿作业完成后才开工，一旦沾上要及时抹除，采取保护措施避免电焊等的损伤
		排水	1. 未按设计要求留设排水孔 2. 排水孔堵塞	1. 按设计要求留设 2. 安装玻璃前，清除龙骨槽内杂物 3. 密封胶切勿堵塞排水孔
3	密封	橡胶条	表面呈凹凸状，不通长	选表面平顺的胶条，放设时留有余量
		泡沫条	尺寸过大或过小	泡沫条直径应大于设计空隙2～3mm
		耐候密封条	不饱满、麻面、裂纹、皱皮，干补胶，胶缝宽窄不均匀	1. 打胶时胶路要均匀、严密，连续"湿"密封，铲平压光时，要避免污染玻璃和装饰扣板 2. 事先用胶缝边粘贴胶纸
4	压条、扣板（装饰线）		不平整、不顺直、对口不严密	1. 严格控制主次龙骨安装质量 2. 控制装饰线加工质量
5	表面清理		1. 玻璃表面不干净或有裂纹 2. 清理时损伤铝合金饰面和玻璃	1. 玻璃安装后，应用软布或棉丝清洗擦净玻璃表面污染物，发现有裂纹的玻璃，必须更换 2. 铝合金表面清理采用专用工具，以免在饰面留下划痕 3. 拆脚手架时，向脚手架工进行成品保护交底

4. 吊顶

（1）龙骨吊杆强度不够或安装不牢，造成吊顶局部下沉，罩面板不平；

（2）覆面龙骨纵横线条不平直，框格不准；罩面板放不下或者落空；

（3）顶棚与墙柱面、隔断、窗帘盒等处连结不牢、不平顺；

（4）罩面板粘贴不牢造成空鼓、脱落、颜色不一、板面挠曲等。

5. 饰面砖（板）镶贴（安装）

（1）饰面砖开裂、起鼓、脱落　这是镶贴饰面砖最常见的质量通病，与基层的处理不良有直接关系，其次原因是粘结剂的质量不良与使用方法不当。

（2）饰面砖观感不良　排列不平整、缝隙不顺直、光泽零乱光泽缺陷均有碍美观。

除饰面砖自身质量有缺陷外，施工前未绘制预排图，施工时未弹分格线，省略了工序，也是原因之一。

特别值得注意的是，采用干挂法安装外墙石材时，必须严格控制连接构件的强度、膨胀螺栓大小、销栓长度，应保证其满足设计要求，否则石材自重大，因连接件强度不足产生挠度等导致墙板块开裂、脱落，将造成安全事故。尤其是高层建筑的石材铺装，必须严格检查。

6. 木建筑装修装饰

因为木质材料对人体的健康极为有益，其纹理质朴、天然，满足了人们回归自然的心理，因此选用木建筑装修的部位日益增多。除以前所述木门窗质量通病外，此处仅列出最常用的木地板的通病，其他如木隔断、木墙裙等不在此叙述，读者遇到时可查有关资料。

（1）地板拼缝不严，拼花不规矩。

主要是因为原材料和操作缺陷造成，如：地板条规格不符要求，长短宽窄不一，企口缝大，铺装时不弹线等。

（2）表面不平或有戗槎

原因是木搁栅未钉平，刨平磨光不够或掌握刀具的火候不对。

（3）地板起鼓

原因是室内湿度太大，未设防潮层或未开通气孔。必须注意室内湿作业完成10天后才可进行木地板施工。

（4）木踢脚板翘曲

因为木砖间距过大，且表面不在同一平面上，造成翘曲。

（5）地板踩踏有声

安装完成后，一经踩踏便有声响，是因为地板含水率高、木隔栅固定不牢，或施工时环境湿度过大所造成。

对以上常见的几种质量通病，施工单位必须给以足够的注意，掌握防治的措施，提前做好预控工作，对一些影响面大的工序应先试做（即实物样板），几方认可后再大面积展开。监理工程师可将工序中的质量通病，作为质量预控制点。质量不稳定、不合格率较高，或一次合格率较低的工序，均可作为预控点。在监理过程中有的放矢的去工作，可收到事半功倍的效果。

二、设置样板间或实物样板

由于建筑装饰装修（尤其是高级装修）的选材、工艺过程、色彩调配等差别甚大，装饰装修效果很难用语言准确完整的表述出来，且有些工序（或分项工程）尚无统一的施工验收标准，某些施工质量也需要有一个更直观的判断依据。为能使业主满意，达到设计的意图和标准，也为监理企业便于检查和验收，施工单位应在施工前按规定做出样板间、样板件或材料样板，经业主、设计、监理初验认可后，方能大面积开展装修施工。《装修规范》中明确规定："建筑装饰装修工程施工前应有主要材料的样板或做样板间（件），并应经有关各方确认。"

所谓样板间，对于宾馆客房、住宅、写字楼办公室等工程，不可狭义的理解为一个房间做成样板，应该是一个单元，如住宅楼可选择户型布局复杂、包含项目多的一套，公共建筑可选择复杂的一层等等。样板件对于外墙饰面或室内公共活动场所，是指某些分项工程先做出一定数量的成品，待有关方签认后再全面铺开工作面，如外墙面干挂石材、高级木地板、屋面防水等均应按规定做出一定面积，发现问题及时修正，最后经业主、设计、监理认可后，作为检验这些分项工程质量的依据之一（有些工序尚有一些特殊的技术标准，这里仅包含外观、施工工艺过程等方面）。主要材料样板是指建筑装饰装修工程使用的壁纸、涂料、石材等涉及颜色、光泽、图案花纹等评判指标的材料，必须由供货方（或通过总包）先提供样品，并经设计、业主、供货方、监理、施工认可、封样，作为进货的标准。

目前装修设计图纸表达深度不足是普遍现象，通过样板验证设计是否合理？是否达到使用功能的要求？各专业之间的矛盾（如：各部位的尺寸交圈与各种设备管道标高相互干扰等问题）是否充分暴露出来？也就是说首先可以检验设计的效果，对发现的一些问题及时与设计人员沟通，与业主磋商，并给予修改、完善，进一步明确一些细部构造问题，弥补一些设计过程中的缺欠或不足；再则可以发现材料和设备的质量在使用上有无问题，施工操作是否得当，是否能达到合同规定的质量目标要求，各工序工种之间的交叉、矛盾得以暴露。通过实物样板引路，施工方尤其是操作工人全面掌握施工顺序的正确性和合理性，确认施工要点，达到统一操作、统一标准，对材料和设备的选择及加工定货提出改进意见，这就从施工工艺和材料两大方面对装修质量起到又一次保障作用。由此看到样板的作用十分重要，这是反映施工单位装修水平的最佳时机，必须给予充分的关注，精心组织、细心操作，为大面积的开展装修作好铺垫。

三、认真进行隐蔽工程检查

验收规范以强制性条文规定："**隐蔽工程在隐蔽前应由施工单位通知有关单位进行验收，并形成验收文件**"。在装修工程中，预埋件的埋设、管道防腐、木砖防潮、防火等隐蔽性工序或分项工程十分常见，必须认真做好检查，合格后方可覆盖，这是保证工程质量防止隐患的根本措施，绝不可偷懒、简化或做假。

四、加强成品保护

建筑装饰装修施工与结构施工相比，工作面大，施工队伍多，工序交叉，在时间和空间上都充分占满，因此相互干扰和影响大，某一个分项工程已完成，其他的分项正在施工，就难免对它有损害污染。一个工序的完成可能就形成了下一个工序的施工环境，成为影响下一工序质量的因素，这些交错的矛盾就要求各个施工（分包）单位都必须遵守验收规范的规定。即"建筑装饰装修工程施工过程中应做好半成品、成品的保护，防止污染和损坏"。要对成品妥善加以保护。具体措施如下。

（1）护　即提前保护。如清水楼梯踏步采用护楞角铁上下连通固定；铝合金窗的保护膜验收前不要扯掉；门口易碰处钉防护条等等。

（2）包　即进行包裹以防污染。如大理石或高级石材柱子饰面贴好后应加以包裹捆扎；铝合金门窗包裹；室内灯具包裹以防污染。

（3）盖　即表面覆盖以防堵塞损伤。如地漏、落水口应加以覆盖防堵；大理石楼梯应用木板覆盖；地面可铺洒锯末等，对某些防晒、防雨、防冻的成品也应加以覆盖。

（4）封　即局部封闭以防损坏。如预制楼梯板安装装修时，可局部封闭楼梯路口，地面做好后封闭房间、锁门等。

这些成品保护措施，均应由施工（分包）单位预先采取，并随时检查，监理工程师可在审核施工组织设计时注意这部分内容，应当充实完整，在施工巡视中监督施工单位落实。

第四节　建筑装饰装修实体工程质量验收

建筑装饰装修工程的实体质量验收应按《统一标准》进行，并依据《装修规范》和《地面规范》进行。

《装修规范》是由中国建筑科学研学院会同北京市建设工程质量监督总站等 6 个单位对原有的《建筑装饰工程施工及验收规范》（JGJ73—91）和《建筑工程质量检验评定标准》（GBJ301—88）修订而成。《地面规范》是由江苏省建筑工程管理局会同有关单位对原《建筑地面工程施工及验收规范》（GB50209—95）和上述验评标准修订而成，均是统一标准的配套规范之一。它们既是施工合同双方应共同遵守的标准，也包含了参建各方应尽的责任以及政府部门履行质量监督和解决施工质量纠纷仲裁的依据。

一、相关术语

（一）建筑工程质量

反映建筑工程满足相关标准规定或合同约定的要求，包括其在安全、使用功能及其在耐久性能、环境保护等方面所有明显和隐含能力的特性总和。

（二）观感质量

通过观察和必要的量测所反映的工程外在质量。

（三）验收

建筑工程在施工单位自行质量检查评定的基础上，参与建设活动的有关单位共同对检验批、分项、分部、单位工程的质量进行抽样复验，根据相关标准以书面形式对工程质量达到合格与否做出确认。

（四）检验批

按同一的生产条件或按规定的方式汇总起来供检验用的，由一定数量样本组成的检验体。

即是施工过程中条件相同并有一定数量的材料、构配件或安装项目。

二、建筑工程施工质量验收要求与规定

（一）基本规定

《统一标准》中以强制性条文对质量验收作了如下要求：

（1）建筑工程施工质量应符合本标准和相关专业验收规范的规定。

（2）建筑工程施工应符合工程勘察、设计文件的要求。

（3）参加工程施工质量验收的各方人员应具备规定的资格。

（4）工程质量的验收均应在施工单位自检查评定的基础上进行。

（5）隐蔽工程在隐蔽前应由施工单位通知有关单位进行验收，并应形成验收文件。

（6）涉及结构安全的试块、试件以及有关材料，应按规定进行见证取样检测。

（7）检验批的质量应按主控项目和一般项目验收。

（8）对涉及结构安全和使用功能的重要分部工程应进行抽样检测。

（9）承担见证取样检测及有关结构安全检测的单位应具有相应资质。

（10）工程的观感质量应由验收人员通过现场检查，并应共同确认。

（二）检验批、分项、分部工程质量验收合格规定

1. 检验批合格质量应符合下列规定：

（1）主控项目和一般项目的质量经抽样检验合格。

即抽查样本均应符合主控项目的规定；抽查样本的 80% 以上应符合一般项目的规定；其余样本不得有影响使用功能或明显影响装饰效果的缺陷，其中有允许偏差的检验项目，其最大偏差不得超过本规范规定允许偏差的 1.5 倍。

（2）具有完整的施工操作依据、质量检查记录。

以上表明检验批质量合格有两方面条件，即实体检查和资料检查，实体检查中含主控项目和一般项目，前者是检验批的质量起决定影响的因素，不允许有不符合要求的结果，具有一项否决权。因此主控项目必须全部符合验收规范。检验批质量验收可按附录中附表Ⅱ-3 进行。

2. 分项工程质量验收合格应符合下列规定：

（1）分项工程所含的检验批均应符合合格质量的规定。

主控项目必须达到规范的质量标准，认定为合格；一般项目 80% 以上的检查点（处）符合规范的质量要求，其他检查点（处）不得有明显影响使用，并不得大于允许偏差值的 50% 为合格。

（2）分项工程所含的检验批的质量验收记录应完整。

分项工程质量验收可按附录中附表Ⅱ-4 进行。凡达不到质量标准时，应按《统一标准》的规定处理。

3. 分部（子分部）工程质量验收合格应符合下列规定：

（1）分部（子分部）工程所含分项工程的质量均应验收合格。

（2）质量控制资料应完整，即应具备各子分部工程规定检查的文件和记录。

（3）地基与基础主体结构在建筑装饰装修工程中不在验收范围内，但在整体工程中它与设备安装等分部工程是涉及安全及使用功能的项目，要对它们进行见证取样试验或抽样检测，结果应符合有关规定。装修工程做为独立分部验收的要求应满足（1）、（2）两项要求。

（4）观感质量验收应符合要求。

此项检查难以定量，仅由直接观察、触摸或简单量测得出综合印象，经个人主观判断

给出评价，如良好、一般、较差、差等，对于"差"的检查点应通过返修处理等补救。分部（子分部）工程质量验收按附录中附表Ⅱ-5进行。

（三）单位（子单位）工程质量验收（竣工验收）

单位工程验收合格应符合下列规定：

（1）单位（子单位）工程所含分部（子分部）工程的质量均应验收合格。

（2）质量控制资料应完整。

（3）单位（子单位）工程所含分部工程有关安全和功能的检测资料应完整。

（4）主要功能项目的检查结果应符合相关专业质量验收规范的规定。

（5）观感质量验收应符合要求。

以上质量验收记录应按附录中附表Ⅱ-6～Ⅱ-9进行。

三、建筑工程质量验收组织和成员

（一）检验批及分项工程

检验批和分项工程是建筑工程质量的基础，因此验收前，施工单位先填好"检验批和分项工程的质量验收记录"，并由项目专业质量检验员和项目专业技术负责人分别记录中相关栏目签字，然后由监理工程师或建设单位项目技术负责人组织施工单位项目专业质量（技术）负责人等验收，严格按规定程序进行。

（二）分部工程

工程监理实行总监理工程师负责制，因此分部工程应由总监理工程师（建设单位项目负责人）组织施工单位的项目负责人和项目技术、质量负责人及有关人员进行验收。在此特别提出，对整体工程中的地基基础、主体结构两个分部工程，因其主要技术资料和质量是由勘察、设计技术部门和质量部门负责，所以规定这两个分部工程的验收、勘察、设计单位工程项目负责人也应参加相关分部工程验收。

四、单位工程竣工验收程序

（一）国家强制性标准（条文）

1. 单位工程完工后，施工单位应自行组织有关人员进行检查评定，并向建设单位提交工程验收报告。

2. 建设单位收到工程验收报告后，应由建设单位（项目）负责人组织施工（含分包单位）、设计、监理等单位（项目）负责人进行单位（子单位）工程验收。

第1条规定了单位工程验收的基础条件，在实际中按下列程序进行。

（1）施工单位首先要依据质量标准、设计图纸等组织有关人员进行自审、自查、自评工作完成后，填写工程竣工报验单，并将全部竣工资料报送项目监理机构，申请竣工验收。

（2）总监理工程师组织各专业监理工程师进行预验收，即对竣工资料及各专业工程的质量情况进行全面检查，对检查出的问题，督促承包单位及时整改。并督促其搞好成品保护和现场清理。

（3）对需要进行功能试验的工程项目（包括单机试车和无负荷试车），监理工程师应督促承包单位及时进行试验，并对重要项目进行现场监督、检查，必要时请建设单位和设计单位参加；监理工程师应认真审查试验报告单。

（4）经项目监理机构对竣工资料及实物全面检查、验收合格后，由总监理工程师签署工程竣工报验单，呈报建设单位。

第2条规定了单位工程质量验收的组织者即应由建设单位（或项目）负责人组织，这也是项目业主责任制的体现之一。由于设计、施工、监理企业都是责任主体，因此其单位（或项目）负责人（设计单位项目负责人、施工单位的技术及质量负责人和监理企业的总监理工程师）应参加验收，勘察单位虽然亦是责任主体，但已经参加了地基验收，故单位工程验收时可以不参加。

在一个单位工程中，对满足生产要求或具备使用条件，施工单位已预验，监理工程师已初验通过的子单位工程，建设单位可组织进行验收。由几个施工单位分别施工的单位工程，当其中的某个单位所负责的子单位工程已按设计完成，并经自行检验，也可按规定的程序组织正式验收，办理交工手续。在整个单位工程进行全部验收时，该子单位工程验收资料应作为单位工程验收的附件。

3. 通过返修或加固处理仍不能满足安全使用要求的分部工程、单位（子单位）工程，严禁验收。

4. 单位工程质量验收合格后，建设单位应在规定时间内将工程竣工验收报告和有关文件，报建设行政管理部门备案。

建设工程竣工验收备案制度是加强政府监察监督管理，防止不合格工程流向社会的一个重要手段。建设单位应依据《建设工程质量管理条例》和建设部有关规定，到县级以上人民政府建设行政主管部门或其他有关部门备案。否则，不允许投入使用。

有关竣工备案事宜详见后述。

（二）一般规定

1. 单位工程有分包单位施工时，分包单位对所承包的工程项目应按本标准规定的程序检查评定，总包单位应派人参加。分包工程完成后，应将工程有关资料交总包单位。

本条规定了总包单位和分包单位的质量责任和验收程序。由于《建设工程承包合同》的双方主体是建设单位和总承包单位，总承包单位应按照承包合同的权利义务对建设单位负责。分包单位对总承包单位负责，亦应对建设单位负责。因此，分包单位对承建的项目进行检验时，总包单位应参加，检验合格后，分包单位应将工程的有关资料移交总包单位，待建设单位组织单位工程质量验收时，分包单位负责人应参加验收。

2. 当建筑工程质量不符合要求时，应按下列规定进行处理：

（1）经返工重做或更换器具、设备的检验批，应重新进行验收。

（2）经有资质的检测单位检测鉴定能够达到设计要求的检验批，应予以验收。

（3）经有资质的检测单位检测鉴定达不到设计要求、但经原设计单位核算认可能够满足结构安全和使用功能的检验批，可予以验收。

（4）经返修或加固处理的分项、分部工程，虽然改变外观尺寸但仍能满足安全使用要求，可按技术处理方案和协商文件进行验收。

3. 在竣工验收时，对某些剩余工程和缺陷工程，在不影响交付的前提下，经建设单位、设计单位，施工单位和监理企业协商，承包单位应在竣工验收后的限定时间内完成。

4. 当参加验收各方对工程质量验收意见不一致时，可请当地建设行政主管部门，或其委托的部门（单位），或工程质量监督机构，也可是各方认可的咨询单位协调处理。

五、竣工备案

（一）竣工验收备案制

建设部于 2002 年 4 月 4 日，经 22 次部常务会议通过，俞正声部长签发颁布了《房屋建筑工程和市政基础设施工程竣工验收暂行规定》（78 号部令，以下简称《暂行规定》），于颁布之日起执行。实行工程竣工验收备案制。即建设单位在竣工验收合格之日起 15 日内向当地建筑设行政主管部门备案的制度。

《暂行规定》加大了建设单位在竣工验收中的责任、权利和地位。即建设单位是竣工验收工作的主体。县以上工程质量监督机构对工程竣工验收实施监督，这就突出了政府监督管理职能。文中还对所有参建各方职责提出了明确要求。这就规范了工程竣工验收行为。落实了工程质量的责任制。具体操作见下述。

（二）工程竣工验收备案程序（以北京地区为例）

1. 施工单位在工程完工后对工程质量进行了自检，确认已完成施工合同的各项工程内容，其法律、法规和工程建设标准强制性条文，符合设计文件及合同要求，技术资料完整，可由项目经理和施工单位有关负责人审核签字向建设单位、监理企业提交工程竣工报告，项目总监理工程师在竣工报告上签署意见。

2. 监理部在总监理工程师组织下对工程进行初验（预验收），确认达到竣工条件，由总监理工程师和监理企业出具"工程质量评估报告"，有关负责人签字后交建设单位。

3. 建设单位在接到竣工报告和质量评估报告后，组织勘察、设计、施工、监理等单位和其他有关方面的专家验收，包括审阅档案资料和实地查验工程质量，分别签署竣工验收意见并签字盖单位公章。

4. 工程竣工验收合格后，建设单位及时提出工程竣工验收报告。内容包括：工程概况；建设单位执行基建基本建设程序情况；对工程勘察、设计、施工、监理等方面的评价；工程竣工验收时间、程序、内容和组织形式；工程竣工验收意见等。

5. 当参与工程竣工验收的各方不能形成一致意见时，应通过协商提出解决方法和整改意见，施工单位应认真整改，完成后，建设单位重新组织竣工验收。

6. 竣工验收时质监站进行监督，对质监站提出的意见，施工单位应及时进行整改，并提出相应整改报告，经验收合格，监理企业和建设单位签发《竣工移交证书》并盖单位公章。

7. 建设单位与施工单位签订《北京市建设工程保修合同》；

8. 工程竣工验收合格后 15 日内（指工作日，不含星期六、日）建设单位按《北京市建设工程竣工验收备案表》所列资料要求，向备案管理部门办理竣工验收备案手续。

（三）验收备案中监理机构的作用

从上述的备案程序中可以看出，虽然建设单位是竣工验收的主体，但监理机构的工作仍然很多，其主要作用是协助建设单位开展验收准备工作和完成竣工验收至备案。此间监理工程师必须按照《暂行规定》的要求，履行自身的职责，完成规定的各项工作，综合如下。

1. 做好验收准备

在验收准备工作中，重要的是要与建设单位一起，共同制定一个详尽周密的验收进度计划：排出各单位初验时间、消（除）缺（陷）整改期限及整体正式验收时间。其中必须考虑施工单位竣工资料的整理时间，这个计划必须以合同约定的竣工目标时间为倒计时起点，适当的留有余地，倒排出进度，并监督施工单位完成。

2. 验收备案阶段必须认真执行备案制度，维护其严肃性

建设工程竣工备案是建设单位组织办理，其表格中有设计、监理的意见，总监签署意见时一定要坚持原则，实事求是，不可马虎、将就，现举一例说明。

某小型公共建筑工程，业主除委托总承包外，对声学、光电等专业化工程分包给专业施工公司。总包按合同工期完成任务后，专业工程尚未进行调试和验收。此间，总包为得到本公司的工期奖而急催办理备案，总监再三声明，时机不成熟，并建议业主可证明给总包公司，不妨碍他们向上级领奖。但项目经理坚持备案，并领来备案表要总监签署意见，总监只得签署"基本符合设计要求"。他对此不满，并先行向业主表态，认为备案表做为项目档案，如此签署不严肃，不负责，要求总监改签。而总监意见恰与他相反，双方发生争执。总监向业主阐明自己的观点：

（1）备案为项目的备案，并非总承包所施工的工程（尽管是绝大部分工程量）备案，尚有两项专业工程未经调试验收，不具备备案条件；

（2）即便是总包工程，经初验后尚有个别缺陷未予整改，如何能备案；

（3）如果当时备案，工程的保修期从当日计起，这是业主的隐性损失，无法补偿，若延时备案对施工方领取进度奖已提出补救办法，维护了双方的权益，体现了监理的公正性；

（4）若业主同意一定要当时备案，则坚持所签意见，若要改签"符合设计要求"，需待前述两个问题解决之日。建议重新备案。

业主听后，支持了总监理意见，实际备案日期后延了一个月。总监的做法维护了备案制的严肃性，保护了业主的利益。

此例说明，需要理解备案制的精髓，它不是工程验收单，而是向政府监督部门对整个项目合格、可交付使用的一种保证，必须严肃、谨慎对待。不可先备后补，一旦已备案，而该补做的问题不如人意或施工方因故不做，则总监理工程师将十分被动，甚至导致监理公司招来后患。

从以上质量验收过程看出，对各层次的施工质量必经各层次负责人验收签字，这个制度实质上是形成了完整的质量链环，体现了责任落实到人、层层负责，具有很好的可追溯性，项目各方的负责人如建设单位、设计单位、监理企业、施工单位的公章和签字者应与各相关的承建合同的公章和签字者一致，这就落实了工程质量的终身质量责任制。

第五节 主要分项、分部工程质量控制

建筑装饰装修工程中，主要子分部及分项工程的划分已列在附录Ⅱ表B中，本章所讲的为前9个子分部（含29个分项）工程的质量控制标准，其中各分项标准又因材料的不同有所分类。监理工程师必须掌握各分项工程标准所适用的工程分类。各种标准虽然很多，但都可以从设计文件、原材料、施工工序、隐蔽工程等方面理解和记忆，应该说，有其自身的体系规律。本节内容是根据《装修规范》和《地面规范》中有关内容综合而成，首先讲解各分项工程的通用的基本规定，含有强制性条文（用黑体字单列以强化大家的记忆）和一般规定，其中又分应检查的文件和记录及施工中检查要点，这是监理工程师现场控制的

依据，必须认真审核，其各有关技术指标及数据应符合设计要求。对规范中各分项工程所适用的各类材料工程的主控项目和一般项目的内容、检验方法、检验批的划分、允许误差等综合、列表，"有比较才有鉴别"，大家在对比中学习，肯定有利于记忆和区别。

一、抹灰工程

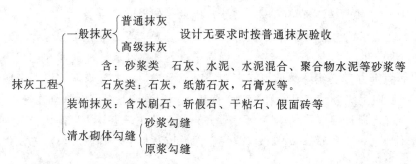

（一）强制性条文对上述各种抹灰工程中各分项工程均适用

外墙和顶棚的抹灰层与基层之间及各抹灰屋之间必须粘结牢固。

这是为防止抹灰层脱落危及人身安全而做的决定，尤其是顶棚为混凝土板基体时，抹灰层与其粘结不牢造成质量事故的事件时有发生，为解决此问题，北京市要求各建筑施工单位不得在混凝土顶棚基体表面抹灰，用腻子后期找平即可，近年来已取得良好效果。

（二）一般规定

1. 验收时应检查的文件和记录

（1）抹灰工程的施工图、设计说明及其他设计文件；

（2）材料产品的合格证书、性能检测报告、进场验收记录和复验报告；

（3）隐检工程验收记录，含：

1）抹灰总厚度≥35mm 时的加强措施；

2）不同材料基体交接处的加强措施。

（4）施工记录

原材料质量和隐检项目质量是保证抹灰工程质量的基础，因此监理工程师应检查所用各种材料如水泥、砂、石灰膏、石膏等均应符合设计要求和国家现行产品标准的规定，不合格材料不准使用。隐检项目不合格不得进入下一道工序。

2. 施工中检查重点

（1）应对水泥的凝结时间和安定性进行现场抽样复验；

（2）抹灰用的石灰膏熟化期不应少于 15 天，罩面用的磨细石灰粉的熟化期不应少于 3d；

（3）外墙抹灰前应先安装钢木门窗框、护栏等，并应将施工孔洞堵塞密实；

（4）室内墙面、柱面和门洞口的阴阳角做法应符合设计要求。设计无要求时，应用 1：2 水泥砂浆作暗护角，其高度不应低于 2m，每侧宽度≥50mm；

（5）对抹灰层有防水、防潮功能要求时，应采用防水砂浆；

（6）各种砂浆抹灰层，在凝结前应防止快干、水冲、撞击、振动和受冻，在凝结后应采取措施防止玷污和损坏。水泥砂浆抹灰层应在湿润条件下养护。

（三）主控项目

抹灰类型	控　制　内　容	检查方法
一般抹灰	1. 抹灰前基层表面的尘土、污垢、油渍等应清除干净，并应洒水润湿。 2. 所用材料品种、性能、砂浆配合比要符合设计要求 3. 水泥的凝结时间和安定性复验应合格 4. 抹灰工程应分层进行，当抹灰总厚度≥35mm时，应采取加强措施。不同材料基体交接处表面的抹灰，应采取防止开裂的加强措施，当采用加强网时，其与各基体的搭接宽度≥100mm 5. 抹灰层应无脱层、空鼓，面层应无爆灰和裂缝	检查施工记录 检查产品合格证书、进场验收记录、复验报告。 检查隐蔽工程验收记录 观察、用小锤轻击
装饰抹灰	1～5均同一般抹灰	同上
清水砌体勾缝	1. 同一般抹灰2、3项 2. 清水砌体勾缝应无漏勾。勾缝材料应粘结牢固、无开裂	同上 观察

（四）一般项目

抹灰类型	控　制　内　容	检查方法
一般抹灰	1. 普通抹灰表面应光滑、洁净、接槎平整，分格缝应清晰 2. 高级抹灰表面应光滑、洁净、颜色均匀、无抹纹，分格缝和灰线应清晰美观 3. 抹灰层的总厚度应符合设计要求；水泥砂浆不得抹在石灰砂浆层上；罩面石膏灰不得抹在水泥砂浆层上 4. 抹灰分格缝的设置应符合设计要求，宽度和深度应均匀，表面应光滑，棱角应整齐 5. 有排水要求的部位应做滴水线（槽）。滴水线（槽）应整齐顺直，滴水线应内高外低，滴水槽的宽度和深度均不应小于10mm	观察；手摸检查 观察 检查施工记录 观察；尺量检查 观察；尺量检查
装饰抹灰	1. 水刷石表面应石粒清晰、分布均匀、紧密平整、色泽一致，应无掉粒和接槎痕迹 2. 斩假石表面剁纹应均匀顺直、深浅一致，应无漏剁处，阳角处应横剁并留出宽窄一致的不剁边条，棱角应无损坏 3. 干粘石表面应色泽一致、不露浆、不漏粘，石粒应粘结牢固、分布均匀，阳角处应无明显黑边 4. 假面砖表面应平整、沟纹清晰、留缝整齐、色泽一致，应无掉角、脱皮、起砂等缺陷 5. 抹灰分格条（缝）控制同一般抹灰4 6. 有排水要求的部位控制同一般抹灰5	观察；手摸检查 同一般抹灰
清水砌体勾缝	1. 清水砌体勾缝应横平竖直，交接处应平顺，宽度和深度应均匀，表面应压实抹平 2. 灰缝应颜色一致，砌体表面应洁净	观察，尺量检查 观察

（五）允许偏差和检验方法（见表4-5-1）

装饰抹灰与一般抹灰的允许偏差和检验方法　　　　　　　　　表4-5-1

项次	项　目	装　饰　抹　灰				一　般　抹　灰		检　验　方　法
		水刷石	斩假石	干粘石	假面砖	普通	高级	
1	立面垂直度	5	4	5	5	4	3	用2m垂直检测尺检查
2	表面平整度	3	3	5	4	4	3	用2m靠尺和塞尺检查

项次	项 目	装 饰 抹 灰				一 般 抹 灰		检 验 方 法
		水刷石	斩假石	干粘石	假面砖	普通	高级	
3	阴阳角方正	3	3	4	4	4	3	用直角检测尺检查
4	分格条(缝)直线度	3	3	3	3	—	3	拉5m线,不足5m拉通线,用钢直尺检查
5	墙裙、勒脚上口直线度	3	3	—	—	4	3	拉5m线,不足5m拉通线,用钢直尺检查
备 注	顶棚抹灰不查表面平整度,但应平顺。普通抹灰不查阴阳角方正							

二、门窗工程

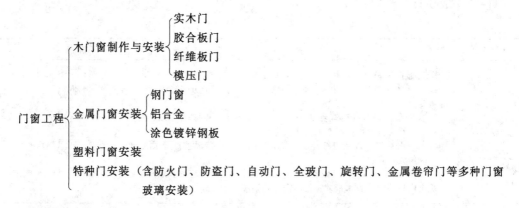

（一）强制性条文　对上述各种门窗制作、安装均适用

建筑外门窗的安装必须牢固。在砌体上安装门窗严禁用射钉固定。

无论何种门窗,无论采用何种方式固定,其安装是否牢固既影响美观使用功能,又影响安全,其重要性以外墙门窗更为显著。又考虑砌体中的砖、砌块以及灰缝的强度较低,冲击容易破碎,因此作出上述规定。施工中经常有操作人员违反这个规定,监理工程师一定要严格监督。

（二）一般规定

1. 验收时应检查的文件和记录

（1）门窗工程施工图、设计说明及其他设计文件;

（2）材料产品的合格证书、性能检测报告、进场验收记录和复验报告;

（3）特种门及其附件含的生产许可证;

（4）隐蔽工程验收记录;

1）预埋件和锚固件;

2）隐蔽部位的防腐、填嵌处理。

（5）施工记录。

2. 施工中检查重点

（1）门窗安装前,检验门窗洞口尺寸;

（2）金属和塑料门窗采用预留洞口安装,不得边安装边砌口或先安装后切口的方法。

（3）木门窗与砖不砌体、混凝土或抹灰层接触处要进行防腐处理应设置防潮层，埋入砌体或混凝土中的木砖应进行防腐处理。

（4）当金属窗或塑料窗组合时，其拼樘料的尺寸、规格、壁厚应符合设计要求。

（5）特种门安装除应符合设计及验收规范外，还应符合有关专业标准和主管部门的规定。

3．分项工程的检验批划分和检查数量

适 用 条 件	检 验 批 划 分	每 批 检 查 数 量
木、金属、塑料门窗	同一个品种类型和规格≤100樘为一批	1．至少抽查5%，并不得少于3樘。 2．不足3樘时应全数检查
高层建筑的外窗	同上	1．至少抽查10%，并不得少于6樘。 2．不足6樘时应全数检查
特种门	同一个品种类型和规格≤50樘为一批	1．至少抽查50%，并不得少于10樘。 2．不足10樘时应全数检查

（三）主控项目

门窗类型	木 门 窗	金属门窗	塑料门窗	特 种 门	检查方法
控 制 内 容	1．木材品种、材质等级、规格、尺寸、框扇线型及人造木板甲醛含量应符合设计要求。设计未规定材质等级时，所用木材的质量应符合相关规范规定	铝合金门窗的型材壁厚应符合设计要求	填嵌密封处理应符合设计要求，内衬增强型钢的壁厚及设置应符合国家现行产品标准的质量要求	质量和各项性能应符合设计要求。带有机械装置、自动装置或智能化装置的特种门，各项装置及功能应符合设计要求和有关标准的规定	观察；检查材料进场验收记录和复验报告；检查隐蔽工程验收记录
	2．应采用烘干的木材，含水率应符合《建筑木门、木窗》（JG/T122）的规定				检查材料进场验收记录
	3．防火、防腐、防虫处理应符合设计要求				观察；检查材料进场验收记录
	4．结合处和安装配件处不得有木节或已填补的木节。如有允许限值以内的死节及直径较大的虫眼时，用同一材质的木塞加胶填补。清漆制品木塞的木纹和色泽与制品一致		塑料门窗框与墙体间缝隙应采用闭孔弹性材料填嵌饱满，表面应采用密封胶密封。密封胶应粘结牢固、表面应光滑、顺直、无裂纹		观察；检查隐蔽工程验收记录
	5．门窗框和厚度＞50mm的门窗扇用双榫连接。榫槽用胶料严密嵌合，并用胶楔夹紧				观察；手扳检查
	6．胶合板门、纤维板门和模压门不得脱胶。胶合板不得刨透表层单板，不得有戗槎。制作胶合板门、纤维板门时，边框和横楞应在同一平面止，面层、连框及横楞应加压胶结。横楞和上、下冒头应各钻两个以上的透气孔，透气孔应通畅		拼樘料内衬增强型钢的规格、壁厚必须符合设计要求，型钢应与型材内腔紧密吻合，其两端必须与洞口固定牢固。窗框必须与拼樘料连接紧，固定点间距应≤600mm		观察；手扳、尺量检查；检查进场验收记录

门窗类型	木门窗	金属门窗	塑料门窗	特种门	检查方法
控制内容	7. 木门窗的品种、类型、规格、开启方向、安装位置及连接方式应符合设计要求	同左			观察；尺量检查；检查成品门的产品合格证书
	8. 木门窗框的安装必须牢固。预埋木砖的防腐处理、木门窗框固定点的数量、位置及固定方法应符合设计要求	门窗框与副框的安装必须牢固。预埋件的数量、位置、埋设方式、与框的连接方式、门窗的防腐处理及填嵌、密封处理符合设计要求	门窗框安装同左；固定片或膨胀螺栓的数量与位置应正确，连接方式应符合设计要求。固定点应距窗角、中横框、中竖框150~200mm，固定点间距应≤600mm	特种门的安装必须牢固。预埋件要求同左。防腐处理符合要求	观察；手扳检查；检查隐蔽工程验收和施工记录
	9. 木门窗扇必须安装牢固，开关灵活，关闭严密，无倒翘	同左推拉门窗扇必须有防脱落措施			观察；开启和关闭检查；手扳检查
	10. 配件型号、规格、数量符合设计要求，安装牢固，位置正确，功能应满足使用要求	同左			观察；开启和关闭检查；手扳检查

（四）一般项目

门窗类型	木门窗	金属门窗	塑料门窗	特种门	检查方法
控制内容	1. 表面应洁净，不得有刨痕、锤印	表面应洁净、平整、光滑、色泽一致，无锈蚀。大面应无划痕、碰伤。漆膜或保护层应连续	表面应洁净、平整、光滑，大面应无划痕、碰伤	同左表面装饰应符合设计要求	观察
	2. 割角、拼缝应严密平整。门窗框、扇裁口应顺直，刨面应平整	铝合金推拉门窗扇开关力应≤100N。（用弹簧秤检查）	同左平开门窗扇平铰链开关力≤80N；滑撑铰链开关力≤80N并≥30N		观察
	3. 槽、孔边缘整齐，无毛刺	橡胶密封条或毛毡密封条应安装完好，不得脱槽	塑料门窗扇的密封条不得脱槽。旋转窗间隙应基本均匀		观察、开启和关闭检查
	4. 木门窗与墙体间缝隙的填充材料符合设计要求，填嵌饱满。寒冷地区外门窗（或门窗框）与砌体间的空隙应填充保温材料	框与墙体之间的缝隙应填嵌饱满，并采用密封胶密封。密封胶表面应光滑、顺直，无裂纹	玻璃密封条与玻璃及玻璃口的接缝应平整，不得卷边、脱槽		轻敲门窗框检查；检查隐蔽工程验收记录和施工记录
	5. 批水、盖口条、压缝条、密封条的安装应顺直，与门窗结合应牢固、严密	有排水孔的金属门窗，排水孔应畅通，位置和数量应符合设计要求	同木门窗5		观察；手扳检查

（五）门窗玻璃安装工程

	主 控 项 目	一 般 项 目	检 验 方 法
控 制 内 容	1. 玻璃的品种、规格、尺寸、色彩、图案和涂膜朝向应符合设计要求。单块玻璃＞1.5m²时应使用安全玻璃	玻璃表面洁净，不得有腻子、密封胶、涂料等污渍。中空玻璃内外表面均应洁净，玻璃中空层内不得有灰尘和水蒸气	观察；检查产品合格证书、性能检测报告和进场验收记录
	2. 裁割尺寸应正确。安装后的玻璃应牢固，不得有裂纹、损伤和松动	不应直接接触型材。单面镀膜玻璃的镀膜层及磨砂玻璃的磨砂面应朝向室内。中空玻璃的单面镀膜玻璃应在最外层，镀膜层应朝向室内	观察；轻敲检查
	3. 玻璃的安装方法应符合设计要求。固定玻璃的钉子或钢丝卡的数量、规格应保证玻璃安装牢固	腻子应填抹饱满、粘结牢固；腻子连续与裁口应平齐。固定玻璃的卡子不应在腻子表面显露	观察；检查施工记录
	4. 镶钉木压条接触玻璃处，应与裁口边缘平齐。木压条应互相紧密连接，并与裁口边紧贴，割角应整齐		观察
	5. 密封条与玻璃、玻璃槽口的接触应紧密、平整。密封胶与玻璃、玻璃槽口的边缘应粘结牢固、接缝平齐		观察
	6. 玻璃压条的密封条必须与琉璃全部贴紧，压条与型材之间应无明显缝隙，压条接缝应≤0.5mm		观察；尺量检查

（六）各种门窗制作安装的允许偏差和检验方法见表4-5-2（1～6）
1．木门窗制作的允许偏差和检验方法

表 4-5-2（1）

项次	项 目	构件名称	允许偏差（mm）		检 验 方 法
			普通	高级	
1	翘曲	框	3	2	将框、扇平放在检查平台上，用塞尺检查
		扇	2	2	
2	对角线长度差	框、扇	3	2	用钢尺检查，框量裁口里角，扇量外角
3	表面平整度	扇	2	2	用1m靠尺和塞尺检查
4	高度、宽度	框	0；－2	0；－1	用钢尺检查，框量裁口里角，扇量外角
		扇	＋2；0	＋1；0	
5	裁口、线条结合处高低差	框、扇	1	0.5	用钢直尺和塞尺检查
6	相邻棂子两端间距	扇	2	1	用钢直尺检查

2. 木门窗安装的留缝限值、允许偏差和检验方法

表 4-5-2（2）

项次	项 目		留缝限值（mm）普通	留缝限值（mm）高级	允许偏差（mm）普通	允许偏差（mm）高级	检 验 方 法
1	门窗槽口对角线长度差		—	—	3	2	用钢尺检查
2	门窗框的正、侧面垂直度		—	—	2	1	用1m垂直检测尺检查
3	框与扇、扇与扇接缝高低差		—	—	2	1	用钢直尺和塞尺检查
4	门窗扇对口缝		1～2.5	1.5～2	—	—	用塞尺检查
5	工业厂房双扇大门对口缝		2～5	—	—	—	
6	门窗扇与上框间留缝		1～2	1～1.5	—	—	
7	门窗扇与侧框间留缝		1～2.5	1～1.5	—	—	
8	窗扇与下框间留缝		2～3	2～2.5	—	—	
9	门扇与下框间留缝		3～5	3～4	—	—	
10	双层门窗内外框间距		—	—	4	3	用钢尺检查
11	无下框时门扇与地面间留缝	外门	4～7	5～6	—	—	用塞尺检查
		内门	5～8	6～7	—	—	
		卫生间门	8～12	8～10	—	—	
		厂房大门	10～20		—	—	

3. 推拉自动门安装的留缝限值、允许偏差和检验方法

表 4-5-2（3）

项次	项 目		留缝限值（mm）	允许偏差（mm）	检 验 方 法
1	门槽口宽度、高度	≤1500mm	—	1.5	用钢尺检查
		>1500mm	—	2	
2	门槽口对角线长度差	≤2000mm	—	2	用钢尺检查
		>2000mm	—	2.5	
3	门框的正、侧面垂直度		—	1	用1m垂直检测尺检查
4	门构件装配间隙		—	0.3	用塞尺检查
5	门梁导轨水平度		—	1	用1m水平尺和塞尺检查
6	下导轨与门梁导轨平行度		—	1.5	用钢尺检查
7	门扇与侧框间留缝		1.2～1.8	—	用塞尺检查
8	门扇对口缝		1.2～1.8	—	用塞尺检查

4. 推拉自动门的感应时间限值和检验方法

表 4-5-2（4）

项次	项 目	感应时间限值（s）	检验方法
1	开门响应时间	≤0.5	用秒表检查
2	堵门保护延时	16～20	用秒表检查
3	门扇全开启后保持时间	13～17	用秒表检查

5. 旋转门安装的允许偏差和检验方法

表 4-5-2（5）

项次	项　目	允许偏差（mm）		检　验　方　法
		金属框架玻璃旋转门	木质旋转门	
1	门扇正、侧面垂直度	1.5	1.5	用1m垂直检测尺检查
2	门扇对角线长度差	1.5	1.5	用钢尺检查
3	相邻扇高度差	1	1	用钢尺检查
4	扇与圆弧边留缝	1.5	2	用塞尺检查
5	扇与上顶间留缝	2	2.5	用塞尺检查
6	扇与地面间留缝	2	2.5	用塞尺检查

6. 门窗安装的留缝限值及允许偏差表

表 4-5-2（6）

项次	门窗种类　　项　目	留缝限值（mm）	允　许　偏　差（mm）				检　验　方　法
		钢门窗	铝合金门窗	涂色镀锌钢板门窗	塑料门窗		
1	门槽口宽度、高度 ≤1500mm	—	2.5	1.5	2	2	用钢尺检查
	＞1500mm	—	3.5	2	3	3	
2	门槽口对角线长度差 ≤2000mm	—	5	3	4	3	用钢尺检查
	＞2000mm	—	6	4	5	5	
3	门框的正、侧面垂直度	—	3	2.5	3	3	用1m垂直检测尺检查
4	门窗横框的水平度	—	3	2	3	3	用1m水平尺和塞尺检查
5	门窗横框标高	—	5	5	5	5	用钢尺检查
6	门窗竖向偏离中心	—	4	5	5	5	用钢尺检查
7	双层门窗内外框间距	—	5	4	4	4	用钢尺检查
8	门窗框、扇配合间隙	≤2	—	—	—	—	用塞尺检查
9	无下框时门扇与地面间留缝	4～8	—	—	—	—	用塞尺检查
10	推拉门窗扇与框搭拉量	—	1.5	2	+1.5～−2.5		用钢尺检查
11	推拉门窗扇与竖框平行度	—	—	—	2		用1m水平尺和塞尺检查
12	同樘平开门窗相邻扇高度差	—	—	—	2		用钢直尺检查
13	平开门窗铰链部位配合间隙	—	—	—	+2；−1		用塞尺检查

三、吊顶工程

按龙骨安装方式分为暗龙骨吊顶及明龙骨吊顶，前者指以轻钢龙骨、铝合金龙骨、木龙骨等为骨架，以石膏板、金属板、矿棉板、木板、塑料板或格栅等为饰面材料的吊顶工程；后者指以轻钢龙骨、铝合金龙骨、木龙骨等为骨架，以石膏板、金属板、矿棉板、塑料板、玻璃板或格栅等为饰面材料的吊顶工程，其质量标准应符合如下规定：

（一）一般规定

1．验收时应检查下列文件和记录：

（1）吊顶工程的施工图、设计说明及其他设计文件。

（2）材料的产品合格证书、性能检测报告、进场验收记录和复验报告。

（3）隐蔽工程验收记录。含：

1）吊顶内管道、设备的安装及水管试压；

2）木龙骨防火、防腐处理；

3）预埋件或拉结筋；

4）吊杆安装；

5）龙骨安装；

6）填充材料的设置。

（4）施工记录

2．应对人造木板的甲醛含量进行复验。

3．安装龙骨前，应按设计要求对房间净高、洞口标高和吊顶内管道、设备及其支架的标高进行交接检验。

4．吊顶工程的木吊杆、木龙骨和木饰面板必须进行防火处理，并应符合有关设计防火规范的规定。

5．吊顶工程中的预埋件、钢筋吊杆和型钢吊杆应进行防锈处理。

6．安装饰面板前应完成吊顶内管道和设备的调试及验收。

7．吊杆距主龙骨端部距离不得大于 300mm，当大于 300mm 时，应增加吊杆。当吊杆长度大于 1.5m 时，应设置反支撑。当吊杆与设备相遇时，应调整并增设吊杆。

8．重型灯具、电扇及其他重型设备严禁安装在吊顶工程的龙骨上。

9．各分项工程的检验批划分及检查数量

适用条件	检 验 批 划 分	每 批 检 查 数 量
各分项工程	同一个品种类型吊顶 ≤50 间（大面积房间和走廊按吊顶面积 30m² 为一间）为一批	1．≥10%，并不得少于 3 间 2．不足 3 间时应全数检查

（二）主控项目

吊顶分类		暗 龙 骨 吊 顶 工 程	明龙骨吊顶工程
控制内容		吊顶标高、尺寸、起拱和造型应符合设计要求	同左
		饰面材料的材质、品种、规程、图案和颜色应符合设计要求	同左
		吊杆、龙骨和饰面材料的安装必须牢固	同左
		吊杆、龙骨的材质、规格、安装间距及连接方式符合设计要求。金属吊杆、龙骨经过表面防腐处理；木吊杆、龙骨进行防腐、防火处理	同左
		石膏板的接缝应按其施工工艺标准进行板缝防裂处理。安装双层石膏板时，面层板与基层的接缝应错开，并不得在同一根龙骨上接缝	饰面材料的安装应稳固严密。饰面材料与龙骨的搭接宽度应大于龙骨受力面宽度的 2/3
检查方法		1．检查产品合格证书、性能检测报告、进场验收记录和复验报告、隐蔽工程验收记录和施工记录 2．观察、尺量检查，手扳检查	

注：根据吊顶类型在上述检查方法中选择相应的方法。

（三）一般项目

吊顶分类		暗 龙 骨 吊 顶 工 程	明龙骨吊顶工程
控制内容		饰面材料表面应洁净、色泽一致，不得有翘曲、裂缝及缺损。压条应平直、宽窄一致	同左，饰面板与明龙骨的搭接应平整、吻合
		饰面板上的灯具、烟感器、喷淋头、风口箅子等设备的位置应合理、美观，与饰面板的交接应吻合、严密	同左
		金属吊杆、龙骨的接缝应均匀一致，角缝应吻合，表面应平整，无翘曲、锤印。木质吊杆、龙骨应顺直，无劈裂、变形	金属龙骨的接缝应平整、吻合、颜色一致不得有划伤，擦伤等表面缺陷。木质龙骨应平整，顺直，无劈裂
		吊顶内填充吸声材料的品种和铺设厚度应符合设计要求，并应有防散落措施	同左
检查方法		1. 检查产品合格证书、性能检测报告、进场验收记录和复验报告、隐蔽工程验收记录和施工记录 2. 观察、尺量检查，手扳检查。	

注：根据吊顶类型在上述检查方法中选择相应的方法。

（四）允许偏差和检验方法（表4-5-3）

龙骨吊顶工程安装的允许偏差和检验方法表　　　　　　　表4-5-3

项次	项 目		允许偏差（mm）				检验方法
			纸面石膏板（石膏板）	金属板	矿棉板	木板、塑料板、格栅（塑料板、玻璃板）	
1	表面平整度	暗龙骨	3	2	2	2	用2m靠尺和塞尺检查
		明龙骨	3	2	3	2	
2	接缝直线度	暗龙骨	3	1.5		3	接5m线，不足5m拉通线，用钢直尺检查
		明龙骨	3	2	3	3	
3	接缝高低差	暗龙骨	3	1	1.5	1	用钢直尺和塞尺检查
		明龙骨	1		2	1	

注：括弧内为明龙骨用料。

四、轻质隔墙工程

建筑内装修工程中，轻质隔墙使用广泛，按其材料不同划分如下：

```
           ┌ 板材隔墙 ┬ 复合轻质墙板
           │          ├ 石膏空心板
           │          └ 预制或现制的钢丝网水泥板等板材
           │
           ├ 骨架隔墙 ┬ 以轻钢龙骨、木龙骨等为骨架
隔墙工程 ─┤          └ 以纸面石膏板人造木板、水泥纤维板等为墙面板
           │
           ├ 玻璃隔墙 ┬ 玻璃砖
           │          └ 玻璃板
           │
           └ 活动隔墙
```

（一）一般规定

1. 验收时应检查下列文件和记录

（1）轻质隔墙工程的施工图、设计说明及其他设计文件。

（2）材料的产品合格证书、性能检测报告、进场验收记录和复验报告。

（3）隐蔽工程验收记录，含：

1）骨架隔墙中设备管线的安装及水管试压。

2）木龙骨防火、防腐处理。

3）预埋件或拉结筋。

4）龙骨安装。

5）填充材料的设置。

（4）施工记录。

2. 轻质隔墙工程应对人造木板的甲醛含量进行复验。

3. 轻质隔墙与顶棚和其他墙体的交接处应采取防开裂措施。

4. 民用建筑轻质隔墙工程的隔声性能应符合现行国家标准《民用建筑隔声设计规范》（GBJ—118）的规定。

5. 各分项工程的检验批划分及检查数量：

适用条件	检验批划分	每批检查数量
板材隔墙、骨架隔墙各分项工程	同一个品种轻质隔墙≤50间（大面积房间和走廊按轻质隔墙面积30m² 为一间）为一批	1. ≥10％，并不得少于3间 2. 不足3间时应全数检查
玻璃隔墙、活动隔墙各分项工程	同　上	1. ≥20％，并不得少于6间 2. 不足6间时应全数检查

（二）主控项目

隔墙类型	控制内容
板材隔墙	1. 隔墙板材的品种、规格、性能、颜色应符合设计要求。有隔声、隔热、防潮等特殊要求的工程，板材应有相应性能等级的检测报告 2. 安装隔墙板材所需预埋件、连接件的位置、数量及连接方法应符合设计要求 3. 隔墙板材安装必须牢固。现制钢丝网水泥隔墙与周边墙体的连接方法应符合设计要求，并应连接牢固 4. 隔墙板材所用接缝材料的品种及接缝方法应符合设计要求
骨架隔墙	1. 骨架隔墙所用龙骨、配件、墙面板、填充材料及嵌缝材料的品种、规格、性能和木材的含水率应符合设计要求。有隔声、隔热、阻燃、防潮等特殊要求的工程，材料应有相应性能等级的检测报告 2. 骨架隔墙工程边框龙骨必须与基体结构连接牢固，并应平整、垂直、位置正确 3. 骨架隔墙中龙骨间距和构造连接方法应符合设计要求。骨架内设备管线的安装、门窗洞口等部位加强龙骨应安装牢固、位置正确，填充材料的设置应符合设计要求 4. 木龙骨及木墙面板的防火和防腐处理必须符合设计要求。骨架隔墙的墙面板应安装牢固，无脱层、翘曲、折裂及缺损 5. 墙面板所用接缝材料的接缝方法应符合设计要求
活动隔墙	1. 活动隔墙所用墙板、配件等材料的品种、规格、性能和木材的含水率应符合设计要求。有阻燃、防潮等特性要求的工程，材料应有相应性能等级的检测报告 2. 活动隔墙轨道必须与基体结构连接牢固，并应位置正确 3. 活动隔墙用于组装、推拉和制动的构件必须安装牢固、位置正确，推拉必须安全、平稳、灵活 4. 制作方法、组合方式应符合设计要求

隔墙类型	控 制 内 容
玻璃隔墙	1. 玻璃隔墙工程所用材料的品种、规格、性能、图案和颜色应符合设计要求。玻璃板隔墙应使用安全玻璃 2. 玻璃砖隔墙砌筑中埋设的拉结筋必须与基体结构连接牢固，并应位置正确 3. 玻璃砖隔墙的砌筑或玻璃板隔墙的安装方法应符合设计要求 4. 玻璃隔墙的安装必须牢固。玻璃板隔墙胶垫的安装应正确
检查方法	1. 检查产品合格证书、性能检测报告、进场验收记录和复验报告、隐蔽工程验收记录和施工记录； 2. 观察检查和尺量、手扳、手推、推拉检查

注：根据隔墙类型在上述检查方法中选择相应的方法。

（三）一般项目

隔墙类型	控 制 内 容
板材隔墙	1. 隔墙板材安装应垂直、平整、位置正确，板材不应有裂缝或缺损 2. 板材隔墙表面应平整光滑、色泽一致、洁净，接缝应均匀、顺直 3. 隔墙上的孔洞、槽、盒应位置正确、套割方正、边缘整齐
骨墙隔墙	1. 板材隔墙表面应平整光滑、色泽一致、洁净，接缝应均匀、顺直 2. 板材隔墙表面应平整光滑、色泽一致、洁净，接缝应均匀、顺直，套割吻合
活动隔墙	1. 活动隔墙推拉应无噪声 2. 板材隔墙表面应平整光滑、色泽一致、洁净，接缝应均匀、顺直 3. 隔墙上的孔洞、槽、盒应位置正确、套割方正、边缘整齐
玻璃隔墙	1. 玻璃隔墙接缝应横平竖直，玻璃应无裂痕、缺损和划痕 2. 板材隔墙表面应平整光滑、色泽一致、洁净，接缝应均匀、顺直、清晰美观 3. 玻璃板隔墙嵌缝及玻璃砖隔墙勾缝应密实平整、均匀顺直、深浅一致
检查方法	1. 检查产品合格证书、性能检测报告、进场验收记录和复验报告、隐蔽工程验收记录和施工记录 2. 观察检查和尺量、手扳、手推、推拉检查

注：根据隔墙类型在上述检查方法中选择相应的方法。

（四）允许偏差和检验方法（略）

五、饰面板（砖）工程

建筑内外墙经常采用以下两种方式进行装修。

饰面板（砖）
- 饰面板安装
  - 内墙不受限制
  - 外墙仅限于抗震设防烈度不大于 7 度、高度不大于 24m
- 饰面砖粘贴
  - 内墙不受限制
  - 外墙仅限于抗震设防烈度不大于 8 度、高度不大于 100m
  - 采用满粘法施工

其质量控制应符合下列要求：

（一）一般规定

1. 验收时应检查下列文件和记录

（1）饰面板（砖）工程的施工图、设计说明及其他设计文件。

（2）材料的产品合格证书、性能检测报告、进场验收记录和复验报告。

（3）后置埋件的现场拉拔检测报告。

（4）外墙饰面砖样板件的粘结强度检测报告。

（5）隐蔽工程验收记录。含：

1）预埋件（或后置埋件）。

2）连接节点。

3）防水层。

（6）施工记录。

2．饰面板（砖）工程应对下列材料及其性能指标进行复验

（1）室内用花岗石的放射性。

（2）粘贴用水泥的凝结时间、安定性和抗压强度。

（3）外墙陶瓷面砖的吸水率。

（4）寒冷地区外墙陶瓷面砖的抗冻性。

3．外墙饰面砖粘贴前和施工过程中，均应在相同基层上做样板件，并对样板件的饰面砖粘结强度进行检验，其检验方法和结果判定应符合《建筑工程饰面砖粘结强度检验标准》（JGJ110）的规定。

4．饰面板（砖）工程的抗震缝、伸缩缝、沉降缝等部位的处理应保证缝的使用功能和饰面的完整性。

5．各分项工程的检验批划分及检查数量。

适 用 条 件	检 验 批 划 分	每 批 检 查 数 量
室内饰面板（砖）	相同材料、工艺和施工条件≤50间（大面积间和走廊按施工面积30m² 为一间）为一批	1．≥10%，并不得少于3间； 2．不足3间时应全数检查
室外饰面板（砖）	相同材料、工艺和施工条件每500—1000m² 为一批；不足500m² 为一批	1．每100m² 应至少抽查一处； 2．每处不得小于10m²

（二）主控项目

饰面分类	饰 面 板 工 程	饰 面 砖 粘 贴 工 程
控 制 内 容	1．饰面板的品种、规格、颜色和性能应符合设计要求，木龙骨、木饰面板和塑料饰面板的燃烧性能等级应符合设计要求	1．面砖的品种、规格、图案、颜色和性能应符合设计要求
	2．饰面板孔、槽的数量、位置和尺寸应符合要求	2．饰面砖粘贴工程的找平、防水、粘结和勾缝材料及施工方法应符合设计要求及国家现行产品标准和工程技术标准的规定
	3．饰面板安装工程的预埋件（或后置埋件）、连接件的数量、规格、位置、连接方法和防腐处理必须符合设计要求，后置埋件的现场拉拔强度必须符合设计要求。饰面板安装必须牢固	3．饰面砖粘贴必须牢固。 满粘法施工的饰面砖工程应无空鼓、裂缝
检查方法	检查产品合格证书、检测报告、进场验收记录和复验报告、隐蔽工程验收记录和施工记录、现场拉拔检测报告等。 观察检查和尺量、水平尺、手扳、用小锤轻击检查	

注：根据饰面板类型在上述检查方法中选择相应的方法。

（三）一般项目

饰面分类		饰 面 板 工 程	饰 面 砖 粘 贴 工 程
控制内容		1. 饰面板表面应平整、洁净、色泽一致，无裂痕和缺损。石材表面应无泛碱等污染	饰面板表面应平整、洁净、色泽一致，无裂痕和缺损。石材表面应无泛碱等污染。阴阳角处搭接方式、非整砖使用部位应符合设计要求
		2. 饰面板嵌缝应密实、平直、宽度和深度应符合设计要求，嵌填材料色泽应一致	墙面突出物周围的饰面砖应整砖套割吻合，边缘应整齐。墙裙、贴脸突出墙面的厚度应一致
		3. 采用湿作业法施工的饰面板工程，石材应进行防碱背涂处理。饰面板与基体之间的灌注材料应饱满、密实	有排水要求的部位应做滴水线（槽）。滴水线（槽）应顺直，流水坡向应正确，坡度应符合设计要求
		4. 饰面板上的孔洞应套割吻合，边缘应整齐	饰面砖接缝应平直、光滑，填嵌应连续、密实；宽度和深度应符合设计要求
			有排水要求的部位应做滴水线（槽）。滴水线（槽）应顺直，流水坡向应正确，坡度应符合设计要求
检查方法		检查产品合格证书、性能检测报告、进场验收记录和复验报告、隐蔽工程验收记录和施工记录、现场拉拔检测报告等。观察检查和尺量、水平尺、手扳、用小锤轻击检查	

注：根据饰面板类型在上述检查方法中选择相应的方法。

（四）饰面工程安装的允许偏差和检验方法（表4-5-4）

饰面板安装的允许偏差和检验方法　　　　　　　　　　表4-5-4

项次	项　　目	各种材料饰面板安装							饰面砖粘贴		检验方法
		光面石	剁斧石	蘑菇石	瓷板	木材	塑料	金属	外墙面砖	内墙面砖	
1	立面垂直度	2	3	3	2	1.5	2	2	3	2	用2m垂直检测尺检查
2	表面平整度	2	3	—	1.5	1	3	3	4	3	用2m靠尺和塞尺检查
3	阴阳角方正	2	4	4	2	1.5	2	2	3	3	用直角检测尺检查
4	接缝直线度	2	4	4	2	1	1	1	3	2	拉5m线，不足5m拉通线，用钢直尺检查
5	墙裙、勒脚上口直线度	2	3	3	2	2	2	2	—	—	拉5m线，不足5m拉通线，用钢直尺检查
6	接缝高低差	0.5	3	—	0.5	0.5	1	1	1	0.5	用钢直尺和塞尺检查
7	接缝宽度	1	2	2	1	1	1	1	1	1	用钢直尺检查

六、幕墙工程

目前我国幕墙工程的高度多在150m之内，抗震设防震度不大于8度，有各种幕墙（玻璃、金属、石材等）工程技术规范（JGJ102—96，133—2001等），超过以上规格的幕墙工程，尚未有国家或行业的设计施工标准。玻璃幕墙又分为隐框、半隐框、明框、全玻及点支承玻璃幕墙等多种，监理工程师可以根据各类材料和安装方式对照相应的施工技术规范和验收规范进行监督。因目前幕墙使用的较为广泛，对其质量控制尤应引起重视，在此特将验收规范中的强制性条文先列如下，其他一般规定，主控项目，一般项目再依次叙述。

（一）强制性条文规定

首先要强调的是国家关于幕墙工程的强制性条文是监理的依据，任何材料种类和安装方式的幕墙均必须遵守。其中包括：

1. 隐框、半隐框幕墙所采用的结构粘结材料必须是中性硅酮密封胶，其性能必须符合"建筑用硅酮结构密封胶"（GB16776）的规定，硅酮结构密封胶必须在有效期内使用。

2. 主体结构与幕墙连接的各种预埋件，其数量、规格、位置和防腐处理必须符合设计要求。

3. 幕墙的金属框架与主体结构预埋件的连接、立柱与横梁的连结及幕墙面板的安装必须符合设计要求，安装必须牢固。

4. 玻璃幕墙必须使用安全玻璃。

幕墙使用的硅酮结构密封胶，应选用法定检测机构检测合格的产品，使用前必须对幕墙工程选用的铝合金型材、玻璃、双面胶形、硅酮耐膜密封胶、塑料泡沫棒景与硅酮结构密封胶接触的材料做相容性试验和粘续剥离性试验，试验合格后才能打胶。这条强制要求是从源头保证了幕墙的安装质量。

幕墙的各种预埋件必须经过计算确定，以保证其具有足够的承载力。预埋件这个受力的连接部件是监理的重点部位。也是幕墙分项工程中的隐蔽工程验收项目，其具有足够的承载力。

幕墙构件与主体结构（多为混凝土结构）的连接是通过预埋实现的，预埋件的锚固钢筋是锚固作用的主要来源，混凝土对其粘结力是决定性的，因此，为保证连接的牢固可靠，预埋件应在主体结构施工时，即混凝土浇灌前，按设计要求的数量，位置和方法进行埋放，位置正确，混凝土的振捣必须密实，如施工中将预埋件放入后未能有效固定，往往造成浇灌混凝土时预埋件偏离设计位置，影响使用，因此应设法可靠固定预埋件（在模板上、钢筋上）。

（二）一般规定

监理工程师在幕墙工程的现场监理工作中，应按下列一般规定对材料、分项工程和隐蔽工程进行控制。

1. 验收时应检查下列文件和记录

（1）检查幕墙工程的施工图、结构计算书、设计说明及其他设计文件。

（2）检查建筑设计单位对幕墙工程设计的确认文件。

这两点要求是因为幕墙工程为专业化的分部工程，多由具有设计资质的施工分包单位完成施工图及其文件，但作为该项目的建筑设计单位对整个工程负全面设计责任，必须对专业性的施工详图给予审定，检查与主体结构、建筑立面、剖面、功能及其他专业之间（留洞、预埋、过管的尺寸、高程之间的关系等）有无矛盾，如有矛盾要统筹安排给予解决。总设计单位认为合理可行后要给予确认，这样幕墙施工图方可作为监理的依据。

（3）检查进场原材料所用硅酮结构胶的认定证书和抽查合格证明，进口硅酮结构胶的商检证；国家指定检测机构出具的硅酮结构胶相容性和剥离粘结性试验报告；石材用密封胶的耐污染性试验报告。

（4）检查所用各种材料、五金配件、构件及组件的产品合格证书、性能检测报告、进场验收记录和复验报告。

（5）后置埋件的现场拉拔强度检测报告

当施工未设预埋件（如幕墙设计时间较晚，结构施工时尚未有幕墙施工图），预埋件漏放或偏离设计位置、设计变更或旧建筑加装幕墙时，往往使用后置埋件（膨胀螺栓或化学螺栓），此时，监理工程师应监督施工方作现场拉拔强度检测，其数据应设计承载力要求，检测单位应具有相应资质并出具有效报告以备竣工验收。

（6）幕墙的抗风压性能、空气渗透性能、雨水渗透性能及平面变形性能检测报告。

（7）打胶、养护环境的温度、湿度记录；双组份硅酮结构胶的混匀性试验记录及拉断试验记录。

（8）防雷装置测试记录。

2．对下列材料及其性能指标进行复验

（1）铝塑复合板的剥离强度。

（2）石材的弯曲强度；寒冷地区石材的耐冻融性；室内用花岗石的放射性。

（3）玻璃幕墙用结构胶的即氏硬度、标准条件拉伸粘结强度、相容性试验；石材用结构胶的粘结强度；石材用密封胶的污染性。

3．及时做好隐蔽工程验收，并保存好记录

幕墙工程除预埋（或后置）件外，属隐蔽工程的项目还有：

（1）构件的连接节点；

（2）变形缝及墙面转角处的构造节点；

（3）防雷装置；

（4）防火构造。

对以上隐检项目，各专业监理工程师在现场巡视时随时检查每道工序的质量及施工单位的测试报告、自检记录，合格后给予签认，签认后方可覆盖进行下道工序。

4．幕墙工程检验批的划分和检查数量

适用条件	检验批划分	每批检查数量
幕墙工程	相同设计、材料、工艺和施工条件每 500～1000m² 为一批；不足 500m² 也划分为一批	1．每 100m² 至少抽查一处； 2．每处≥10m²
同一单位工程的不连续的幕墙	各自单独划分检验批	1．每 100m² 至少抽查一处； 2．每处≥10m²
异型或有特殊要求的幕墙	根据其规模结构、工艺特点由监理企业或建设单位和施工单位协商确定	

5．幕墙及其连接件应具有足够的承载力，刚度和相对于主体结构的位移能力。幕墙构架立柱的连接金属角码与其他连接件应彩螺栓连接，并应有防松动措施。

6．对幕墙的受力构件（立柱、横梁等）的受力截面壁厚应经设计且满足构造要求，即铝合金型材壁厚不小于 3.0mm，钢型材不小于 3.5mm，立柱应采用螺栓与角码连接，螺栓直径应经计算，并不小于10mm。应有防松动措施。以保证幕墙及连接件具有足够的承力、刚度和相对主体结构的位移能力。

7. 幕墙除必须满足防火要求（参照相应规范）外，还应符合下列规定：

（1）根据防火材料的耐火极限决定防腐处理且厚度≥1.5mm 的钢板，不得用铝板。

（2）防火层应采取隔离措施，其衬板应经防腐处理且厚度≥1.5mm 的钢板，不得用铝板。

（3）防火层应用防火密封胶密封，不应与玻璃直接接触，一块玻璃不应跨两个防火分区。

8. 幕墙的抗震缝、伸缩缝、沉降缝等部位的处理应保证缝的使用功能和饰面的完整性，幕墙设计应满足维护和清洁的要求。

（二）主控项目

幕墙类型	玻 璃 幕 墙
控 制 内 容	1. 所使用的各种材料和配件，应符合设计要求及国家现行产品标准和工程技术规范的规定
	2. 造型和立面分格应符合设计要求。玻璃幕墙应无渗漏
	3-1. 幕墙玻璃应符合下列规定： （1）幕墙应使用安全玻璃，玻璃的品种、规格、颜色、光学性能及安装方向应符合设计要求 （2）幕墙玻璃的厚度不应小于 6.0mm。全玻幕墙肋玻璃的厚度不应小于12mm （3）幕墙的中空玻璃应采用双道密封。明框幕墙的中空玻璃应采用聚硫密封胶及丁基密封胶；隐框和半隐框幕墙的中空玻璃应采用硅酮结构密封胶及丁基密封胶；镀膜面应在中空玻璃的第 2 或第 3 面上 （4）幕墙的夹层玻璃应采用聚乙烯醇缩丁醛（PVB）胶片干法加工合成的夹层玻璃。点支承玻璃墙夹层玻璃的夹层胶片（PVB）厚度不应小于 0.76mm （5）钢化玻璃表面不得有损伤；8.0mm 以下的钢化玻璃应进行引爆处理 （6）所有幕墙玻璃均应进行边缘处理
	3-2. 明框玻璃幕墙玻璃安装应符合下列规定： （1）玻璃槽口与玻璃的配合尺寸应符合设计要求和技术标准的规定 （2）玻璃与构件不得直接接触，玻璃四周与构件凹槽底部应保持一定的空隙，每块玻璃下部应至少放置两块宽度与槽口宽度相同、长度不小于100mm 的弹性定位垫块；玻璃两边嵌入量及空隙应符合设计要求 （3）玻璃四周橡胶条的材质、型号应符合设计要求，镶嵌应平整，橡胶条长度应比边框内槽长 1.5%～2.0%，橡胶条在转角处应斜面断开，并应用粘结剂粘结牢固后嵌入槽内
	4. 与主体结构连接的各种预埋件、连接件、紧固件必须安装牢固，其数量、规格、位置、连接方法和防腐处理应符合设计要求
	5. 各种连接件、紧固件的螺栓应有防松动措施；焊接连接应符合设计要求和焊接规范的规定
	6. 隐框或半隐框玻璃幕墙，每块玻璃下端应设置两个铝合金或不锈钢托条，其长度不应小于100mm，厚度不得小于2mm，托条外端应低于玻璃外表面 2mm
	7. 高度超过 4m 的全玻璃墙应吊挂在主体结构上，吊夹具符合设计要求，玻璃与玻璃、玻璃与玻璃肋之间的缝隙，应采用硅酮结构密封胶填嵌严密
	8. 点支承玻璃幕墙应采用带万向头的活动不锈钢爪，其爪间的中心距离应大于250mm
	9. 四周及内表面与主体结构之间的连接节点、各种变形缝、墙角的连接节点应符合设计要求和技术标准的规定
	10. 结构胶和密封胶的打注应饱满、密实、连续、均匀、无气泡，宽度和厚度应符合设计要求和技术标准的规定
	11. 开启窗配件应齐全，安装应牢固，安装位置和开启方向、角度应正确；开启应灵活，关闭应严密
	12. 防雷装置必须与主体结构的防雷装置可靠连接
检查方法	检查材料、构件、组件的产品合格证书、性能检测报告、进场验收记录和复验报告、隐蔽工程验收记录和施工记录、现场拉拔检测报告等 观察检查和尺量、手扳、开启和关闭检查；在易渗漏部位进行淋水检查

注：根据幕墙类型在上述检查方法中选择相应的方法。

幕墙类型	金 属 幕 墙	石 材 幕 墙
控制内容	1. 所使用的各种材料和配件，应符合设计要求及国家现行产品标准和工程技术规范的规定	所用材料的品种、规格、性能和等级应符合设计要求。石材的弯曲强度≥8.0MPa；吸水率＜0.8%。石材幕墙的铝合金挂件厚度≥4.0mm，不锈钢挂件厚度≥3.0mm
	2. 造型和立面分格应符合设计要求	同金属幕墙工程 另含：颜色、光泽、花纹和图案
	3. 金属面板的品种、规格、颜色、光泽及安装方向应符合设计要求	石材孔、槽的数量、深度、位置、尺寸应符合设计要求
	4. 主体结构上的预埋件、后置埋件的数量、位置及后置埋件的拉拔力必须符合设计要求	同左
	5. 金属框架立柱与主体结构预埋件的连接、立柱与横梁的连接、金属面板的安装必须符合设计要求，安装必须牢固	同左 另：连接件与金属框架的连接、连接件与石材面板的连接必须符合设计要求
	6. 防火、保温、防潮材料的设置应符合设计要求，并应密实、均匀、厚度一致	同左
	7. 各种变形缝、墙角的连接节点应符合设计要求和技术标准的规定	同左
	8. 板缝注胶应饱满、密实、连续、均匀、无气泡，宽度和厚度应符合设计要求和技术标准的规定	同左 另：石材表面和板缝的处理符合设计要求
	9. 防雷装置必须与主体结构的防雷装置可靠连接	同左
	10. 金属框架及连接件的防腐处理符合设计要求	同左
	11. 应无渗漏	同左
检查方法	检查材料、构件、组件的产品合格证书、性能检测报告、进场验收记录和复验报告、隐蔽工程验收记录和施工记录、现场拉拔检测报告等 观察检查和尺量、手扳、开启和关闭检查；在易渗漏部位进行淋水检查	

注：根据幕墙类型在上述检查方法中选择相应的方法。

（三）一般项目

幕墙类型	玻 璃 幕 墙	金 属 幕 墙	石 材 幕 墙
控制内容	1. 玻璃幕墙表面应平整、洁净；整幅玻璃的色泽应均匀一致；不得有污染和镀膜损坏	同玻璃幕墙工程	石材幕墙表面应平整、洁净，无污染、缺损和裂痕。颜色和花纹应协调一致，无明显色差，无明显修痕
	2. 明框玻璃幕墙的外露框或压条应横平竖直，颜色，规格应符合设计要求，压条安装应牢固。单元玻璃幕墙的单元拼缝或隐框玻璃幕墙的分格玻璃拼缝应横平竖直、均匀一致	同玻璃幕墙工程	同左
	3. 玻璃幕墙的密封胶缝应横平竖直、深浅一致、宽窄均匀、光滑顺直	金属幕墙的密封胶缝应横平竖直、深浅一致、宽窄均匀、光滑顺直	同金属幕墙工程

幕墙类型	玻璃幕墙	金属幕墙	石材幕墙
控制内容	4. 玻璃幕墙隐蔽节点的遮封装修应牢固、整齐、美观	金属幕墙上的滴水线、流水坡向应正确、顺直	石材接缝应横平竖直、宽窄均匀；阴阳角石板压向应正确，板边合缝应顺直；凸凹线出墙厚度应一致，上下口应平直；石材面板上洞口、槽边应套割吻合，边缘应整齐
	5. 防火、保温材料填充应饱满、均匀，表面应密实平		石材幕墙上的滴水线、流水坡向应正确、顺直
检查方法	检查材料、构件、组件的产品合格证书、性检测报告、进场验收记录和复验报告、隐蔽工程验收记录和施工记录、现场拉拔检测报告等 观察检查和尺量、手扳、开启和关闭检查；在易渗漏部位进行淋水检查		

（四）玻璃及铝合金型材的表面质量和检验方法

项次	项目	每平方米幕墙玻璃	一个分格铝合金型材	检验方法
1	明显划伤和长度＞100mm 的轻微划伤	不允许		观察
2	长度≤100mm 的轻微划伤	≤8 条	≤2 条	用钢尺检查
3	擦伤总面积	≤500mm²		用钢尺检查

（五）幕墙安装的允许偏差和检验方法（表 4-5-5）

幕墙安装的允许偏差和检验方法表　　　　　　　表 4-5-5

项次	项目（幕墙种类及检验方法）		允许偏差（mm）				检验方法
			隐框、半隐框	明框	石材	金属	
1	幕墙垂直度	幕墙高度≤30m	10	10	10	10	用经纬仪检查
		30m＜幕墙高度≤60m	15	15	15	15	
		60m＜幕墙高度≤90m	20	20	20	20	
		幕墙高度＞90m	25	25	25	25	
2	幕墙水平度	层高≤3m（幕墙幅宽≤35m）	3	7	3	3	用水平仪检查
		层高＞3m（幕墙幅宽＞35m）	5	5	3	5	
3	幕墙表面平整度		2	—	3	2	用 2m 靠尺和塞尺检查
4	板材立面垂直度		2	—	2	2	用垂直检测尺检查
5	板材上沿水平度		2	—	1	2	用 1m 水平尺和钢直尺检查
6	相邻板材板角错位		1	—	2	3	2	用钢直尺检查
7	阳角方正		2	—	2	4	2	用直角检测尺检查
8	接缝直线度		3	—	3	4	3	拉 5m 线，不足 5m 拉通线，用钢直尺检查

项次	项目	幕墙种类及检验方法	允许偏差（mm）				检验方法
			隐框、半隐框	明框	石材	金属	
9	接缝高低差		1	—	1 —	1	用钢直尺和塞尺检查
10	接缝宽度		1	—	1 2	1	用钢直尺检查
11	构件水平度	构件长度≤2m	—	2	—	—	用水平仪检查
		构件长度>2m	—	3	—	—	
12	分格框对角线长度差	对角线长度≤2m	—	3	—	—	用钢直尺检查
		对角线长度>2m	—	4	—	—	
14	构件直线度		—	2	—	—	—
15	相邻构件错位		—	1	—	—	—

注：（ ）内项目仅用于明框玻璃幕墙。

检验方法：除前述各种方法外，增加在易渗漏部位进行淋水检查。

七、涂饰工程

建筑装修常用的涂饰手法有三种，按其涂料性质细分如下：

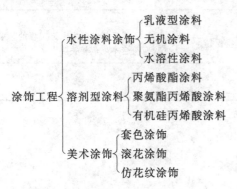

（一）一般规定

1. 验收时应检查下列文件和记录：

（1）涂饰工程的施工图、设计说明及其他设计文件。

（2）材料的产品合格证书、性能检测报告和进场验收记录。

（3）施工记录。

2. 基层处理应符合下列要求

（1）新建筑物的混凝土或抹灰基层在涂饰涂料前应涂刷抗碱封闭底漆。

（2）旧墙面在涂饰涂料前应清除疏松的旧装修层，并涂刷界面剂。

（3）混凝土或抹灰基导涂刷溶剂型涂料时，含水率不得大于 8%；涂刷乳涂料时，含水率不得大于 10%。木材基层的含水率不得大于 12%。

（4）基层腻子应平整、坚实、牢固、无粉化、起皮和裂缝；内墙腻子的粘结强度应符合《建筑室内用腻子》（JG/T—3049）的规定。

（5）厨房、卫生间墙面必须使用耐水腻子。

3. 涂饰工程应在涂层养护期满后进行质量验收。

4. 各分项工程的检验批划分及检查数量。

适用条件	检 验 批 划 分	每批检查数量
室内涂饰工程	1. 每一栋楼的同类涂料涂饰的墙面每≤500～1000m² 应划分为一批 2. 每≤50 间（大面积房间和走廊按涂饰面积 30m² 为一间）应划分为一批	1. ≥10%，并不得少于 3 间 2. 不足 3 间时应全数检查
室外涂饰工程	每 100m² 为一处	1. 每处不得小于 10m

（二）主控项目

涂饰类型	水性涂料涂饰工程	溶剂型涂工程	美术涂饰工程
控制内容	1. 水性涂料涂饰工程所用涂料的品种、型号和性能符合设计要求	同左	同左； 另：套色涂饰、滚花涂饰、仿花纹涂饰等美术涂饰工程
	2. 水性涂料涂饰工程的颜色、图案应符合设计要求	同左 另：加光泽符合设计要求	
	3. 水性涂料涂饰工程应涂饰均匀、粘结牢固，不得漏涂、透底、起皮和掉粉	同左 另：不得反锈	同左； 另：不得反锈，美术涂饰工程的基层处理应符合本规范相关要求
	4. 水性涂料涂饰工程施工的环境温度应在 5～35℃之间		

（三）一般项目

1. 水性涂料涂饰工程

各种涂料的涂饰质量和检验方法

项次	项 目	普通涂饰		高级涂饰		复层涂料	检验方法
		薄涂料	厚涂料	薄涂料	厚涂料		
1	颜色	均匀一致		均匀一致		均匀一致	
2	泛碱、咬色	允许少量轻微		不允许		不允许	观察
3	流坠、疙瘩	允许少量轻微	—	不允许	—	—	
4	砂眼、刷纹	允许少量轻微砂眼，刷纹通顺	—	无砂眼无刷纹	—	—	
5	装饰线、分色线直线度允许偏差（mm）	2	—	1	—	—	拉 5m 线，不足 5m 拉通线，用钢直尺检查
6	点状分布	—	—	—	疏密均匀	—	观察
7	喷点疏密程度	—	—	—	—	均匀不允许连片	观察

2. 溶剂型涂工程

油漆的涂饰质量和检验方法

项次	项　目	普通涂饰		高级涂饰		检验方法
		色漆	清漆	色漆	清漆	
1	颜色	均匀一致		均匀一致		观察
2	光泽、光滑	光泽基本均匀光滑无档手感		光泽均匀一致光滑		观察、手摸检查
3	刷纹	刷纹通顺	无刷纹	无刷纹		观察
4	裹棱、流坠、皱皮	明显处不允许		不允许		观察
5	装饰线、分色线直线度允许偏差（mm）	2	—	1	—	拉 5m 线，不足 5m 拉通线，用钢直尺检查
6	木纹		棕眼刮平、木纹清楚		棕眼刮平、木纹清楚	

注：无光色漆不查光泽。

施工时注意水涂性与溶济型涂料的涂层与其他装修材料和设备衔接处应吻合，界面清楚。

3. 美术涂饰工程

（1）美术涂饰表面应洁净，不得有流坠现象。

（2）仿花纹涂饰的饰面应具有被模仿材料的纹理。

（3）套色涂饰的图案不得移位，纹理和轮廓应清晰。

（四）检验方法

检查产品合格证书、性能检测报告和进场验收记录，观察；手摸检查；检查施工记录等。

八、裱糊与软包工程

建筑装饰装修中常用的裱糊与软包工程是饰面美化手法之一，裱糊工程含沙射影聚氯乙烯塑料壁纸、复合纸质壁纸、墙布等裱糊工程，软包工程常用于墙、门等软包工程，其质量控制仍按三个层次进行。

（一）一般规定

1. 裱糊与软包工程验收时应检查下列文件和记录

（1）裱糊与软包工程的施工图、设计说明及其他设计文件。

（2）饰面材料的样板及确认文件。

（3）材料的产品合格证书、性能检测报告、进场验收记录和复验报告。

（4）施工记录。

2. 裱糊前，基层处理质量应达到下列要求：

（1）新建筑物的混凝土或抹灰基层墙面在刮腻子前应涂刷抗碱封闭底漆。

（2）旧墙面在裱糊前应清除疏松的旧装修层，并涂刷界面剂。

（3）混凝土或抹灰基层含水率不得大于 8%；木材基层的含水率不得大于 12%。

（4）基层腻子应平整、坚实、牢固，无粉化、起皮和裂缝；腻子的粘结强度应符合《建筑室内腻子》（JG/T3049）N 型的规定。

3. 各分项工程的检验批划分及检查数

适用条件	检 验 批 划 分	每批检查数量
裱糊	1. 每≤50间（大面积房间和走廊按施工面积30m²为一间）应划分为一批	1. 裱糊工程≥10%，并不得少于3间； 2. 不足6间时应全数检查
软包	同上	1. 软包工程≥20%，并不得少于6间； 2. 不足6间时应全数检查

（二）主控项目

分项工程	裱 糊 工 程	软 包 工 程	检查方法
控制内容	1. 壁纸、墙布的种类、规格、图案、颜色和燃烧性能等级必须符合设计要求及国家现行标准的有关规定	面料、内衬材料及边框的材质、颜色、图案、燃烧性能等级和木材的含水率应符合设计要求及国家现行标准的有关规定	观察； 检查产品合格证书、进场验收记录和性能检测报告
	2. 基层处理质量应符合前述要求	安装位置及构造做法应符合设计要求	观察，手摸检查； 检查施工记录
	3. 裱糊后各幅接处花纹、图案应吻合，不离缝，不搭接，不显接缝。拼缝检查距离墙面1.5m处正视	面料不应有接缝，四周应绷压严密	观察
	4. 壁纸、墙布应粘贴牢固，不得有漏贴、补贴、脱层、空鼓和翘边	龙骨、衬板、边框应安装牢固，无翘曲，拼缝应平直	观察； 手摸检查

（三）一般项目

分项工程	裱 糊 工 程	软 包 工 程	检验方法
控制内容	1. 裱糊后的壁纸、墙布表面应平整，色泽应一致，不得有波纹起伏、气泡、裂缝、皱折及斑污，斜视时应无胶痕	表面应平整、洁净，无凹凸不平及皱折；图案应清晰、无色差，整体应协调美观	观察； 手摸检查
	2. 复合压花壁纸的压痕及发泡壁纸的发泡层应无损坏	软包边框应平整、顺直、接缝吻合。其表面涂饰质量应符合本节有关规定	观察； 手摸检查
	3. 壁纸、墙布与各种装饰线，设备线盒应交接严密	清漆涂饰木制边框的颜色、木纹应协调一致	
	4. 壁纸、墙布边缘应平直整齐，不得有纸毛、飞刺		观察
	5. 壁纸、墙布阴角处搭接应顺光，阳角处应无接缝		

（四）软包工程安装的允许偏差和检验方法（表4-5-6）

软包工程安装的允许偏差和检验方法 表4-5-6

项次	项 目	允许偏差（mm）	检 验 方 法
1	垂直度	3	用1m垂直检测尺检查
2	边框宽度、高度	0；−2	用钢尺检查
3	对角线长度差	3	用钢尺检查
4	裁口线条接缝高低差	1	用钢直尺和塞尺检查

九、细部工程

装修工程中所含细部工程如下：

$$
\text{细部工程}
\begin{cases}
\text{橱柜制作与安装} \quad \text{含位置固定的壁柜、吊柜等} \\
\text{窗帘盒、窗台板、散热器罩制作与安装} \\
\text{门窗套制作与安装} \\
\text{护栏和扶手制作与安装} \\
\text{花饰制作与安装} \quad \text{含混凝土、石材、木材、塑料、金属、玻璃、石膏等花饰}
\end{cases}
$$

（一）一般规定

1. 细部工程验收时应检查下列文件和记录：

（1）施工图、设计说明及其他设计文件。

（2）材料的产品合格证书、性能检测报告、进场验收记录和复验报告。

（3）隐蔽工程验收记录，含：

1）预埋件（或后置埋件）。

2）护栏与预埋件的连接节点。

（4）施工记录。

2. 细部工程应对人造木板的甲醛含量进行复验。

3. 各分项工程的检验批划分及检验数量。

适用条件	检 验 批 划 分	每批检查数量
细部工程	1. 同类产品每≤50间（大面积房间和走廊按涂饰面积30m² 为一间）应划分为一批； 2. 每部楼梯应划分为一批	1. 至少抽查3间（处）； 2. 不足3间时应全数检查； 3. 每个检验批的护栏和扶手应全部检查

（二）主控项目

细部分类	橱　柜	窗帘盒窗台板散热器罩	门窗套	护栏和扶手	花　饰
控 制 内 容	1. 所用材料的材质和规格、木材的燃烧性能等级和含水率、花岗石的放射性及人造木板的甲醛含量应符合设计要求及国家现行标准的有关规定	同左	同左	所使用材料的材质、规格、数量和木材、塑料的燃烧性能等级应符合设计要求	所使用材料的材质、规格、应符合设计要求
	2. 安装预埋件或后置埋件的数量、规格、位置应符合设计要求	—	—	护栏高度、栏杆间距、安装位置必须符合设计要求。护栏安装必须牢固	花饰造型、尺寸应符合设计要求
	3. 造型、尺寸、安装位置、制作和固定方法应符合设计要求。安装必须牢固	同左	同左	安装预埋件的数量、规格、位置以及护栏与预埋件的连接节点应符合设计要求。	安装位置和固定方法必须符合设计要求，安装必须牢固
	4. 配件的品种、规格符合设计要求。配件应齐全，安装牢固	同左	—	造型、尺寸及安装位置应符合设计要求	—

细部分类	橱　柜	窗帘盒窗台板散热器罩	门窗套	护栏和扶手	花　饰
控制内容	5. 抽屉和柜门应开关灵活、回位正确	—	—	护栏玻璃应使用公称厚度≥12mm的钢化玻璃或钢化夹层玻璃。当护栏一侧距楼地面高度为5m及以上时，应使用钢化夹层玻璃	—
检验方法	检查产品合格证书、进场验收记录和性能检测报告、复验报告、隐蔽工程验收记录和施工记录。观察、尺量检查；手扳检查；开启和关闭检查				

注：各种细部的检查方法在上表所列的方法中相应选择。

（三）一般项目

细部分类	橱　柜	窗帘盒窗台板散热器罩	门窗套	护栏和扶手	花　饰
控制内容	1. 表面应平整、洁净、色泽一致，不得有裂缝、翘曲及损坏	同左、另加，线条顺直，接缝严密	同左	转角弧度应符合设计要求，接缝应严密，表面应光滑，色泽应一致，不得有裂缝、翘曲及损坏	表面应洁净，接缝应严密吻合，不得有歪斜、裂缝、翘曲及损坏
控制内容	2. 橱柜裁口应顺直、拼缝应严密	与墙面、窗框的衔接应严密，密封胶缝应顺直、光滑			
检验方法	检查产品合格证书、进场验收记录和性能检测报告、复验报告、隐蔽工程验收记录和施工记录。观察、尺量检查；手扳检查；开启和关闭检查				

注：各种细部的检查方法在上表所列的方法中相应选择。

（四）细部工程安装的允许偏差和检验方法　见表4-5-7（1～5）

1. 橱柜安装的允许偏差和检验方法

表4-5-7（1）

项次	项　　目	允许偏差（mm）	检　验　方　法
1	外型尺寸	3	用钢尺检查
2	立面垂直度	2	用1m垂直检测尺检查
3	门与框架的平行度	2	用钢尺检查

2. 窗帘盒、窗台板和散热器罩安装的允许偏差和检验方法

表4-5-7（2）

项次	项　　目	允许偏差（mm）	检　验　方　法
1	水平度	2	用1m水平尺和塞尺检查
2	上口、下口直线度	3	用5m线，不足5m拉通线，用钢直尺检查
3	两端距窗洞口长度差	2	用钢尺检查
4	两端出墙厚度差	3	用钢尺检查

3. 门窗套安装的允许偏差和检验方法

表 4-5-7（3）

项次	项 目	允许偏差（mm）	检 验 方 法
1	正、侧面垂直度	3	用 1m 垂直检测尺检查
2	门窗套上口水平度	1	用 1m 水平检测尺和塞尺检查
3	门窗套上口直线度	3	用 5m 线，不足 5m 拉通线，用钢直尺检查

4. 护栏和扶手安装的允许偏差和检验方法

表 4-5-7（4）

项次	项 目	允许偏差（mm）	检 验 方 法
1	护栏垂直度	3	用 1m 垂直检测尺检查
2	栏杆间距	3	用钢尺检查
3	扶手直线度	4	拉通线，用钢直尺检查
4	扶手高度	3	用钢尺检查

5. 花饰安装的允许偏差和检验方法

表 4-5-7（5）

项次	项 目		室 内	室 外	检 验 方 法
			允许偏差（mm）		
1	条型花饰的水平度或垂直度	每米	1	2	拉线和用 1m 垂直检测尺检查
		全长	3	6	
2	单独花饰中心位置偏移		10	15	用 5m 线，不足 5m 拉通线，用钢直尺检查

装饰装修与建筑地面工程分部工程的质量验收合并于下一节最后论述。

第六节　建筑地面工程施工质量验收

建筑地面工程应属于建筑装饰装修工程中的一个分部工程，因其内容较多，《统一标准》的配套专业性验收规范将其单列为一册《地面规范》，故本教材中也按此系列将地面工程质量验收单列为一节。其适用范围内容如下所示，不适用于保温、隔热、超净、屏蔽、绝缘、防止放射线以及防腐蚀等特殊地面工程。其质量验收按分项工程划分为下述 4 项内容。

《地面规范》适用范围 { 室内地面；室外散水、明沟；踏步、台阶和坡道

地面工程分项 { 基层铺设；整体面层铺设；板块面层铺设；木、竹面层铺设

一、相关术语

（一）建筑地面

建筑物底层地面（地面）和楼层地面（楼面）的总称。

113

（二）面层

直接承受各种物理和化学作用的建筑地面表面层。

（三）结合层

面层与下一构造层相联结的中间层。

（四）基层

面层下的构造层，包括填充层、隔离层、找平层、垫层和基土等。

（五）填充层

在建筑地面上起隔声、保温、找坡和暗敷管线等作用的构造层。

（六）隔离层

防止建筑地面上各种液体或地下水、潮气渗透地面等作用的构造层；仅防止地下潮气透过地面时，可称作防潮层。

（七）找平层

在垫层、楼板上或填充层（轻质、松散材料）上起整平、找坡或加强作用的构造层。

（八）垫层

承受并传递地面荷载于基土上的构造层。

二、基本规定中的强制性条文

（一）建筑地面工程采用的材料应按设计要求和本规范的规定选用，并应符合国家标准的规定；进场材料应有中文质量合格证明文件、规格、型号及性能检测报告，对重要材料应有复验报告。

（二）厕浴间和有防滑要求的建筑地面的板块材料应符合设计要求。

（三）厕浴间、厨房和有排水（或其他液体）要求的建筑地面面层与相连接各类面层的标高差应符合设计要求。

三、基本规定中的一般规定

（一）建筑施工企业应有质量管理体系和相应的施工工艺技术标准。

（二）建筑地面采用的大理石、花岗石等天然石材必须符合《天然石材产品放射防护分类控制标准》（JC518）中有关材料有害物质的限量规定。进场应具有检测报告。

（三）胶粘剂、沥青胶结料和涂料等材料应按设计要求选用，并应符合《民用建筑工程室内环境污染控制规范》（GB50325）的规定。

（四）建筑地面下的沟槽、暗管等工程完工后，经检验合格并做隐蔽记录，方可进行建筑地面工程的施工。

（五）各基层（各构造层）和面层的铺设，均应待其下一层检验合格后方可施工。各层铺设前与相关专业的分部（子分部）工程、分项工程以及设备管道安装工程之间，应进行交接检验。

（六）建筑地面工程施工时，各层环境温度的控制应符合下列规定：

1.若采用掺有水泥、石灰的拌和料铺设以及用石油沥青胶结材料铺贴时，不应低于5℃；

2.采用有机胶粘剂粘贴时，不应低于10℃；

3.采用砂、石材料铺设时，不应低于0℃。

（七）铺设有坡度的地面应采用基土高差达到设计要求的坡度；铺设有坡度的楼面（或架空地面）应采用在钢筋混凝土板上变更填充层（或找平层）铺设的厚度或以结构起坡达到设计要求的坡度。

（八）室外散水、明沟、踏步、台阶和坡道等附属工程，其面层和基层（各构造层）均应符合设计要求。施工时应按本规范基层铺设中基土和相应垫层以及面层的规定执行。

（九）水泥混凝土散水、明沟，应设置伸缩缝，其延米间距不得大于10m；房屋转角处应做45°缝。水泥混凝土散水、明沟和台阶等与建筑物连接处应设缝处理。上述缝宽度为15～20mm，缝内填嵌柔性密封材料。

（十）建筑地面的变形缝应按设计要求设置，并应符合下列规定：

1. 建筑地面的沉降缝、伸缩缝和防震缝，应与结构相应缝的位置一致，且应贯通建筑地面的各构造层；

2. 沉降缝和防震缝的宽度应符合设计要求，缝内清理干净，以柔性密封材料填嵌后用板封盖，并应与面层齐平。

（十一）建筑地面镶边，当设计无要求时，应符合下列规定：

1. 有强烈机械作用下的水泥类整体面层与其他类型的面层邻接处，应设置金属镶边构件；

2. 采用水磨石整体面层时，应用同类材料以分格条设置镶边；

3. 条石面层和砖面层与其他面层邻接处，应用顶铺的同类材料镶边；

4. 采用木、竹面层和塑料板面层时，应用同类材料镶边；

5. 地面面层与管沟、孔洞、检查井等邻接处，均应设置镶边；

6. 管沟、变形缝等处的建筑地面面层的镶边构件，应在面层铺设前装设。

（十二）检验批的划分

适用条件	检 验 批 划 分	每 批 检 查 数 量
基层（各构造层）各类面层	1. 每一层次或每层施工段（或变形缝）作为一批； 2. 高层建筑的标准层可按每三层（不足三层按三层计）作为一批	1. 按自然间（或标准间）检验，抽查数量应随机检验不应少于3间；不足3间，全数检查；其中走廊（过道）应以10延长米为1间，工业厂房（按单跨计）、礼堂、门厅应以两个轴线为1间计算 2. 有防水要求的每批抽查数量应按其房间总数随机检验不应少于4间，不足4间，应全数检查
检验水泥混凝土和水泥砂浆强度试块	1. 每一层（或检验批）建筑地面工程不应小于1组 2. 每一层（或检验批）大于1000m²时，每增加1000m²应增做一组试块 3. 小于1000m²按1000m²计算 4. 当改变配合比时，亦应相应地制作试块组数	

（十三）各类面层的铺设宜在室内装饰工程基本完工后进行。木、竹面层以及活动地板、塑料板、地毯面层的铺设，应待抹灰工程或管道试压等施工完工后进行。

（十四）检验方法应符合下列规定：

1. 检查允许偏差应采用钢尺、2m靠尺、楔形塞尺、坡度尺和水准仪；

2. 检查空鼓应采用敲击的方法；

3. 检查防水地面的基层（各构造层）和面层，应采用泼水或蓄水方法，蓄水时间不得少于 24h；

（十五）检查各类面层（含不需铺设部分或局部面层）表面的裂纹、脱皮、麻面和起砂等缺陷，应采用观感的方法。

（十六）建筑地面工程完工后，应对面层采取保护措施。

四、基层铺设

$$基层铺设\begin{cases} 基土 \\ 垫层 \quad 含灰土、砂、砂石、碎石、碎砖、三合土、炉渣、水泥混凝土等垫层 \\ 找平层 \quad 含水泥砂浆和水泥混凝土找平层 \\ 隔离层 \quad 含沥青类防水卷材、防水涂料、水泥类材料等防水隔离层 \\ 填充层 \quad 含水泥类、松散材料填充层 \end{cases}$$

（一）一般规定

1. 基层铺设的材料质量、密实度和强度等级（或配合比）等应符合设计要求和本规范的规定；

2. 基层铺设前，其下一层表面应干净、无积水；

3. 当垫层、打平层内埋设暗管时，管疲乏应设按设计要求予以稳固。

4. 对基土的要求

（1）对软弱土层应按设计要求进行处理。

（2）填土应分层压（夯）实，质量应符合《地基与基础工程施工质量验收规范》（GB50202）的有关规定。

（3）填土时应为最优含水量。重要工程或大面积人工地面填土前，应取土样，按击实试验确定最优含水量与相应的最大干密度。

5. 对灰土垫层要求

（1）应采用熟化石灰与粘土（或粉质粘土、粉土）的拌和料铺设，其厚度≥100mm。

（2）熟化石灰可采用磨细生石灰，亦可用粉煤灰或电石渣代替。

（3）应铺设在不受地下水浸泡的基土上。施工后应有防止水浸泡的措施。

（4）应分层夯实，经湿润养护、晾干后方可进行下一道工序施工。

6. 对砂和砂石垫层的要求

（1）砂垫层厚度≥60mm，砂石垫层厚度≥100mm。

（2）应选用天然级配砂石，铺设时不应有粗细颗粒分离现象，压（夯）至不松动为止。

7. 对碎石和碎砖垫层的要求

（1）垫层厚度≥100mm。

（2）应分层夯实，达到表面坚实、平整。

8. 对三合土垫层的要求

（1）可采用石、砂（可掺入少量粘土）与碎砖的拌和料铺设，其厚度≥100mm。

（2）应分层夯实。

9. 对炉渣垫层的要求

（1）采用炉渣或水泥与炉渣或水泥、石灰与炉渣的拌和料铺设，其厚度≥80mm。

（2）炉渣或水泥炉渣垫层的炉渣，使用前应浇水闷透；水泥石灰炉渣垫层的炉渣，使用前应用石灰浆或用熟化石灰浇水拌和闷透；闷透时间均≥5d。

（3）垫层铺设前，下一层应湿润；铺设时应分层压实，铺设时应养护，待其凝结后方可进行下一道工序施工。

10．对水泥混凝土垫层的要求

（1）水泥混凝土垫层铺设在基土上，厚度不应小于 60mm，当气温长期处于 0℃以下，设计无要求时，垫层应设置伸缩缝。

（2）垫层铺设前，其下一层表面应湿润。

（3）室内地面垫层，应设置纵向缩缝（间距不得大于 6m）和横向缩缝（间距不得大于 12m）。

（4）垫层的纵向缩缝应做平头缝或加肋板平头缝。当垫层厚度大于 150mm 时，可做企口缝。横向缩缝应做假缝（宽度为 5～20mm，深度为垫层厚度的 1/3，缝内填水泥砂浆）。缝间不得放置隔离材料，浇筑时应互相紧贴。企口缝的尺寸应符合设计要求。

（6）工业厂房、礼堂、门厅等大面积水泥混凝土垫层应分区段浇筑。分区段应结合变形缝位置、不同类型的建筑地面连接处和设备基础的位置进行划分，并应与设置的纵向、横向缩缝的间距相一致。

（7）水泥混凝土施工质量应符合《混凝土结构工程施工质量验收规范》（GB50204）的有关规定。

11．对找平层的要求

（1）应采用水泥砂浆或水泥混凝土铺设，并应符合整体面层铺设的规定。

（2）铺设前，当其下一层有松散填充料时，应予铺平振实。

（3）在预制钢筋混凝土板上铺设找平层前，板缝填嵌应符合下列要求：

①预制钢筋混凝土板相邻缝底宽≥20mm。

②填嵌时，板缝内应清理干净，保持湿润。

③填缝采用细石混凝土，其强度等级≥C20。填缝高度应低于板面 10～20mm，且振捣密实，表面不应压光，填缝后应养护；

④当板缝底宽＞40mm 时，应按设计要求配置钢筋。

（4）在预制钢筋混凝土板上铺设时，其板端应按设计要求做防裂的构造措施。

12．对隔离层的要求

（1）隔离层的材料，其材质应经有资质的检测单位认定。

（2）在水泥类找平层上铺设沥青类防水卷材、防水涂料或以水泥类材料作为防水隔离层时，其表面应坚固、洁净、干燥。铺设前，应涂刷基层处理剂。基层处理剂应采用与卷材性能配套的材料或采用同类涂料的底子油。

（3）当采用掺有防水剂的水泥类找平层作为防水隔离层时，其掺量和强度等级（或配合比）应符合设计要求。

（4）铺设防水隔离层时，在管道穿过楼板面四周，防水材料应向上铺涂，并超过套管的上口；在靠近墙面处，应高出面层 200～300mm 或符合设计要求。阴阳角和管道穿过楼板面的根部应增加铺涂附加防水隔离层。

（5）防水材料铺设后，必须蓄水检验。蓄水深度应为 20～30mm，24h 内无渗漏为合格，并做记录。

（6）隔离层施工质量检验应符合《屋面工程质量验收规范》（GB50207）的有关规定。

13．对填充层的要求

（1）应按设计要求选用材料，其密度和导热系数应符合国家有关产品标准的规定。

（2）填充层的下一层表面应平整。当为水泥类时，应洁净、干燥，并不得有空鼓、裂缝和起砂等缺陷。

（3）采用松散材料时应分层铺平拍实；采用板块状材料时应分层错缝铺贴。

（4）施工质量检验应符合《屋面工程质量验收规范》（GB50207）的有关规定。

14．基层的标高、坡度、厚度等应符合设计要求。基层表面应平整，其允许偏差应符合表 4-6-1 的规定

基层表面的允许偏差（mm）和检验方法 表 4-6-1

项次	项 目		表面平整度	标 高	坡 度	厚 度
1	基土	土	15	0，－50	不大于房间相应尺寸的千分之二，且不大于 30	在个别地方不大于设计厚度的 1/10
2	垫层	砂、砂石、碎石、碎砖	15	±20		
		灰土、三合土、炉渣、水泥混凝土	10	±10		
		木搁栅	3	±5		
3	找平层（各种结合层铺设面层材料）	毛地板 拼花实木及其复合地板	3	±5		
		毛地板 其他种类面层	5	±8		
		沥青玛瑞脂做结合层的拼花木板、板块	3	±5		
		水泥砂浆做结合层的铺设面层	5	±8		
		用胶粘剂做结合层的拼花木板、塑料板、强化复合地板、竹地板	2	±4		
4	填充层	松散材料	7	±4		
		板、块材料	5			
5	隔离层	防水、防潮防油渗	3	±4		
	检 验 方 法		用 2m 靠尺和楔形塞尺检查	用水准仪检查	用坡度尺检查	用钢尺检查

对基层铺设中各分项工程的质量按主控项目和一般项目进行控制，因其分项较多，将主控和一般项目的控制内容各分为两个表格对比列出，详见下述。

（二）主控项目

1．垫层类控制内容

垫层类型	灰土垫层	砂垫层和砂石垫层	碎石垫层和碎砖垫层	三合土垫层	炉渣垫层	水泥混凝土垫层
控制内容	灰土体积比应符合设计要求	砂和砂石不得含有草根等有机杂质；砂应采用中砂；石子最大粒径不得大于垫层厚度的 2/3	碎石的强度应均匀，最大粒径不应大于垫层厚度的 2/3；碎砖不应采用风化、酥松、夹有有机杂质的砖料，颗粒粒径≤60mm	熟化石灰颗粒粒径≤5mm；砂应用中砂，并不得含有草根等有机物质，不应采用风化、酥松、夹有有机杂质的砖料，颗粒粒径≤60mm	炉渣内不应含有机杂质和未燃尽的煤块，颗粒粒径≤40mm，粒径≤5mm 的颗粒不得超过总体积的 40%；熟化石灰颗粒粒径≤5mm	所采用的粗骨料最大粒径≤垫层厚度的 2/3，含泥量≤2%，砂为中粗砂，含泥量≤3%

垫层类型	灰土垫层	砂垫层和砂石垫层	碎石垫层和碎砖垫层	三合土垫层	炉渣垫层	水泥混凝土垫层
控制内容		砂垫层和砂石垫层的干密度(或贯入度)应符合设计要求	密实度应符合设计要求	体积比应符合设计要求	同左	强度等级符合设计要求,且不应小于C10
检查方法	检查材料进场验收记录	材料进场验收记录和复验报告;检查隐蔽工程验收记录				观察;检查配比单及检测报告

2. 基土及各基层的控制内容

基层类型	基　土	找平层	隔离层	填充层
控制内容	1. 严禁用淤泥、腐植土、冻土、耕植土、膨胀土和含有有机物质大于8%的土作为填土	有防水要求时,铺设前必须对立管、套管和地漏与楼板节点之间进行密封处理;排水坡度应符合设计要求	厕浴间和有防水要求的地面必须设置防水隔离层。楼层结构必须采用现浇混凝土或整块预制混凝土板,强度等级≥C20,档板四周除门洞外,应做混凝土翻边,其高度≥120mm。施工时结构层标高和预留孔洞位置应准确,严禁乱凿洞	材料质量必须符合设计要求和国家产品标准的规定
	2. 基地均匀密实,压实系数应符合设计要求,设计无要求时,不应小于0.90	采用碎石或卵石的粒径≤厚度的2/3,含泥量≤2%,砂为中粗砂,含泥量≤3%	防水隔离层严禁渗漏,坡向应正确、排水通畅	配合比必须符合设计要求
		水泥砂浆体积比(≥1:3或相应的强度等级)或水泥混凝土强度等级(≥C15)应符合设计要求	水泥类防水隔离层的防水性能和强度等级必须符合设计要求	
		有防水要求的地面立管、套管和地漏处严禁渗漏,坡向应正确、无积水		
检查方法	观察;检查土质记录,检查试验记录;检查配比单及检测报告;检查材料进场验收记录和复验报告;检查配比单及检测报告 蓄水、泼水检验及坡度尺检查			

注:各种基土和基层的检查方法在上表所列的方法中相应选择。

(三)一般项目
1. 垫层类控制内容

垫层类型	灰　土　垫　层	砂垫层和砂石垫层	碎石垫层和碎砖垫层	三合土垫层	炉　渣　垫　层	水泥混凝土垫层
控制内容	熟化石灰颗粒粒径≤5mm,粘土(或粉质粘土),内不得含有有机物质,颗粒粒径≤15mm	表面不应有砂窝、石堆等质量缺陷	—	—	炉渣垫层与其下一层强合牢固,不得有空鼓和松散炉渣颗粒	—
检查方法	观查、检查,检查材质合格记录	观查、检查	—	—	观查、检查 用小锤轻击检查	

2. 基土及各基层的控制内容

基层类型	基土	找平层	隔离层	填充层
控制内容	—	与下一层结合牢固，不得有空鼓	厚度应符合设计要求	松散材料填充层铺设应密实；板块状材料填充层应压实、无翘曲
	—	表面应密实，不得有起砂、蜂窝和裂缝等缺陷	与下一层结合牢固，不得有空鼓；防水涂层应平整、均匀、无脱皮、起壳、裂缝、鼓泡等缺陷	
检查方法	—	观察；检查用小锤轻击检查	同左	观察；检查

五、整体面层铺设

建筑地面工程的整体面层铺设按其材料不同，可分下列五种。

整体面层铺设 {
水泥混凝土（含细石混凝土）面层

水泥砂浆面层

水磨石面层

水泥钢（铁）屑面层

防油渗面层和不发火（防爆的）面层等面层分项工程的施工质量检验。
}

（一）一般规定

1. 铺设整体面层时，其水泥类基层的抗压强度不得小于 1.2MPa；表面应粗糙、洁净、湿润并不得有积水。铺设前宜涂刷界面处理剂。

2. 铺设整体面层，应符合设计要求和有关变形缝处理的规定。

3. 整体面层施工后，养护时间不应少于 7d；抗压强度应达到 5MPa 后，方准上人行走；抗压强度应达到设计要求后，方可正常使用。

4. 当采用掺有水泥拌和料做踢脚线时，不得用石灰砂浆打底。

5. 整体面层的抹平工作应在水泥初凝前完成，压光工作应在水泥终凝前完成。

6. 对水泥混凝土面层的要求：

（1）面层厚度应符合设计要求。

（2）面层铺设不得留施工缝。当施工间隙超过允许时间规定时，应对接槎处进行处理。

7. 对水泥砂浆面层的要求：

面层厚度应符合设计要求，且≥20mm。

8. 对水磨石面层要求：

（1）应采用水泥与石粒的拌和料铺设。面层厚度除有特殊要求外，宜为 12～18mm，且按石粒粒径确定。水磨石面层的颜色和图案应符合设计要求。

（2）白色或浅色的水磨石面层，应采用白水泥；深色的水磨石面层，宜采用硅酸盐水泥、普通硅酸盐水泥或矿渣硅酸盐水泥；同颜色的面层应使用同一批水泥。同一彩色面层应使用同厂、同批的颜料；其掺入量宜为水泥重量的3%～6%或由试验确定。

（3）水磨石面层的结合层的水泥砂浆体积比宜为1：3，相应的强度等级≥M10，水泥砂浆稠度（以标准圆锥体沉入度计）宜为30～35mm。

（4）普通水磨石面层磨光遍数（≥3遍）。高级水磨石面层的厚度和磨光遍数由设计确定。

（5）在水磨石面层磨光后，涂草酸和上蜡前，其表面不得污染。

9. 对水泥钢（铁）屑面层的要求：

（1）应采用水泥与钢（铁）屑的拌和料铺设。

（2）配合比应通过试验确定。当采用振动法使水泥钢（铁）屑拌和料密实时，其密度≥2000kg/m³，其稠度≤10mm。

（3）铺设时应先铺一层厚20mm的水泥砂浆结合层，面层的铺设应在结合层的水泥初凝前完成。

10. 对防油渗面层的要求：

（1）应采用防油渗混凝土铺设或采用防油渗涂料涂刷。

（2）设置防油渗隔离层（包括与墙、柱连接处的构造）时，应符合设计要求。

（3）厚度应符合设计要求，防油渗混凝土的配合比应按设计要求的强度等级和抗渗性能通过试验确定。

（4）应按厂房柱网分区段浇筑，区段划分及分区段缝应符合设计要求。

（5）面层内不得敷设管线。凡露出面层的电线管、接线盒、预埋套管和地脚螺栓等的处理，以及与墙、柱、变形缝、孔洞等连接处泛水均应符合设计要求。

（6）面层采用防油渗涂料时，材料应按设计要求选用，涂层厚度宜为5～7mm。

11. 对不发火（防爆的）面层的要求：

（1）应采用水泥类的拌和料铺设，其厚度并应符合设计要求。

（2）各类面层的铺设，应符合本章相应面层的规定。

（3）用石料和硬化后的试件，应在金刚砂轮上做摩擦试验。试验时应符合相关规范规定。

12. 各种材料的整体面层允许偏差应符合表4-6-2的规定。

整体面层的允许偏差和检验方法（mm）　　　　表4-6-2

项次	项目	允许偏差						检验方法
		水泥混凝土面层	水泥砂浆面层	普通磨石面层	高级水磨石面层	水泥钢（铁）屑面层	防油渗混凝土和不发火（防爆的）面层	
1	表面平整度	5	4	3	2	4	5	用2m靠尺和楔形塞尺检查
2	踢脚线上口平直	4	4	3	3	4	4	拉5m线和用钢尺检查
3	缝格平直	3	3	3	2	3	3	

（二）主控项目

垫层类型	水泥混凝土面层	水泥砂浆面层	水磨石面层	水泥钢（铁）屑面层	防油渗面层	不发火（防爆）面层
控制内容	水泥混凝土采用的粗骨料，其最大粒径≤面层厚度的2/3，细石混凝土面层采用的石子粒径≤15mm	采用硅酸盐、普通硅酸盐水泥，强度等级≥32.5，不同品种、不同强度等级的水泥严禁混用；砂应为中粗砂，采用石屑时粒径应为1～5mm，含泥量≤3%	面层的石粒，采用坚硬可磨白去石、大理石等岩石加工而成，石粒应洁净无杂物，其粒径除特殊要求外应为6～16mm；水泥强度等级≥32.5；颜料应采用耐光、耐碱的矿物原料，不得使用酸性颜料	水泥强度等级≥32.5钢（铁）屑的粒径应为1～5mm；钢（铁）屑中不应有其他杂质，使用前应去油除锈，冲洗干净并干燥	采用普通硅酸盐水泥，强度等级≥2.5；碎石采用花岗石或石英石，严禁使用松散多孔和吸水率大的石子，粒径为5～15mm，最大≤20mm，含泥量≤1%；应用中砂，洁净无杂物，细度模数应为2.3～2.6；外加剂和防油渗剂应符合产品质量标准。涂料应具有耐油、耐磨、耐火和粘结性能	面层采用应选用大理石、白云石或其他石料加工成碎石，以金属或石料撞击时不发生火花为合格；砂应质地坚硬、表面粗糙，其粒径宜为0.15～5mm，含泥量≤3%，有机物含量≤0.5%；应采用普通硅酸盐水泥，强度等级≥32.5；分格嵌条应采用不发生火花的材料配制。配制时应随时检查，不得混入金属或其他易发生火花的杂质
	面层强度等级符合设计要求，水泥混凝土面层强度等级≥C20，垫层兼面层时强度等级≥C15	水泥砂浆面层的体积比（强度等级）必须符合设计要求；且体积比应为1:2，强度等级≥M1.5	水磨石面层拌和料的体积比应符合设计要求	面层和结合层强度等级必须符合设计要求，面层抗压强度≥40Mpa，结合层体积比为1:2（相应的强度等级≥M15）	混凝土强度等级和抗渗性能必须符合设计要求，且强度等级≥C30；防油渗涂料抗拉粘结强度≥0.3MPa	不发火（防爆的）面层的强度等级应符合设计要求。面层与下一层应结合牢固，无空鼓、无裂纹
			与下一层应结合牢固，无空鼓、裂纹		防油渗混凝土面层与基层、与下一层均应结合牢固、无空鼓。严禁有起皮、开裂、漏涂等缺陷	不发火（防爆的）面层的试件，必须检验合格
检查方法	检查配比单及检测报告　用小锤轻击检查	观察检查　检查材质合格证明文件　其他同左			同左水泥混凝土及水泥砂浆面层	

注：空鼓面积不应大于400cm², 且每自然间（标准间）不多于2处可不计。

（三）一般项目

垫层类型	水泥混凝土面层	水泥砂浆面层	水磨石面层	水泥钢（铁）屑面层	防油渗面层	不发火（防爆）面层
控制内容	面层表面不应有裂纹、脱皮、麻面、起砂等缺陷	面层表面坡度应符合设计要求，不得有倒泛水和积水现象　面层表面洁净，无裂纹、脱皮、麻面、起砂等缺陷	面层光滑；无明显裂纹、砂眼和磨纹；石粒密实，显露均匀；颜色图案一致；不掉色；分格条牢固、顺直和清晰	面层表面坡度应符合设计要求	面层表面坡度应符合设计要求，不得有倒泛水、积水现象	面层表面应密实，无裂缝、蜂窝、麻面等缺陷

垫层类型	水泥混凝土面层	水泥砂浆面层	水磨石面层	水泥钢（铁）屑面层	防油渗面层	不发火（防爆）面层
控制内容	不得有倒泛水和积水现象	楼梯踏步宽度、高度应符合设计要求，齿角应整齐，防滑条应顺直。楼层梯段相邻踏步高度差≤10mm，每踏步两端宽度差≤10mm；旋转楼梯每踏步两端宽的允许偏差为 5mm		面层表面不应有裂纹、脱皮、麻面和起砂现象		
	踢脚线与墙面应紧密结合、高度一致、出墙厚度均匀					
检查方法	观察、检查 泼水或用坡度尺检查 用小锤轻击、钢尺和观察检查					

注：各种面层的检查方法在上表所列的方法中相应选择。

六、板块面层铺设

建筑地面工程的板块面层铺设按其材料不同，可分下列六大种。

板块面层铺设
- 砖面层
- 大理石、花岗石面层
- 预制板块面层
- 料石面层
- 塑料板面面层
- 活动地板和地毯面层

（一）一般规定

1. 铺设时，其水泥类基层的抗压强度不得小于 1.2MPa。

2. 铺设的结合层和板块间的填缝采用水泥砂浆，应符合下列规定：

（1）应采用硅酸盐、普通硅酸盐或矿渣硅酸盐水泥配制砂浆；水泥强度等级≥32.5；

（2）配制砂浆用砂应符合《普通混凝土用砂质量标准及检验方法》（JGJ52）的规定；

（3）配制水泥砂浆的体积比（或强度等级）应符合设计要求。

3. 结合层和板块面层填缝的沥青胶结材料应符合国家现行有关产品标准和设计要求。

4. 铺砌应符合设计要求，当设计无要求时，应避免出现板块小于 1/4 边长的边角料。

5. 铺设水泥混凝土或水磨石板块、水泥花砖、陶瓷锦砖、陶瓷地砖、缸砖、料石、大理石和花岗石面层等的结合层和填缝的水泥砂浆，在面层铺设后，表面应覆盖、湿润，其养护时间不应少于 7d。

当板块面层的水泥砂浆结合层的抗压强度达到设计要求后，方可正常使用。

6. 板块类踢脚线施工时，不得采用石灰砂浆打底。

7. 板、块面层的允许偏差和检验方法见表 4-6-3。

板、块面层的允许偏差和检验方法（mm） 表 4-6-3

项 目		表面平整度	缝格平直	接缝高低差	踢脚线上口平直	板块间隙宽度
允许偏差	陶瓷锦砖面层、高级水磨石板、陶瓷地砖面层	2.0	3.0	0.5	3.0	2.0
	钢砖面层	4.0	3.0	1.5	4.0	2.0
	水泥花砖面层	3.0	3.0	0.5	—	2.0
	水磨石板面层	3.0	3.0	1.0	4.0	2.0
	大理石面层和花岗岩石面层	1.0	2.0	0.5	1.0	1.0
	塑料板面层	2.0	3.0	0.5	2.0	—
	水泥混凝土板块面层	4.0	3.0	1.5	4.0	6.0
	碎拼大理石、碎拼花岗岩石面层	3.0	—		1.0	—
	活动地板面层	2.0	2.5	0.4	—	0.3
	条石面层	10.0	8.0	2.0	—	5.0
	块石面层	10.0	8.0		—	—
检 验 方 法		用 2m 靠尺和楔形塞尺检查；拉 5m 线，用钢尺检查				

注：各种面层的检查方法在上表所列的方法中相应选择。

8. 对砖面层的要求

（1）采用陶瓷锦砖、缸砖、陶瓷地砖和水泥花砖为面层时应在结合层上铺设。

（2）有防腐蚀要求的砖面层采用的耐酸瓷砖、浸渍沥青砖、缸砖的材质和铺设以及施工质量验收应符合《建筑防腐蚀工程施工及验收规范》（GB50212—91）的规定。

（3）在水泥砂浆结合层上铺贴缸砖、陶瓷地砖和水泥花砖面层时，应符合下列规定：

①铺贴前，应对砖的规格尺寸、外观质量、色泽等进行预选，浸水湿润晾干待用；

②勾缝和压缝应采用同品种、同强度等级、同颜色的水泥，并做养护和保护。

（4）在水泥砂浆结合层上铺贴陶瓷锦砖面层时，砖底面应洁净，每联陶瓷锦砖之间、与结合层之间以及在墙角、镶边和靠墙处，应紧密贴合。在靠墙处不得采用砂浆填补。

（5）在沥青胶结料结合层上铺贴缸砖面层时，缸砖应干净，铺贴时应在摊铺热沥青胶结料上进行，并应在胶结料凝结前完成。

（6）在结合层上粘贴砖面层时，胶粘剂选用应符合《民用建筑工程室内环境污染控制规范》（GB50325—2001）的规定。

9. 对大理石面层和花岗石面层的要求

（1）采用天然大理石、花岗石（或碎拼大理石、碎拼花岗石）板材作面层时应在结合层上铺设，其技术等级、光泽度、外观等质量要求应符合《天然大理石建筑板材》（JC79）、《天然花岗石建筑板材》（JC205）的规定。

（2）板材有裂缝、掉角、翘曲和表面有缺陷时应予剔除，品种不同的板材不得混杂使用；在铺设前，应根据石材的颜色、花纹、图案、纹理等按设计要求，试拼编号。

（3）铺设大理石、花岗石面层前，板材应浸湿、晾干；结合层与板材应分段同时铺设。

10. 对预制板块面层的要求：

（1）采用水泥混凝土板块、水磨石板块作面层应在结合层上铺设。

（2）在现场加工的预制板块应符合整体面层铺设的有关规定执行。

（3）水泥混凝土板块面层的缝隙，应采用水泥浆（或砂浆）填缝；彩色混凝土板块和水磨石板块应用同色水泥浆（或砂浆）擦缝。

11．对料石面层的要求：

（1）采用天然条石和块石作面层应在结合层上铺设。

（2）条石和块石面层所用的石材的规格、技术等级和厚度应符合设计要求。条石的质量应均匀，形状为矩形六面体，厚度为80～120mm；块石形状为直棱柱体，顶面粗琢平整，底面面积≥顶面面积的60%，厚度为100～150mm。

（3）不导电的料石面层的石料应采用辉绿岩石加工制成。填缝材料亦采用辉绿岩石加工的砂嵌实。耐高温的料石面层的石料，应按设计要求选用。

（4）块石面层结合层铺设厚度：砂垫层≥60mm；基土层应为均匀密实的基土或夯实的基土。

12．对塑料板面层的要求：

（1）采用塑料板块材、塑料板焊接、塑料卷材作面层应以胶粘剂在水泥类基层上铺设。

（2）水泥类基层表面应平整、坚硬、干燥、密实、洁净、无油脂及其他杂质，不得有麻面、起砂、裂缝等缺陷。

（3）胶粘剂选用应符合《民用建筑工程室内环境污染控制规范》（GB50325—2001）的规定。其产品应按基层材料和面层材料使用的相容性要求，通过试验确定。

13．对活动地板面层的要求：

（1）用于防尘和防静电要求的专业用房的建筑地面工程采用特制的平压刨花板为基材，表面饰以装饰板和底层用镀锌板经粘结胶合组成的活动地板块，配以横梁、橡胶垫条和可供调节高度的金属支架组装成架空板铺设在水泥类面层（或基层）上。

（2）活动地板所有的支座柱和横梁应构成框架一体，并与基层连接牢固；支架抄平后高度应符合设计要求。

（3）活动地板面层包括标准地板、异形地板和地板附件（即支架和横梁组件）。采用的活动地板块应平整、坚实，面层承载力≥7.5MPa，其系统电阻：A级板为$1.0×10^5$～$1.0×10^8Ω$；B级板为$1.0×10^5$～$1.0×10^{10}Ω$。

（4）活动地板面层的金属支架应支承在现浇水泥混凝土基层（或面层）上，基层表面应平整、光洁、不起灰。

（5）活动板块与横梁接触搁置处应达到四角平整、严密。

（6）当活动地板不符合模数时，其不足部分在现场根据实际尺寸将板块切割后镶补，并配装相应的可调支撑和横梁。切割边不经处理不得镶补安装，并不得有局部膨胀变形情况。

（7）活动地板在门口处或预留洞口处应符合设置构造要求，四周侧边应用耐磨硬质板材封闭或用镀锌钢板包裹，胶条封边应符合耐磨要求。

14．对地毯面层的要求

（1）地毯面层采用方块、卷材地毯在水泥类面层（或基层）上铺设。

（2）水泥类面层（或基层）表面应坚硬、平整、光洁、干燥，无凹坑、麻面、裂缝，并应清除油污、钉头和其他突出物。

（3）海绵衬垫应满铺平整，地毯拼缝处不露底衬。

（4）固定式地毯铺设应符合下列规定：

①固定地毯用的金属卡条（倒刺板）、金属压条、专用双面胶带等必须符合设计要求；

②铺设的地毯张拉应适度，四周卡条固定牢，门口处应用金属压条等固定；

③地毯周边应塞入卡条和踢脚线之间的缝中；

④粘贴地毯应用胶粘剂与基层粘贴牢固。

（5）活动式地毯铺设应符合下列规定：

①地毯拼成整块后直接铺在洁净的地上，地毯周边应塞入踢脚线下；

②与不同类型的建筑地面连接处，应按设计要求收口；

③小方块地毯铺设，块与块之间应挤紧服贴。

（6）楼梯地毯每梯段顶级铺设应用压条固定于平台上，每级阴角处应用卡条固定牢。

（二）主控项目

板块类型	砖面层	大理石、花岗石面层	预制板块面层	料石面层	塑料板面层	活动地板面层	地毯面层
控制内容	面层所用的板块的品种、质量必须符合设计要求		预制板块强度等级、规格、质量应符合设计要求；水磨石板块应符合《建筑水磨石制品》JC507的规定	面层材质应符合设计要求；条石的强度等级应＞Mu60，块石的强度等级应＞Mu30	面层所用的塑料板块和卷材的品种、规格、颜色、等级应符合设计要求和现行国家标准的规定	面层材质必须符合设计要求，且应具有耐磨、防潮、阻燃、耐污染、耐老化和导静电等特点	地毯品种、规格、颜色、花色、胶料和辅料及材质必须符合设计要求和地毯产品标准的规定
	面层与下一层的结合（粘结）应牢固，无空鼓			同左；不翘边、不脱胶、无溢胶		面层应无裂纹、掉角和缺棱等缺陷；行走无声响、无摆动	地毯表面应平服、拼缝处粘贴牢固、严密平整、图案吻合
检查方法	观察检查和检查材质合格记录，检查配比单及检测报告用小锤轻击检查钢尺检查					同左观察和脚踩检查	检查材质合格记录观察、检查

注：1. 凡单块砖边角有局部空鼓，且每自然间（标准间）不超过总数的5％可不计。

2. 卷材局部脱胶处面积不应大于20cm²，且相隔间距不小于50cm可不计；凡单块板块料边局部脱胶处且每自然间（标准间）不超过总数的5％者可不计。

3. 各种面层的检查方法在上表所列的方法中相应选择

（三）一般项目

板块面层类型	控　制　内　容	检查方法
砖面层	1. 砖面层的表面应洁净、图案清晰，色泽一致，接缝平整，深浅一致，周边顺直，板块无裂纹、掉角和缺棱等缺陷 2. 面层邻接处的镶边用料及尺寸应符合设计要求，边角整齐、光滑 3. 踢脚线表面应洁净、高度一致，结合牢固、出墙厚度一致 4. 楼梯踏步和台阶板块的缝隙宽度应一致、齿角整齐，楼层梯段相邻踏步高度差≤10mm，防滑条顺直 5. 面层表面的坡度应符合设计要求，不倒泛水、无积水，与地漏、管道结合处应严密牢固、无渗漏	观察和用钢尺检查 观察和用小锤轻击及钢尺检查 观察、泼水或坡度尺及蓄水检查

板块面层类型	控 制 内 容	检查方法
大理石、花岗石面层	1. 大理石、花岗石面层的表面应洁净、平整、无磨痕，且应图案清晰、色泽一致、接缝均匀、周边顺直、镶嵌正确、板块无裂纹、掉角、缺棱等缺陷 2. 踢脚线表面应洁净、高度一致、结合牢固、出墙厚度一致 3. 楼梯踏步和台阶板块的缝隙宽度应一致、齿角整齐，楼层梯段相邻踏步高度差≤10mm，防滑条应顺直、牢固 4. 面层表面的坡度应符合设计要求，不倒泛水、无积水，与地漏、管道结合处应严密牢固，无渗漏	观察和用钢尺检查； 观察和用小锤轻击及钢尺检查； 观察、泼水或坡度尺及蓄水检查
预制板块面层	1. 预制板块表面应无裂缝、掉角、翘曲等明显缺陷 2. 预制板块面层应平整洁净，图案清晰，色泽一致，接缝均匀，周边顺直，镶嵌正确 3. 面层邻接处的镶边用料尺寸应符合设计要求，边角整齐、光滑 4. 踢脚线表面应洁净、高度一致、结合牢固、出墙厚度一致 5. 楼梯踏步和台阶板块的缝隙宽度一致、齿角整齐，楼层梯段相邻踏步高度差≤10mm，防滑条顺直	观察和用钢尺检查； 观察和用小锤轻击及钢尺检查
料石面层	料石面层应组砌合理，无十字缝，铺砌方向和坡度应符合设计要求；块石面层石料缝隙应相互错开，通缝不超过两块石料	观察和用坡度尺检查
塑料板面层	1. 塑料板面层应表面洁净，图案清晰，色泽一致，接缝严密、美观，拼缝处的图案、花纹吻合，无胶痕，与墙边交接严密，阴阳角收边方正 2. 板块的焊接，焊缝应平整、光洁，无焦化变色、斑点、焊瘤和起鳞等缺陷，其凹凸允许偏差为±0.6mm，焊缝的抗拉强度≥塑料板强度的75% 3. 镶边用料应尺寸准确、边角整齐、拼缝严密、接缝顺直	观察检查和检查检测报告； 用钢尺和观察检查
活动地板面层	活动地板面层应排列整齐、表面洁净、色泽一致、接缝均匀、周边顺直	观察检查
地毯面层	1. 地毯表面不应起鼓、起皱、翘边、卷边、显拼缝、露线和无毛边，绒面毛顺光一致，毯面干净，无污染和损伤 2. 地毯同其他面层连接处、收口处和墙边、柱子周围应顺直、压紧	

七、木、竹面层铺设

建筑地面工程的木、竹面层铺设按其材料不同，可分下列四大种。

木、竹面层铺设
- 实木地板面层
- 实木复合地板面层
- 中密度（强化）复合地板面层
- 竹地板面层

（一）一般规定

1. 木、竹地板面层下的木搁栅、垫木、毛地板等采用木材的树种、选材标准和铺设时木材含水率以及防腐、防蛀处理等，均应符合《木结构工程施工质量验收规范》（GB50206）的有关规定。所选用的材料，进场时应对其断面尺寸、含水率等主要技术指标进行抽检，抽检数量应符合产品标准的规定。

2. 与厕浴间、厨房等潮湿场所相邻木、竹面层连接处应做防水（防潮）处理。

3. 木、竹面层铺设在水泥类基层上，其基层表面应坚硬、平整、洁净、干燥、不起砂。

4. 建筑地面工程的木、竹面层搁栅下架空结构层（或构造层）的质量检验，应符合相应国家现行标准的规定。

5. 木、竹面层的通风构造层包括室内通风沟、室外通风窗等，均应符合设计要求。

6. 木、竹面层的允许偏差，见表 4-6-4 的规定。

木、竹面层的允许偏差和检验方法（mm）

表 4-6-4

项次	项目	允许偏差				检验方法
		实木地板面层			实木复合地板、中密度（强化）复合地板面层、竹地板面层	
		松木地板	硬木地板	拼花地板		
1	板面缝隙宽度	1.0	0.5	0.2	0.5	用钢尺检查
2	表面平整度	3.0	2.0	2.0	2.0	用 2m 靠尺和楔形塞尺检查
3	踢脚线上口平齐	3.0	3.0	3.0	3.0	拉 5m 通线，不足 5m 拉通线和用钢尺检查
4	板面拼缝平直	3.0	3.0	3.0	3.0	
5	相邻板材高差	0.5	0.5	0.5	0.5	用钢尺和楔形塞尺检查
6	踢脚线与面层的接缝	1.0				楔形塞尺检查

7. 对实木地板面层的要求：

（1）采用条材和块材实木地板或采用拼花实木地板，以空铺或实铺方式在基层上铺设。

（2）实木地板面层可采用双层面层和单层面层铺设，其厚度应符合设计要求。实木地板面层的条材和块材应采用具有商品检验合格证的产品，其产品类别、型号、适用树种、检验规则以及技术条件等均应符合现行国家标准《实木地板块》（GB/T15036.1—6）的规定。

（3）铺设实木地板面层时，其木搁栅的截面尺寸、间距和稳固方法等均应符合设计要求。木搁栅固定时，不得损坏基层和预埋管线。木搁栅应垫实钉牢，与墙之间应留出 30mm 的缝隙，表面应平直。

（4）毛地板铺设时，木材髓心应向上，其板间缝隙不应大于 3mm，与墙之间应留 8～12mm 空隙，表面应刨平。

（5）实木地板面层铺设时，面板与墙之间应留 8～12mm 缝隙。

（6）采用实木制作的踢脚线，背面应抽槽并做防腐处理。

8. 对实木复合地板面层的要求：

（1）实木复合地板面层采用条材和块材实木复合地板或采用拼花实木复合地板，以空铺或实铺方式在基层上铺设。

（2）实木复合地板面层的条材和块材应采用具有商品检验合格证的产品，其技术等级及质量要求均应符合国家现行标准的规定。

（3）铺设实木复合地板面层时，其木搁栅的截面尺寸、间距和稳固方法等均应符合设计要求。木搁栅固定时，不得损坏基层和预埋管线。木搁栅应垫实钉牢，与墙之间应留出 30mm 缝隙，表面应平直。

（4）毛地板铺设时，按本要求第 7 条（4）中的规定执行。

（5）实木复合地板面层可采用整贴和点贴法施工。粘贴材料应采用具有耐老化、防水和防菌、无毒等性能的材料，或按设计要求选用。

（6）实木复合地板面层下衬垫的材质和厚度应符合设计要求。

（7）实木复合地板面层铺设时，相邻板材接头位置应错开不小于 300mm 距离；与墙之间应留不小于 10mm 空隙。

（8）大面积铺设实木复合地板面层时，应分段铺设，分段缝的处理应符合设计要求。

9. 对中密度（强化）复合地板面层的要求：

（1）材料以及面层下的板或衬垫等材质应符合设计要求，并采用具有商品检验合格证的产品，其技术等级及质量要求均应符合国家现行标准的规定。

（2）面层铺设时，相邻条板端头应错开不小于 300mm 距离；衬垫层及面层与墙之间应留不小于 10mm 空隙。

10. 对竹地板面层：

（1）面层的铺设应按实木地板面层的规定执行。

（2）竹子具有纤维硬、密度大、水分少、不易变形等优点。竹地板应经严格选材、硫化、防腐、防蛀处理，并采用具有商品检验合格证的产品，其技术等级及质量要求均应符合国家现行行业标准《竹地板》LY/T1573 的规定。

（二）主控项目

面层类型	实木地板面层	实木复合地板面层	中密度（强化）复合地板面层	竹地板面层
控制内容	地板面层所采用的材质和铺设时的木材含水率必须符合设计要求，木搁栅、垫木和毛地板等必须做防腐、防蛀处理	地板面层所采用的条材和块材，其技术等级及质量要求应符合设计要求，木搁栅、垫木和毛地板等必须做防腐、防蛀处理		
	木搁栅安装应牢固、平直			
	面层铺设应牢固；粘结无空鼓		面层铺设应牢固	面层铺设应牢固；粘贴无空鼓
检查方法	观察检查和检查材质合格证明文件及检测报告 脚踩或用小锤轻击检查			

注：各种面层的检查方法在上表所列的方法中相应选择。

（三）一般项目

面层类型	实木地板面层	实木复合地板面层	中密度（强化）复合地板面层	竹地板面层
控制内容	地板面层应刨平、磨光，无明显刨痕和毛刺等现象，图案清晰、颜色均匀一致	地板面层图案和颜色符合设计要求，图案清晰，颜色一致，板面无翘曲		地板面层品种与规格符合设计要求，板面无翘曲
	面层缝隙应严密；接头位置应错开、表面洁净			
	拼花地板接缝应对齐，粘、钉严密；缝隙宽度均匀一致；表面洁净；胶粘无溢胶	—	面层铺设应牢固	—
	踢脚线表面应光滑，接缝严密，高度一致			
检查方法	观察检查；手摸和脚踩检查 用 2m 靠尺和楔形塞尺检查；钢尺检查			

注：各种面层的检查方法在上表所列的方法中相应选择。

八、装饰装修分部工程质量验收（含建筑地面工程，以下同）

（一）建筑装饰装修工程质量验收的程序和组织应符合《统一标准》（GB50300—2001）的规定。其分部（子分部）工程及其分项工程、检验批合格条件均同第四节所述的内容。

（二）当建筑工程只有装饰装修分部工程时，该工程应作为单位工程验收。

（三）安全和功能检测项目。

子分部工程的质量验收除应满足《统一标准》中相关规定外，其有关安全和功能的检测项目的合格报告，还应符合下列规定：

有关安全和功能的检测项目

项次		子分部工程	检 测 项 目
装饰装修工程	1	门窗工程	1. 建筑外墙金属窗的抗风压性能、空气渗透性能和雨水渗漏性能 2. 建筑外墙塑料窗的抗风压性能、空气渗透性能和雨水渗漏性能
	2	饰面板（砖）工程	1. 饰面板后置埋件的现场拉拔强度 2. 饰面砖样板件的粘结强度
	3	幕墙工程	1. 硅酮结构胶的相容性试验 2. 幕墙后置埋件的现场拉拔强度 3. 幕墙的抗风压性能、空气渗透性能、雨水渗漏性能及平面变形性能
		地面工程	1. 有防水要求的建筑地面子分部工程的分项工程施工质量的蓄水检验记录，并抽查复验认定 2. 建筑地面板块面层铺设子分部工程和木、竹面层铺设子分部工程采用的天然石材、胶粘剂、沥青胶结料和涂料等材料证明资料

（四）观感质量。

1. 装饰装修工程观感质量应符合各分项工程中一般项目的要求。

2. 地面工程观感质量应满足下列条件：

（1）变形缝的位置和宽度以及填缝质量应符合规定；

（2）室内建筑地面工程按各子分部工程经抽查分别作出评价；

（3）楼梯、踏步等工程项目经抽查分别作出评价。

（五）有特殊要求的建筑装饰装修工程，竣工验收时应按合同约定加测相关技术指标。

（六）建筑装饰装修工程的室内环境质量应符合《民用建筑工程室内环境污染控制规范》（GB50325）的规定。详见第七节。

（七）未经竣工验收合格的建筑装饰装修工程不得投入使用。

第七节　室内环境质量控制

对建筑工程进行装饰装修，可以为我们创造出舒适美丽的生活和工作空间，但任何事物均具有双重性，若装饰装修设计不当，或选用含有污染源的装修材料和施工方法，尽管装修的档次很高，甚至豪华，都难免受到放射性元素和某些有机化合物挥发的污染，人们如长期在这种污染环境中居住或工作，会出现头痛、流泪、呼汲困难、疲惫无力等症状，将导致咽炎、支气管炎等疾病，甚至有引发癌症的可能。我国医学界研究表明，儿童白血病患者的增多与近年来家庭装修的兴起与误区有关。这被国际医学界统称为"SBS综合症"即

"不良建筑综合症"。室内环境污染，关系到人民的身体健康和生活质量，受到党和国家领导人的重视。近年来，我国政府逐步加强对室内环境问题的管理，提高了对室内环境污染的严重性和环境污染控制的紧迫性的认识，各级政府建设主管部门正在抓紧制定建筑和装修材料的环境指标及规范并陆续颁布实施，初步形成一个室内环境污染控制的标准体系。

一、规范及有关规定

（一）控制规范

2001年11月26日国家质量监督检验检疫总局和建设部首先联合发布了中华人民共和国国家标准GB50325—2001《民用建筑工程室内环境污染控制规范》（以下简称《污染控制规范》），自2002年1月1日起实施。

《污染控制规范》的适用范围是新建、扩建、改建的民用建筑工程的室内环境控制，而不适于工业的建筑和仓储性建筑、构筑物和有特殊净化卫生要求的房间。它们有各自相关的主管部门制定的标准控制。

所谓控制室内环境的污染是指建筑材料、装修材料和施工过程中所产生的污染。交付使用后产生的污染，如烹调油烟和家用电器产生的辐射污染都不在规范范围之列。规范从工程勘察设计、工程施工、建筑（含装修装潢）材料、工程竣工验收四个方面把关，严格控制新建、改建和扩建工程的民用建筑工程室内环境污染，保障人民的身体健康，维护公共利益。

（二）有关规定

2002年1月1日建设部又颁布了《关于加强建筑工程室内环境质量管理的若干意见》，文中强调了勘察、设计、施工、监理企业严格按规范做好各自负责的室内环境污染控制工作，尤其提出工程质量监督部门对工程室内环境质量合格的才准予备案和同意交付使用，否则不准备案。《关于加强建筑工程室内环境质量管理的若干意见》中还强调了检测制度，提出对氡、甲醛、苯、氨、TVOC进行检测，如果室内上述气体含量超标，不能投入使用，检测的机构要经过技术监督局的认证和建设行政主管部门的批准。

（三）有关标准

国家质量监督检验检疫总局和国家标准化管理委员会于2001年12月10日发布《室内装饰装修材料有害物质限量》等10项国家标准（以下简称《限量标准》），自2002年1月1日起正式实施。2002年7月1日起，市场上停止销售不符合该国家标准的产品。

《限量标准》是对室内10项装饰装修材料对人体有害物质容许限值的技术要求、试验方法、检验规则、包装标志、安全涂装及防护等内容。为室内装修工程的室内环境质量的监督管理，提供了具体的可操作性的技术依据。

10项控制标准是：

《室内装饰装修材料人造板及其制品中甲醛释放限量》（GB/18680—2001）

《室内装饰装修材料溶剂型木器涂料中有害物质限量》（GB/18681—2001）

《室内装饰装修材料内墙涂料中有害物质限量》（GB/18682—2001）

《室内装饰装修材料胶粘剂中有害物质限量》（GB/18683—2001）

《室内装饰装修材料木家具中有害物质限量》（GB/18684—2001）

《室内装饰装修材料壁纸中有害物质限量》（GB/18685—2001）

《室内装饰装修材料聚氯乙烯卷材地板中有害物质限量》（GB/18686—2001）

《室内装饰装修材料地毯、地毯衬垫及地毯用胶粘剂中有害物质限量》（GB/18687—2001）

《混凝土外加剂中释放氨限量》（GB18688—2001）

《建筑材料放射性核素限量》（6566—2001）。

《民用建筑工程室内环境污染控制规范》为装修工程室内空气质量的监理工作提供了理论依据，故监理工程师都必须认真学习和实施这个规范，不能以任何理由在监督过程中打折扣。监理工程师应充分认识，在现阶段对拆建、扩建和改建的民用建筑工程室内环境污染进行控制是为了保障公众健康，维护公共利益，在我国目前发展水平下做到技术先进、经济合理。应根据《污染控制规范》及《限量标准》等10项国家标准，监督施工单位和供货商做好材料选择和供应工作，加强装修材料进场的检查和取样测试工作，凡是没有出厂环境指标检验报告或放射性指标、有害物质含量超标的产品，不能用在工程上。

再此要特别强调《污染控制规范》及《限量标准》只是以室内环境为对象，对室外环境污染不适用，但是监理工程师也要监督施工方切实贯彻ISO14000环境管理认证体系，组织好文明施工，在施工中维护现场及周边环境。

二、需要控制的室内环境污染物

根据国内针对室内环境污染进行的大量研究，已经检测到的有毒有害物质达数百种，常见的也有10种以上，在大量验证性测试的基础上，根据国内开展此类研究的专家学者的意见，及社会反响较大的事例，对人们身体危害较大的氡、甲醛、氨、苯、及总有机挥发物（TVOC）五种污染物制定出控制规范。

（一）氡

称氡气，是一种具有放射性的无色无味惰性气体，实际上是放射性物质铀、钍、镭的衰变过程中的产物。具有外照射性放射线从外部照射人体，并从人体内部照射，破坏细胞结构分子，集中伤害细胞，尤其对肺伤害的程度较大，所以氡气成为了造成肺癌的第二位因素。氡和它的子体来源于土壤、砂、石，产生在地质断裂层，以其矿产及土壤原料制成的混凝土、砖、水泥、石材、陶瓷、石膏板等建筑材料和装饰材料中均含氡的成份。调查分析表明楼层越高室内氡的含量越低，有资料显示，地下室和一层室内氡的含量是最高的，所以一层和地下室要多通风。

（二）甲醛

无色气体，具有强烈刺激气味，易溶于水（40%的甲醛水溶液即为福尔马林），对人的眼、口、鼻刺激严重，含量如果超过 $0.3mg/m^3$，就会有90%的人眼睛会受到刺激，74%的人呼吸道会感到不适，80%的人会有头疼的感觉，长期接触，会使人头痛、眩晕、恶心，对人的肺、肝及免疫功能有一定的损伤，影响身体健康和正常生活，也是致癌物之一。主要存在于装修木板（三合板、五合板、高密板）、水性涂料、水性胶粘剂等装饰材料中，地毯、壁纸、壁布、帷幕（窗帘）中也含有游离甲醛。

（三）苯

无色，具有特殊的芳香气味的气体，是油漆、涂料、稀释剂里含的甲苯、二甲苯等的代表，具有易挥发、易燃、其蒸气易爆性的特点，危害非常大，对人体中枢神经系统有麻醉作用，如果人在短时间内吸入高浓度的苯，轻者头晕、恶心、胸闷、乏力、意识模糊，严重者可产生昏迷以致呼吸循环系统衰竭而死亡。对肝、肾有一定的危害性，因其具有一定的致癌性，如果长期在苯的污染的环境中，可导致白细包降低、再生障碍性贫血，即血癌。主要存在于溶剂型的涂料、胶粘剂、处理剂、溶剂和稀释型之中。

（四）氨

无色有味气体。常见的制品有氨水、尿素、化肥等。挥发性快，氨气对人体的感官有刺激作用，引起人体不适，长期接触低浓度氨或室内氨浓度较高，对健康有害。

建筑物室内的氨气主要来源于施工中的砖外加剂即防冻剂——尿素，北京市建委颁布了禁止砖防冻剂中掺入尿素的有关文件，建设部已颁布了禁止使用实心粘土砖的通知，所以结构施工中氨的问题基本解决，但是，有些室内装修材料，比如家具染饰之前的添加剂和增白剂大部分用氨水，还应引起重视，加以控制。

（五）总挥发性有机化合物（TVOC）

是在常温常压下由任何液体和固体自然挥发出来的有机化合物的总和，即多种有害气体的总和，有气味，对人的眼、鼻、喉、神经、皮肤产生强烈的刺激。对人体有危害。TVOC在室内空气中为异类污染物，种类繁多、复杂，而且新的种类不断合成出来，即TVOC还在不断变化，合成新物质的危害尚有未知项目，还有待于深入研究。到目前为止，约有100多种。由于它们单独的浓度低，一般不逐个分别表示，以TVOC表示其总量。

世界各国针对自己建筑物和建筑材料的特点分别对TVOC做了调查，我国也同样作了许多调查，最后根据我国的实际情况，规定目前TVOC共控制十种挥发性物质即，甲醛、苯、甲苯、对二甲苯、间二甲苯、邻二甲苯、苯乙烯、乙苯、乙酸丁脂、十一烷。

三、室内环境污染分类及控制限量

将民用建筑按不同控制要求分类，既有利于减少污染物对人体健康的影响，又有利于建筑材料的合理利用，降低工程成本，促进建筑材料工艺的健康发展。

根据甲醛指标形成的自然分类已有相应标准，再根据人们在建筑物室内停留时间的长短，同时考虑到建筑物内污染积聚的可能性（与空间大小有关），将民用建筑分为两类，提出不同的控制要求。

（一）Ⅰ类民用建筑工程　含住宅、医院、老年建筑、幼儿园、学校教室等民用建筑工程，人们在其中停留的时间较长，且老、幼、体弱、患病者居多，在控制污染问题上是首先要关注的，一定要严格要求。

（二）Ⅱ类民用建筑工程　含办公楼、商店、旅馆、文化娱乐场所、书店、图书馆、展览馆、体育馆、公共交通等候室、餐厅、理发店等民用建筑工程。一般人们在其中停留的时间较少，或在其中停留（工作）的以健康人群居多，因此污染控制较Ⅰ类稍有降低。

（三）污染物控制限量

《规范》规定了上述两类建筑工程的污染物控制限量，详见表4-7-1。

民用建筑工程室内环境污染物浓度限量　　　　　　　　　　　　　　表4-7-1

污　染　物	Ⅰ类民用建筑工程	Ⅱ类民用建筑工程
氡（Bq/m³）	≤200	≤400
游离甲醛（mg/m³）	≤0.08	≤0.12
苯（mg/m³）	≤0.09	≤0.09
氨（mg/m³）	≤0.2	≤0.5
TVOC（mg/m³）	≤0.5	≤0.6

注：表中污染物浓度限量，除氡外均应以同步测定的室外空气相应值为空白值。

四、相关术语及参数

控制室内环境污染是建筑工程质量控制监理工作中最新发展起来的一项重要任务，对装饰装修工程的监理工程师就显得格外重要，因此必须了解相关，规定和术语，这是做好控制污染的基础知识。

（一）民用建筑工程

本《污染控制规范》及《限量标准》中所指民用建筑工程是新建、扩建和改建的民用建筑结构工程和装修工程的统称。

（二）建筑材料

用于建造各类建筑物所使用的无机非金属类材料。分为：建筑主体材料和装修材料。

1. 建筑主体材料

用于建造建筑物主体工程所使用的建筑材料。包括：水泥与水泥制品、砖、瓦、混凝土、混凝土预制构件、砌块、墙体保温材料、工业废渣、掺工业废渣的建筑材料及各种新型墙体材料等。

2. 装修材料

用于建筑物室内、外饰面用的建筑材料。包括：花岗石、建筑陶瓷、石膏制品、吊顶材料、粉刷材料及其他新型饰面材料等。按其放射性水平大小划分为以下三类。

（1）A 类

装修材料中天然放射性核素镭－266、钍－232 和钾－40 的放射性比活度，同时满足 I_{Ra} ≤重 1.0 和重 I_γ≤1.3；

（2）B 类

不满足 A 类装修材料要求但同时满足 I_{Ra}≤1.3 和 I_γ≤重 1.9；

（3）C 类

不满足 A、B 类装修材料要求但同时满足 I_γ≤2.8。C 类装修材料只可用于建筑物的外饰面及室外其他用途。

（三）内照射指数

内照射指数（I_{Ra}）是指建筑材料中天然放射性核素镭－226 的放射性比活度，除以本标准规定的限量 200 而得的商。

（四）外照射指数 I_γ

外照射指数（I_γ）是指建筑材料中天然放射性核素镭－266、钍－232 和钾－40 的放射性比活度，分别除以其各自单独存在时本标准规定限量而得的商之和。

$$I_\gamma = \frac{C_{Ra}}{370} + \frac{C_{Th}}{260} + \frac{C_K}{4200}$$

式中　C_{Ra}、C_{Th}、C_K——分别为建筑材料中天然放射性核素镭－226、钍－232 和钾－40 的放射性比活度，贝可/千克（Bq/kg）。

（五）氡浓度

实际测量的单位体积空气内氡的含量。

（六）人造木板

以植物纤维为原料，经机械加工分离成各种形状的单元材料，再经组合并加入胶粘剂压制而成的板材，包括胶合板、纤维板、刨花板等。

（七）饰面人造木板

以人造木板为基材，经涂饰或复合装饰材料面层后的板材。

（八）水性涂料

以水为稀释剂的涂料。

（九）水性胶粘剂

以水为稀释剂胶粘剂。

（十）水性处理剂

以水作为稀释剂，能浸入建筑材料和装修材料内部，提高其阻燃、防水、防腐等性能的液体。

（十一）溶剂型涂料

以有机溶剂作为稀释剂的涂料。

（十二）溶剂型胶粘剂

以有机溶剂作为稀释剂的胶粘剂。

（十三）游离甲醛释放量

在环境测试舱法或干燥法的测试条件下，材料释放游离甲醛的量。

（十四）游离甲醛含量

在穿孔法的测试条件下，材料单位质量中含有游离甲醛的量。

五、控制污染的有关规定

（一）强制性条文规定

在装饰装修工程尤其是室内装修设计时，必须按本规范要求选择材料，监理工程师应切记有关规定，以便在图纸会审时协助业主进行控制。

1. 新建、扩建的民用建筑工程设计前，必须进行建筑场地土壤中氡浓度的测定，并提供相应的检测报告。

2. 民用建筑工程设计必须根据建筑物的类型和用途，选用符合本规范规定的建筑材料和装修材料。

3. Ⅰ类民用建筑工程，必须采用 A 类无机非金属建筑材料和装修材料。人造板粘贴塑料地板时，不应采用溶剂型胶粘剂。

4. Ⅰ类民用建筑工程的室内装修，必须采用 E_1 类人造木板及饰面。

5. 所使用的木地板及其他木制材料，严禁采用沥青类防腐、防潮处理剂。

6. 所使用的阻燃剂、混凝土外加剂氨的释放量不应大于 0.10%，测定方法应符合现行国家标准《混凝土外加剂中释放氨的限量》的规定。

（二）一般规定

1. Ⅱ类民用建筑工程，宜采用 A 类无机非金属建筑材料与装修材料，当 A 类与 B 类材料混用时，应按公式 4-7-1，4-7-2 分别计算其用量。

$$\sum f_i \cdot I_{Rai} \leqslant 1 \tag{4-7-1}$$

$$\sum f_i \cdot I_{\gamma i} \leqslant 1.3 \tag{4-7-2}$$

式中　f_i——第 i 种材料在材料总用量中所占的份额（%）；

I_{Rai}——第 i 种材料的内照射指数；

$I_{\gamma i}$——第 i 种材料的外照射指数。

2. II类民用建筑工程的室内装修，宜采用 E_1 类人造木板及饰面人造木板。当采用 E_2 类时，直接暴露于空气的部位应进行表面涂覆密封处理。

3. 不应采用聚乙稀醇水玻璃内墙涂料、聚乙烯醇缩甲醛内墙涂料和树脂以硝化纤维素为主、熔剂以二甲苯为主的水包油型（O/W）多彩内墙涂料。

4. 不应采用聚乙稀醇缩甲醛胶粘剂。

5. 所使用的粘合木结构材料及壁布、帷幕等游离甲醛释放量均不应大于 $0.12mg/m^3$，其测定方法应符合本规范附录 A 的规定。

6. 不应在室内采用脲醛树脂泡沫塑料作为保温、隔热和吸声材料。

7. 在地下室及不与室外直接自然通风的房间贴塑料地板时期不宜采用溶剂性胶粘剂。

室内装修所采用的涂料、胶粘剂、水性处理剂，其苯、游离甲醛、游离甲苯二异氰酸酯（TDI）、总挥发性有机化合物（TVOC）的含量，应符合本规范规定。

所使用的地毯、地毯衬垫、壁纸、聚氨乙稀卷材地板，其挥发性有机化合物甲醛释放量均应符合对相应材料的有害物质限量的国家标准规定。

以上各项指标的测定方法应符合本规范附录 A、B、C 中有关规定与其他相应的国家标准的规定。

六、控制装修材料的污染限量

建筑材料和装修材料是在民用建筑工程中造成室内环境污染的重要污染源，对建筑装饰装修工程而言，大量、多种装修材料是否符合国家规范对环境指标的要求，监理工程师必须给予鉴别，凡用于工程上的材料都必须满足下列各指标的限量要求，这是工程竣工后室内空气质量达到合格的基础。

（一）建筑材料放射性核素限量

对于装饰装修工程除了大量使用面层的装修材料外，也仍然离不开使用一般的建筑材料，故监理工程师必须对无机非金属建筑材料及装修材料检验其放射性限量。根据前述建筑材料按放射性水平分为三大类，其指标限量现列于表 4-7-2。

无机非金属建筑材料及装修材料放射性指标限量　　　　表 4-7-2

材料分类 测定项目	限　　　量		
	建筑主体材料	A 类装修材料	B 类装修材料
内照射指数 I_{Ra}	≤1.0	≤1.0	≤1.3
内照射指数 I_γ	≤1.0	≤1.3	≤1.9
使用范围	产销与使用范围不受限制	同左	不可用于 I 类民用建筑的内饰面，但可用于外饰面及其他一切建筑物的内、外饰面

注：$I_\gamma > 2.8$ 的花岗石只可用于碑石、海堤、桥墩等人类很少涉及到的地方。

1. 控制性条文

（1）**民用建筑工程所使用的无机非金属建筑材料，包括砂、石、砖、水泥、商品混凝土、预制构件和新型墙体材料等，其放射性指标限量应符合表 4-7-2 的规定。**

（2）**民用建筑工程所使用的无机非金属装修材料包括石材、建筑卫生陶瓷、石膏板、吊顶材料等，进行分类时，其放射性指标限量应符合表 4-7-2 的规定。**

建筑材料中所含的长寿命天然放射性核素，会放射 γ 射线，直接对室内构成外照射危害。γ 射线外照射危害的大小与建筑材料中所含的放射性同位素的比活度直接相关，还与建筑物空间大小、几何形状、放射性同位素在建筑材料中的分布均匀性等相关。

民用建筑工程中使用的非金属无机建筑材料制品（如商品混凝土、预制构件等），如所使用的原材料（水泥、沙石等）的放射性指标合格，制品可不再进行放射性指标检验。

建筑装修材料制品（包括石材），主要用于贴面材料，由于材料使用总量（以质量计比较少，因而适当放宽了对该类材料的放射性环境指标的限制。

2．一般规定

（1）空心率大于 25％的主体建筑材料，同体积的材料中，放射性物质减少约 25％，同时满足内照射指数（I_{Ra}）不大于 1.0 和外照射指数（I_γ）不大于 1.3 时，其产销及使用范围不受限制。

（2）建筑材料和装修材料放射性指标的测试方法应符合现行国家标准《建筑材料放射性核素限量》的规定。

（二）人造木板及饰面人造木板（含人造板及其制品（地板、墙板等））

1．控制性条文

民用建筑工程室内用人造木板及饰面人造木板，必须测定游离甲醛含量或其释放量。

2．一般规定

根据上述项目其有效的检测报告数据划分为 E1 与 E2 类。

根据检测方法不同，分类的限量值不同，详见表 4-7-3。

人造木板甲醛释放量限量表　　　　　　　　　　　　表 4-7-3

检测方法及项目 类别	干燥器法测定游离甲醛 释放量限量（mg/L）	穿孔法测定游离甲醛含量 限量（mg/100g，干材料）	环境测试舱法测定游离 甲醛释放量限量（mg/m³）
E₁	≤1.5	≤9.0	≤0.12
E₂	>1.5，≤5.0	>9.0，≤30.0	
备　注	应符合国家标准《人造板及饰面人造板理化性能试验方法》（GB/T17657—1999）的规定		宜按本规范附录 A 进行

（3）饰面人造木板可采用环境测试舱法或干燥器法测定游离甲醛释放量，当发生争议时应以环境测试舱法的测定结果为准；胶合板、细木工板宜采用干燥器法测定游离甲醛释放量；刨花板、中密度纤维板等宜采用穿孔法测定游离甲醛含量。

（三）涂料

1．民用建筑工程室内用水性涂料和溶剂型涂料（按最大稀释比例混合后）应测定总发挥性有机化合物（TVOC）和游离甲醛含量，限量应符合表 4-7-4 及 4-7-5 规定。

（1）室内用水性涂料中总挥发性有机化合物（TVOC）和游离甲醛限量　　　表 4-7-4

测　定　项　目	限　　量
TVOC（g/L）	≤200
游离甲醛（g/kg）	≤0.1

注：测定方法，宜按本规范附录 B 进行。

（2）室内用溶剂型涂料中总挥发性有机化合物（TVOC）和苯限量　　　表 4-7-5

涂　料　名　称	TVOC（g/L）	苯（g/kg）
醇酸漆	≤550	≤5
硝基清漆	≤750	≤5
聚氨酯漆	≤700	≤5
酚醛清漆	≤500	≤5
酚醛磁漆	≤380	≤5
酚醛防锈漆	≤270	≤5
其他溶剂型涂料	≤600	≤5

注：测定方法，宜按本规范附录 C 进行。

（2）聚氨酯漆测定固化剂中游离甲苯异氰酸酯（TDL）的含量后，应按其最小稀释比例计算出聚氨酯漆中游离甲苯二异氰酸酯（TDI）含量，且不应大于 7g/kg。测定方法应符合国家标准《气相色谱测定氨基甲酸酯预聚物和涂料溶液中未反应的甲苯二异氰酸酯（TDI）单体》GB/T18446—2001 的规定。

（四）胶粘剂

1. 民用建筑工程室内用水性和溶剂型胶粘剂，除应测定总挥发性有机化合物（TVOC）外还应分别测定游离甲醛含量及苯的含量，使其满足表 4-7-6 的限量要求。

室内用胶粘剂及水性处理剂 TVOC、游离甲醛、苯限量　　　表 4-7-6

胶粘剂种类 测定项目	限　　量		
	室内用水性胶粘剂	室内用溶剂型胶粘剂	室内用水性处理剂
TVOC（g/L）	≤50	≤750	≤200
游离甲醛（g/kg）	≤1	——	≤0.5
苯（g/kg）	——	≤0.5	——
测定方法	符合本规范附录 B 的规定	符合本规范附录 C 的规定	符合本规范附录 B 的规定

2. 聚氨酯胶结剂应测定游离甲苯二异氰酸酯（TDI）的含量，并应不大于 10g/kg。测定方法可按国家标准《气相色谱测定氨基甲酸预聚物和涂料溶液中未反应的甲苯二异氰酸酯（TDI）单体》（GB/T18446—2001）进行。

（五）水性处理剂

装修所用的水性阻燃剂、防水剂、防腐剂等水性处理剂，应测定总挥发性有机化合物

（TVOC）和游离甲醛的含量，其限量应符合表 4-7-6 规定。

监理工程师要在现场检查以上各种污染源指标的检测报告，其数据必须符合规范规定，且检测单位必须具有相应的资质。

七、工程施工

施工单位应按设计要求及本规范的有关规定进行施工，不得擅自更改设计文件要求。当需要更改时，应经原设计单位同意。

民用建筑工程室内装修，当多次重复使用同一设计时，宜先做样板间，并对其室内环境污染物浓度进行检测。

样板间室内环境污染物浓度的检测方法，应符合本规范第 6 章的有关规定。当检测结果不符合本规范的规定时，应查找原因并采取相应措施进行处理。

（一）关于材料进场检验

1. 强制性条文

（1）**当建筑材料和装修材料进场检验，发现不符合设计要求及本规范的有关规定时，严禁使用。**

（2）**所采用的无机非金属建筑材料和装修材料必须有放射性指标检测报告，并应符合设计要求和本规范的规定。**

（3）**室内装修中所采用的人造木板及饰面人造木板，必须有游离甲醛含量或游离甲醛释放量检测报告，并应符合设计要求和本规范的规定。**

（4）**民用建筑工程室内装修中所采用的水性涂料、水性胶粘剂、水性处理剂必须有总挥发性有机化合物（TVOC）和游离甲醛含量检测报告；溶剂型涂料、溶剂型胶粘剂必须有总挥发性有机化合物（TVOC）、苯、游离甲苯二异氰酸酯（TDI）（聚氨酯类）含量检测报告，并应符合设计要求和本规范的规定。**

（5）**建筑材料和装修材料的检测项目不全或对检测结果有疑问时，必须将材料送有资格的检测机构进行检验，检验合格后方可使用。**

2. 一般规定

（1）施工单位应按设计要求及本规范的有关规定，对所用建筑材料和装修材料进行进场检验。

（2）室内饰面采用的天然花岗岩石材，当总面积大于 200m² 时，应对不同产品分别进行放射性指标的复验。

（3）室内装修中采用的某一种人造木板或饰面人造木板面积大于 500m² 时，应对不同产品分别进行游离甲醛含量或游离甲醛释放量的复验。

（二）关于施工要求

1. 强制性条文

（1）**室内装修所采用的稀释剂和溶剂，严禁使用苯、工业苯、石油苯、重度苯及混苯。**

（2）**严禁室内使用有机溶剂清洗施工用具。**

2. 一般规定

（1）室内装修时不应使用苯、二甲苯和汽油进行除油和清除旧油漆作业。

（2）涂料、胶粘剂、水性处理剂、稀释剂等使用后应及时封闭存放，废料应及时清出室内。

（3）采暖地区室内装修不宜在采暖期内进行。

（4）饰面人造木板拼接施工时，除芯板为 A 类外，应对其断面及无饰面部位进行密封处理。

八、室内环境质量标准及验收

监理工程师应牢记，建筑装饰装修工程竣工后，应进行室内环境质量的验收，相关规定如下：

（一）验收应检查的资料

1. 正式验收前，监理工程师应首先检查施工单位整理的涉及室内环境污染控制文件、施工图设计文件及工程设计变更文件；

2. 建筑及装修材料的污染物含量检测报告，材料进场检验记录、复验报告；

3. 有关的隐蔽工程验收记录、施工记录；

4. 样板间室内环境污染物浓度检测记录（不做样板间的除外）。

（二）环境质量合格标准

根据《污染控制规范》6.0.4、6.0.18、6.0.20 规定：**民用建筑工程验收时，必须进行室内环境污染物浓度检测，检测结果应符合表 4-7-1 的规定。当室内环境污染物浓度的全部检测结果符合本规范的规定时，可判定该工程室内环境质量合格。室内环境质量验收不合格的民用建筑工程，严禁投入使用。**

各种污染物浓度限量（见表 4-7-1）的测定方法与条件如下：

1. 甲醛的检测方法，应符合国家标准《公共场所空气中甲醛测定方法》GB/T18204.26—2000 的规定，也可采用现场检测方法，所使用的仪器在 $0\sim0.60\text{mg/m}^3$ 测定范围内的不确定度应小于 5%。

2. 苯的检测方法，应符合国家标准《居住区大气中苯、甲苯和二甲苯卫生检验标准方法——气相色谱法》（GB11737—89）的规定。

3. 民用建筑工程室内空气中氨的检测，可采用国家标准《公共场所空气中氨测定方法》（GB/T18204.25—2000）或国家标准《空气质量氨的测定离子选择电极法》（GB/T14669—93）进行测定。当发生争议时应以国家标准，公共场所空气中氨测定方法——靛酚蓝分光光度法》（GB/T18204.25—2000）的测定结果为民用建筑工程室内空气中总挥发性有机化合物（TVOC）的检测方法，应符合本规范附录 E 的规定。

必须指出的是检测工作有两个方面，即各种污染物检测结果及各取样检测点的检测结果。为此，将验收时间、检测其布置及数量要求等具体操作事项分述如下。

（三）验收检测时间

1. 应在室内装修工程竣工至少 7 天后工程交付使用前进行，这是考虑了油漆的保养期一般为 7 天的因素。

2. 检测游离甲醛、苯、氨、总挥发性有机物（TVOC）浓度时，对采用集中空调的，应在空调正常运转条件下进行；若采用自然通风的，对应在对外门窗关闭 1 小时后进行。

上述规定是因为采用集中空调的建筑，其通风换气设计有相应的规定，只有在空调正常运转的条件下才能实现，在此平衡条件下检测才能得到真实的室内甲醛等挥发性有机化合物浓度的数据。而采用自然通风的建筑，受门窗开闭大小、天气等影响变化很大，换气率难以确定，但参照欧洲，美国等测定人造木板等挥发有机化合物时，模拟室内环境测试标准仓内换气次数为 1 次/小时，我国行业标准"夏热冬冷地区居住建筑节能设计规范"（JGJ134—2001）规定冬季采暖夏季空调室内换气次数为 1 次/小时，因此将充分换气的敞开门窗关闭 1 小时后进行检测，此时甲醛等挥发性有机物的累积浓度接近每小时换气 1 次的平衡浓度，而且在关闭门窗的条件下检测可避免室外环境变化的影响。

（四）检测点的布置及数量

1. 抽检数量

（1）验收时应抽检有代表性的房间，抽检数量不得少于总数的 5%，并不得少于 3 间；

（2）房间总数少于 3 间时，应全部检测；

（3）对进行了样板间检测且结果合格的建筑，抽检数量减半，但仍不得少于 3 间。

2. 检测点布置

（1）检测点应距内墙面不少于 0.5m，距楼地面高度 0.8~1.5m，有均匀分布，避开通风道口；

（2）检测点按房间使用面积设置，基本是 50m² 设一个点，即面积<50m²，设一点，面积在 50~100m² 时，设两点，面积>100m² 时设 3~5 个点。

当检测点有二个点以上时，应取各点检测结果的平均值作为该房间的检测值。

最后应强调的是，当室内环境污染物浓度检测不合格时，应组织有关各方查找原因，并采取措施进行处理，然后再次进行检测。此时抽检数量应增加 1 倍。再次检测结果符合规范规定时，室内环境质量合格。

（五）检测工作

无论对装修材料还是对装修后的室内环境（气体）质量，都需经检测合格方能使用，在此必须强调的是检测机构必须具有"资格"，即必须经各地政府建设主管部门或其委托单位按程序对其进行计量、认证、考核审查合格后，获得资格才可以从事检测工作。监理工作的重要环节，是协助业主聘请具有资格的检测单位进行室内环境质量的检测。

九、其他注意的问题

建筑装饰装修工程引起的室内环境污染，除前述规范所列出的项目以外还有噪声污染、光污染、可吸收颗粒物污染等，对它们控制尚未有国家规范出台，但业主和使用单位在制定装修标准的时候应该从勘察、设计、材料、施工等方面综合考虑，不可一味追求豪华高档而忽视污染源带来的危害，比如为了节约能源采用中央空调封闭式管理，换气设施缺乏造成新风量、洁净空气量供给不足；为追求光影效果各种灯具的光源不尽合理，造成眩光或照度不足；室内铺设地毯，但清洗、保养措施不利等，以上诸多方面的污染也是导致室内空气质量恶化的因素，必须从设计和施工两方面给予主动控制。

还应该注意的是建筑物内部装修的消防安全问题，我国于 1995 年颁布了《建筑内部装修设计防火规范》（GB5002—95），因为本教材篇幅所限不能进行介绍，请大家在进行装修设计及施工时，必须根据本规范规定的装修材料的燃烧性能等级并结合建筑物分类进行墙面、顶棚等材料的选择和使用，贯彻"预防为主，防消结合"的消防方针，消灭消防隐患，保证做到防止和减少火灾危害。

建筑装修尤其是室内装修正朝着"绿色"方向发展，即采用节能、智能、防火减灾设计，选用环保达标的装修材料，严格施工操作规程，减少施工过程中的污染，为人们创造出安全、舒适的生活和工作环境。

复 习 思 考 题

1. 监理工程师进行工程质量控制的依据是什么？

2. "工程质量统一验收标准"中什么是强制性标准？如何确定的？各分项工程中强制性标准是什么？

3. 如何设置质量预控点？它与设置样板间（实物样板）有何不同？

4. 建筑装修装饰（含地面）工程有哪些分项工程？在各分项工程中如何确定检验批？

5. 建筑装修装饰（含地面）工程作为分部工程质量验收的合格标准是什么？

6. 单位工程验收的程序是什么？竣工备案时监理和施工方各应做好什么工作？

7. 室内环境需要控制的污染物是什么？其限量按建筑物分类各为多少？

第五章　建筑装饰装修施工监理的进度控制

工程项目建设进度控制是与质量控制、投资控制并列的三大目标之一，它们之间有着相互依赖和相互制约的关系。因此，监理工程师在工作中要对三个目标全面系统地加以考虑，正确处理好进度、质量和投资的关系，提高工程建设的综合效益。特别是对一些投资较大的工程，如何确保进度目标的实现，往往对经济效益产生很大影响，尤其需要加以注意。这是一个复杂的、动态的过程，将分别叙述基本知识。

第一节　工程建设项目进度的基本概念

一、工程项目进度计划系统

从工程项目建设程序看，它本身就意味着一个工程项目宏观的进度，无论哪一项工作都需要有"当事人"花费一定时间，按一定手续去办理，其间还必需完成规定的工作内容，因此各"当事人"都要编制出各自的工作计划，说明各项工作的资源、人力的投入，各项工作在控制的时间内得以完成并可相互衔接，这个计划可用不同的表示方法如文字、表格反映，这些统称为工程项目建设的进度计划系统。以下分别介绍。

（一）建设单位应编制的进度计划系统

1. 工程项目前期工作计划

是指对可行性研究、设计任务书及初步设计的工作进度安排，在预测的基础上可用表格形式编制。

2. 工程项目建设总进度计划

是指初步设计被批准后，对工程项目从实施开始（设计、施工准备）至竣工投产（动用）全过程的统一部署，以安排各单项工程和单位工程的建设进度，合理分配年度投资，组织各方面的协作，保证初步设计确定的各项建设任务的完成。包含下列内容：

（1）文字说明。

（2）工程项目一览表，按照单项工程、单位工程归类并编号列表。

（3）工程项目总进度计划，具体安排单项工程和单位工程的进度。一般用横道图编制。

（4）工程项目进度平衡表。

用以明确各承建单位所承担任务的完成日期，含设计文件，主要设备交货，施工单位进场和竣工，水、电、道路接通日期等。借以保证建设中各个环节相互衔接，确保工程项目按期投产。

3. 工程项目年度计划

根据总进度计划分批配套投产或交付使用的要求，合理安排年度建设的工程项目，既要满足工程项目总进度的要求，又要与当年可能获得的资金、设备、材料、施工力量相适应。含文字和表格（年度计划项目表、建设资金平衡表和年度设备平衡表、竣工投产交付使用计划表等）两部分内容。

以上各种表格均可参考各种相关书籍中所列格式，此处从略。

建设单位的进度计划系统是全面的、宏观的、从粗到细的系列文件，即从前期到总进度再到年进度，对施工方和监理方而言，了解前期和总进度情况的信息对承揽业务是十分重要的，而年度计划对已中标的施工方和监理方说来，其资金的投入与拟完成的工程量、上级主管部门提出的要求和可能给予的协助，将是他们各自制定自身进度控制的依据之一，应该了解、领会和贯彻实现。

监理机构应根据业主的委托业务范围，协助业主编制除对前述几种计划，并据此对其他承建单位的进度进行监控。控制进度计划应阐明工程项目前期准备、设计、施工、竣工初验及竣工验收备案等几个阶段的控制进度。一般用横道图编制。举例见表 5-1-1。

控制进度计划表　　　　表 5-1-1

阶段名称	阶段进度											
	2001 年				2002 年						2003 年	
	5、6	7、8	9、10	11、12	1、2	3、4	5、6	7、8	9、10	11、12	1、2	3、4
前期准备	───	───	───									
设　计			───	───	───							
施　工							───	───	───	───		
竣工初验											───	
竣工验收备案												───

（二）设计单位应编制的进度计划

设计进度计划应包括：准备工作、方案、施工图及节点图四个设计阶段所应完成的各工作时间及顺序安排计划，以此确保设计进度总目标的实现。见表 5-1-2。

设计总进度控制计划　　　　表 5-1-2

日期　工作阶段	2001 年				2002 年											2003 年	
	9	10	11	12	1	2	3	4	5	6	7	8	9	10	11	12	1	2
设计准备	──	──																
方案设计			──	──														
施工图设计					──	──	──											
节点设计								──	──									
施工期服务										──	──	──	──	──	──	──		
参与验收																		

1. 设计准备工作计划

本阶段主要包括：规划设计条件的确定、设计基础资料的搜集以及设计合同签定等工

144

作，它们都应有明确的时间目标。对装修设计应了解项目总体概况、装修标准、风格和意图，现场条件等等，这些工作必须通过与建设单位、使用单位的多次沟通、洽商才能逐渐明确，如果是装修改造工程，还必须对原结构作深入了解，查阅原结构图纸，问询原设计人员或使用单位，以便在保证设计结构安全的前提下进行装修设计。这些工作的进程和完成日期应有明确计划，尤其要抓紧安排与建设单位的沟通时间。此间监理工程师应按业主委托的范围开展工作。

2. 方案设计进度计划

此阶段的进度不只取决于设计单位，建设单位提供的标准、要求是否明确，其方案的审核通过往往因建设单位的反复讨论、决策、修改而延误时间。

3. 施工图、节点图设计进度计划

这两阶段的工作是设计任务具体实施落实，其进度计划是设计单位作业层面的计划，应细分为按专业出图的计划，监理工程师要提醒设计单位尤其要注意，各专业之间在设计出图时期的配合，最后的会审时间必须要在计划上体现，绝不可各专业各自为政，其间不配合，出图后不会审，致使施工中发现诸多问题，既增加洽商变更费用，又给施工带来困难或麻烦，影响整体进度。

（三）施工单位的计划系统

1. 施工总进度计划

施工总进度计划是对整个项目而言，它是用来确定工程项目中（包含施工准备工作）各单项工程或单位工程的施工顺序、施工时间及相互间衔接关系的计划。依据定额工期或合同工期及设计图纸决定的工艺流程施工组织设计和资源供应条件、工程动用时间目标、建设地区自然条件等有关技术经济资料编制。

一般以横道图表示。

正式的施工总进度计划确定后，应据以编制劳动力、大型施工机械等资源的需用量计划，以便组织供应，保证施工总进度计划的实现。

2. 单位工程施工进度计划

单位工程施工进度计划，是根据施工总进度计划规定的工期和各种资源供应条件，对单位工程中的各分部分项工程的施工顺序、施工起止时间及衔接关系进行合理安排的计划。其编制的主要依据还有：单位工程施工方案；施工图和施工预算及定额；施工现场条件；气象资料等。

单位工程施工进度计划的编制程序如图 5-1-1 所示。

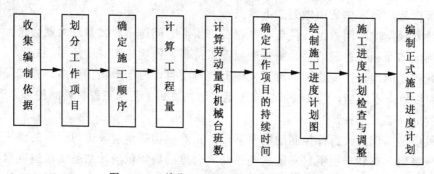

图 5-1-1 单位工程施工进度计划编制程序

3. 物资供应进度计划

工程建设物资供应计划是对工程项目建筑施工及安装所需物资的预测和安排，是指导和组织工程项目的物资采购、加工、储备、供货和使用的依据。它的最根本作用是保障工程建设的物资需要，以达到按进度计划组织施工的目的。

就工程项目而定，物资计划按其内容和用途可分为：需求、供应、储备、申请与订货、采购与加工和国外进口等物资计划。

对任何装修工程也不例外，因为不含主体结构施工，故计划只是这些内容中的一部分，因而分类较为简单，编制时应注意以下几点：

(1) 必须明确物资的供应方式。一般情况，按供货渠道可分为：国家计划分配供应和市场自行采购供应；按供应单位可分为：建设单位采购供应、专门物资采购部门供应、施工单位自行采购或共同协作分头采购供应。

通常，监理工程师可以协助编制由建设单位负责供应的物资计划，对施工单位和专门物资采购供应部门提交的计划应进行审核。

(2) 物资需求计划

总包的物资部分应依据图纸、预算定额、工程合同、项目总进度计划和各分包工程提交的材料需求计划等编制物资需求计划，编制的关键是确定需求量。对涉及到的装修材料、设备等需求的品种、型号、规格、数量和时间给予确认，排入计划。它为组织备料、确定仓库与堆场面积和组织运输等提供依据。根据工程情况，可制定一次性需求计划和各计划期需求计划。对规模较小，工期短的项目，一次性需求计划即可反映整个工程项目及各分部、分项工程材料的需用量，亦称工程项目材料分析。规模较大工期较长的工程应有各计划期的需求计划。应特别注意的是需求量要准确，不可过多或过少。数量过多会造成超储积压，占用流动资金，过少则会出现停工待料，影响进度，延误工期；还应注意专用特殊材料和制品的落实，其规格、材质、特殊要求等。据此需求计划制定出以后相关的供应、储备、申请与订货、采购与加工、国外进口等计划。其中与施工现场直接相关的是供应与储备计划。

(3) 物资储备计划

装修工程材料供应的数量大，品种多，有的材料技术条件要求高，或怕水、怕热、易风化、变质，在储运上有特殊要求。或属易燃品、有放射性污染（某些石材、涂料、油漆等)，或构件、设备体积和重量大，造成运输困难增加运输和仓储费用。因此储备计划要有针对性，要备好库房、场地储存物资，做好安全防范准备工作，如防火、防水、防潮、防腐、防盗等措施，要求供货商做到如下两点：

①按计划规定的时间数量、供应各种物资。供应时间过早、数量过大就会增大占用仓库和施工场地的面积，过晚或过少则会造成停工待料，影响施工进度计划实施。

②按照规定的地点供应物资。对于大中型装修项目，由于单项工程多，施工场地范围大，如果卸货地点不适当，则会造成二次搬运，增加费用。装修工程材料品种多，消耗快、仓库和卸货地点必须选择恰当。

物资供应是实现三大目标控制的物质基础。正确的物资供应渠道与合理的供应方式可以降低工程费用，有利于投资目标的实现；完善合理的物资供应计划是实现进度目标的根本保证；严格的物资供应检查制度是实现质量目标的前提。因此，保证工程建设物资及时

146

而合理供应，乃是监理工程师必须重视的问题。

二、进度计划表示方法

（一）横道图

建设项目工程的进度，一般用横道图表示。横坐标为时间，可按日、周、月、季、年为单位。纵向按工作内容排序，每项工作内容所需时间用横线表示在图中，可以直接看出任何一项工作的起、止时间和所需时间，对了解建设项目的进程十分简明，这种方式各参建单位采用最多，如表5-1-1。

（二）网络图

用横道图表示进度计划，虽然简单、直观、便于绘制，但不能反映各工序之间的内在联系和互相制约的关系，为了弥补这个缺陷，达到利用图示求得进度计划中关键线路及关键工作，可应用网络技术绘制网络图表示进度计划，有双代号、单代号、双代号时标网络图等多种形式。在各类大型综合性的科研、建设等项目中应用广泛，需要时可查有关资料书籍，此处不详述。在工程项目建设中常用双代号时标网络图表示进度计划，可利用网络图进行工期、费用和资源的优化，这是一种很好的技术，有条件的项目经理应学会、掌握。

三、影响进度的因素

影响工程进度的因素很多，如下所述。为了对工程项目的施工进度进行有效地控制，监理工程师应结合具体工程分析影响的因素，并提出消除不利影响的措施，以实现对工程项目施工进度的主动控制。

（一）工程建设相关单位的影响

影响工程进度的不只是施工单位，凡是相关的单位其工作进度都或多或少地影响着施工进度，如政府主管部门的手续办理周期，设计单位出图速度不能满足进度要求，或是图纸之间存在矛盾，各专业分包之间的配合发生矛盾，或业主直接发包的分包与总包之间关系不顺，供电部门的停电限电等等，都使对工程的进度受到延误。在进行进度控制时应充分考虑，不可遗漏。在现场工作中必须充分发挥监理的作用，协调各相关单位之间的进度关系。任何工程都可能遇到一些无法通过协调解决的事项，故在进度计划的安排中应留有一定的机动时间。

（二）施工条件的影响

施工现场的气候、人文、地理位置及周围环境等都有可能出现不利因素，如位于闹市中心或集中小区中，毗邻单位与居民较多，对施工时间限制要求较严，不能加夜班赶工，或正值高考期间，政府有限时施工的要求。春季西北或北部山区发生沙尘暴或南方地区遇有暴雨等等，不能进行室外装修，这些条件均会影响到计划进度的落实。

此时，监理工程师应首先要求承包单位应遵守国家和各地政府主管部门的有关规定，再利用自身的技术组织能力予以克服。同时，也要发挥自身优势协助承包单位解决一些自身不能解决的问题。

例：某学校利用假期改造教学楼内装修，因工期需在新学年开始前即9月1日竣工，故开工日期为6月末，时值学校期末复习考试，施工方拆除的的噪音影响了教学效果，受到师生的抵触，为此停工了两天，施工方向监理工程师提出请求帮助协调。为此，监理工程师与项目经理部技术负责人共同研究施工方案和进度，建议施工方调整劳动力安排和作息制度，将主要劳动力安排为白日休息，夜间工作，避开了拆除噪音的影响，又同业主联系，建议其复习考试用教室集中分层，这样白天可以在没有安排的楼层内进行建筑垃圾的清运，为夜间接续工作创造工作面，同时在教学楼大厅内发布学校物业中心与施工方联合签署安民告示，说明工作所需时间，征得师生谅解。采取这样的措施后拆除工作很快完成，保证的总进度计划的目标。

（三）各种风险因素的影响

风险因素包含社会的和自然的两大方面。社会因素细分又有如战争、内乱、拒付债务等政治风险；汇率浮动、延迟付款、通货膨胀、分包单位违约等经济因素；工程事故、试验失败、标准变化等技术因素。而地震、洪水、飓风等为自然因素。这两大因素的影响难以预料，对进度的影响极大，属于不可抗力范畴，应从保险角度抵御。监理工程师必须对各种风险因素进行分析，提出控制风险、减少风险损失及对施工进度的措施，并对发生的风险事件给予恰当的处理。

例如：北京某大型公共建筑计划为 2001 年 10 月 1 日交付使用，进入 9 月后为装修的冲刺阶段，所需的地毯为美国进口，原定计划为 2001 年 9 月 20 日进场，但突然发生美国 9·11 事件，地毯进口不能实现，业主虽然也经过多方努力，试图用国产产品代替，或换为其他进口产品，但终不能达到原设计效果，最后等待事件平息以后于 10 月中旬才进货、铺装，此间监理工程师作了大量的协调工作，施工单位（总包和 6 个分包）也作了最大努力，将其他分项工程作了调整，但仍然影响了工程总进度，竣工期延误了一周以上。从此例看出，业主未考虑风险因素的影响，使本项目的投产受到一定损失，故加强风险意识是十分必要的。

（四）承包商自身管理水平和技术力量的影响

承包商自身的实力是实现进度计划的保证。若实力不足，如未按中标条件配备项目经理和技术负责人、劳动力与资源供应不足，均反映出技术力量欠缺。又如施工方案不当，各专业各工序交接混乱，作业脱节，甚至停工待料、供应差错，这些管理失调、失误必然延误进度。

遇到这类问题监理工程师应首先按施工合同的相关条款要求施工方落实，并告知其违约应受到的处理，使其认真对待、全面履约。另一方面，对一些技术上和组织管理上的问题，可以给予适度的帮助，利用监理手段如监理通知、例会、专题协调会等协助承包单位总结分析吸取教训，及时解决问题，以确保施工进度控制目标的实现。

例：某宾馆大堂装修工程，施工单位投标时的项目经理在开工后仅参加一次工地例会就隐退了，至使开工初期的许多工作难以落实，如各种物资供应不及时，原项目经理所联系工作后续人员难以立刻接手，造成工作上的间歇，这些都使得初期的进度明显延误。监理工程师多次在例会中提出并发出监理通知，要求其到岗履行职责，但均未奏效。监理工程师汇报业主后，正式通知施工方对这种违约行为甲方保留处理的权力。施工方接到通知后迅速配备了新的项目经理，调整和补充了项目部管理力量，在后期的施工安排中追回了进度的滞后偏差，挽回了初期的不良影响，最终使该工程达到了优良目标，按照原合同业主应给予奖励，但因施工方上述的违约行为，甲方将原定的奖励积金减半。此例说明承包商的自身管理水平和履约意识必须提高，否则不仅使工程进度受到影响还将给自身带来损失。

（五）设计变更、洽商的影响

在施工过程中出现设计变更和洽商是难免的，有因为业主提供的设计要点不明确的因素，也有设计人员工作不到位造成各专业之间搭配不当，发生矛盾需要更改的问题。装饰装修工程中往往因材料、色彩、价格等诸多因素的影响使业主拿不定主意，迟迟定不下方案，造成出图困难，或虽依图纸施工，但实际效果又难使各方人士满意，因之设计变更经常发生，在改造工程中更多见。

如某装修工程外墙涂料的选择，设计图纸表明由业主选定，但业主和使用方有关领导对涂料的品牌、颜色意见不一，按其要求已做出四种样板，确定了一种并涂刷一面墙后，大家对效果不大认同，又提出洽商更改，导致工期延长和费用的增加。

又如装修工程中经常出现各专业标高矛盾的事情，管道底部、门窗顶部的标高造成各种弱电装置设施的安装困难，或是前道工序施工后，后续工程施工前因标高问题而导致前道工序返工，引起连锁反映导致进度延误。

因此在设计阶段的管理工作中，监理工程师要注意向业主阐明装饰装修不可能十全十美，应看大效果，综合效果，对其提出的可能影响进度的变更尽力劝阻适量控制。对设计单位也要提出明确的要求，希望他们工作认真，各专业之间要图纸会审，更要深入现场，结合实际情况进行设计。

（六）物资供应进度的影响

施工过程中需要的材料、构配件、机具和设备等如果不能按期运抵施工现场或者是运抵施工现场后发现其质量不符合有关标准的要求，都会对施工进度产生影响。因此，监理工程师应严格把关，采取有效措施控制好物资供应进度。

例：在某装修改造工程中，门窗的五金件由建设单位负责进货，但迟迟不能定夺，尤其是门锁的型号、式样、质地种类繁多，价格差异较大，使得甲方代表多次向领导汇报。在门窗安装工序已经接近尾声时才确定下来，致使工程进度延误了一段时间，从项目整体效果上看，有些得不偿失。

（七）资金的影响

一般来说，资金的影响主要来自业主，无论是没有及时给足工程预付款，还是拖欠了工程进度款，都会影响到承包单位流动资金的周转，进而殃及施工进度。监理工程师应提醒业主及时拨付预付款和进度款，以免因资金供应不足拖延进度，导致工期索赔。更重要的是根据业主的资金供应能力，控制相应的施工进度，监督施工单位专款专用，不得将业主拨付的工程款挪作他用，甚至携款逃跑。如发生此类事件，监理工程师必要受到处罚。

第二节　施工阶段进度控制的内容和工作流程

施工阶段是工程实体的形成阶段，其进度控制是整个工程项目进度控制的重点，进度控制的总任务就是在满足工程项目建设总进度计划的基础上，审核施工进度计划，并对其执行情况加以动态控制，以保证工程项目按期竣工交付使用。

一、进度控制工作流程（图 5-2-1）

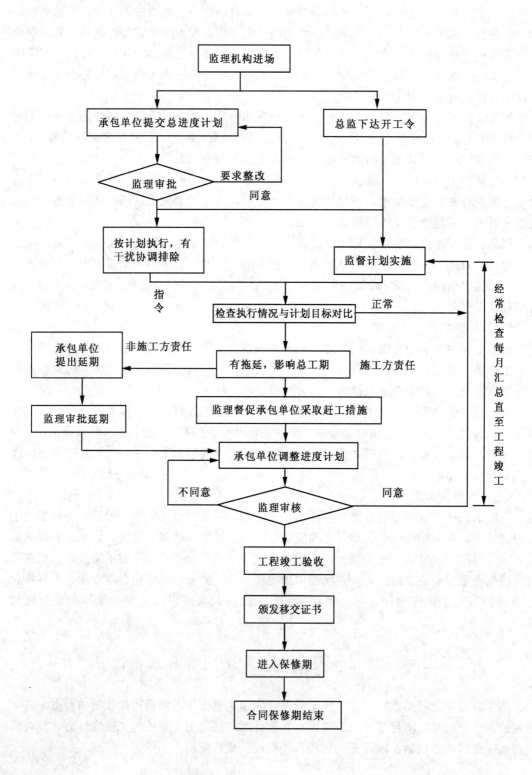

图 5-2-1　施工进度控制工作流程图

二、进度控制的目标和原则

施工进度控制的最终目标是保证工程项目按期建成交付使用，即确保在约定的工期内竣工并通过验收。为达到这个目标，应依据下列原则进行控制。

（一）以施工合同所约定的开竣工时间和工期天数为总进度目标；

（二）要确保工程质量目标的实现，并兼顾投资目标的条件下控制进度，即考虑三大目标的综合效果最佳；

（三）根据动态控制原理，采取主动控制方法，防范风险。

三、建设项目进度控制实施系统

建设项目进度控制实施系统可用图 5-2-2 表示。

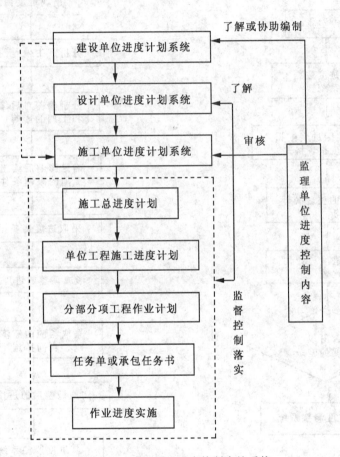

图 5-2-2　建设项目进度控制实施系统

从图可知，监理工程师进行进度控制其前提是了解项目业主及各承建方的进度计划系统，核心是审核、控制施工方的进度计划系统得以落实，其目标体现在与建设单位制定的合同条款中。

需要说明的是，新建的工程装修往往需要进行二次设计，改造工程更应有明确的图纸，因此必须对设计进度予以控制，注意此控制并非设计监理。但改造装修项目往往是建设单位委托具有设计资质的施工单位同时承包设计与施工，又经常处于边设计边施工的状态，遇到这种情况应对设计图纸的进度控制加大力度，避免无图施工的被动局面。

四、施工进度的监测与调整

进度计划在实施过程中，会受到影响因素的干扰，造成实际进度与计划进度的偏差，监理工程师必须清醒地认识到，进度计划不变是相对的，而变化是绝对的，平衡是相对的，不平衡是绝对的，要针对变化采取对策。即在实施过程中不断采取措施，纠正偏差，调整进度。

项目进度监测系统过程如图 5-2-3。调正系统如图 5-2-4 所示。

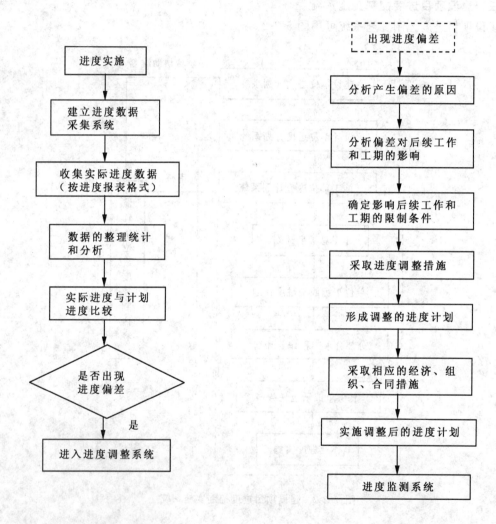

图 5-2-3 项目进度监测系统过程　　　　　图 5-2-4 项目进度调整系统过程

（一）进度监测系统

1. 跟踪检查监理工程师常驻现场，实地检查的方式随时收集数据信息，了解实际进度，定期召开现场会议，了解情况协调进度。通过定期的报表汇总监测成果，时间的间隔视具体情况而定，可按月、旬、周。

2. 整理分析实际数据与计划值比较

152

对跟踪收集到的数据进行整理、统计和分析，用以与计划相比较。一般按月整理出月完成量，累计完成量，本期完成计划的百分比等。监测数据与计划值比较，可用图形或表格对比，一目了然看到偏差存在与否，以及偏差的走向。实际工作中多用横道图（匀速进展横道图，双比例单侧横道图，双比例外双侧横道图）对比，见表5-1-1，当然也还有S型曲线、香蕉型曲线、前锋线（与时标网络图并用）等多种比较法，可根据个人条件和工作需要继续补充学习，不在此赘述。现仅以横道图为例说明比较方法的应用。

横道图比较法是指将实际进度中收集的信息，经整理后直接用横道线并列标于原计划的横道线处，进行直观比较的方法。

如以21日检查计，一层天花工程与贵宾室墙面制作实际进度与计划目标基本一致；而二、三层卫生间防水未能按计划开工，拖延了两天，偏差立即得出。天花工程却提前了七天开工，原计划六天完成，实际五天完成。又如29日检查，大厅石材饰面未能按计划开工。从图中尚可分析出洁具安装工期间断了两天，对这些情况，均要分析各种滞后、拖期产生的原因，并采取纠正措施。

（二）进度调整系统

1. 分析产生偏差的原因。监理工程师应深入现场，掌握第一手材料，分析产生偏差的原因。

2. 分析偏差对后续工作及总工期的影响，以确定是否需要调整原计划。

3. 确定需要调整的内容。

在分析了偏差对后续工作及总工期的影响后，应根据合同条件确定进度可调整的范围、关键工作、后续工作的限制条件，总工期允许的变化范围，限定这些条件并认真考虑，既可防止导致施工单位提出索赔，一旦发生索赔，也可做到合理批复。

4. 采取调整措施，实施新的进度计划。

调整措施的关键是缩短关键工作的持续时间的方法，可以利用网络图求得关键工作、总时差、自由时差等参数，进行调整，若需用时，查阅相关资料。如若偏差为工期滞后，且有关工作之间的逻辑关系（顺序衔接关系）可以改变，则调整它们，原为依次进行的工作可改为平行或相互搭接一段时间，可用于关键线路上或超过计划工期的非关键线路上。还可采取在满足限定条件下对某些工作可通过加大资源投入（机械设备、劳动力）或增大工作面的措施加快速度，缩短持续时间，以达到纠正偏差调整进度的目的。监理工程师应协调有关单位督促施工单位，落实调整后的计划，以完成进度目标。

五、进度控制程序

（一）根据《监理规范》项目监理机构应按下列程序进行工程进度控制：

1. 总监理工程师审批承包单位报送的施工总进度计划；

2. 总监理工程师审批承包单位编制的年、季、月度施工进度计划；

3. 专业监理工程师对进度计划实施情况检查、分析并记录实际进度及其相关情况，当实际进度符合计划进度时，应要求承包单位编制下一期进度计划；当发现实际进度滞后于计划进度时，应签发监理工程师通知单指令承包单位采取调整措施。当实际进度严重滞后于计划进度时应及时报总监理工程师，由总监理工程师与建设单位商定采取进一步措施。

（二）总监理工程师应在监理月报中向建设单位报告工程进度和所采取进度控制措施

的执行情况,并提出合理预防由建设单位原因导致的工程延期及其相关费用索赔的建议。

六、进度控制的要点

施工阶段控制进度计划的要点如下。

(一)审核施工单位编制的控制性总进度计划

此项工作中,监理工程师不仅要审核设计单位和施工单位提交的进度计划,更要注意要求总包单位将专业分包的进度计划包容在内,并明确提出进场时间和竣工时间,比如某项工程中塑钢门窗分包进度、消防分包承担的防火涂料工序的插入时间和完成时间必须按总包的计划完成,否则因为分包滞后会影响总工期延误。

(二)控制关键线路上的关键工序

单独看,每个分项工程进度拖延都会影响工程进度,但从总体看,只有在关键线路上的分项工程拖延才会造成总工期的滞后。因为装修工程总体看来规模整个建筑工程小,一般施工单位都不绘制网络图,所以监理工程师必须会确定全部进度计划中的关键线路,控制好这套线路上各工序。尤其要确定出关键工序,对其进行控制,减少对它的不利影响。一旦关键工序已被延误,一定集中力量调整资源投入(含劳动力、物资、机械等)和相邻工序的作业时间安排,尽量保证关键工序的完成,实在难以达到总目标要求时,重新调整关键线路,力争把总进度的延误时间降到最低。

(三)监督施工单位编制分解后的实施计划,并控制其执行

监理工程师要督促施工单位在控制性进度计划的基础上,编制分解后的进度计划,根据工期的长短,可分解到季、月、旬、周,在工程最紧张的时候,甚至可以分解到工作日,要求施工单位明确每日需完成的工作项目和数量,并控制其完成,这样可以把进度的偏差消除在每一个分目标的阶段内,可以避免偏差积累到最后造成目标失控。

(四)进行实际进度与计划进度的对比分析

在进度计划实施过程中,监理工程师要随时搜集现场信息,根据实际完成情况与计划目标进行对比分析,若有滞后,需找出原因并分清责任归属,采取有效措施,调整进度控制计划,确保进度计划目标的实现。现举例说明。

某装修工程1计划工期为40天,监理工程师审核总计划后,要求施工方将全部工程分三期编制详细计划,第一期5月15日至5月30日,第二期为5月31日至6月10日,第三期为6月11日至6月20日。计划的工程内容和进度见表5-2-1。

第一期计划完成较差,该十五天分项工程计划9项,只完成4项,未完成5项,即完成计划的45%。其分项进度计划拖期的有4项:卫生间防水;墙和地面砖工程;一层台阶、踏步、流水墙石材工程;首层大厅玻璃落地门及窗工程等。拖期主要原因如下述。

1.开工初期,施工单位对工程情况深度不明,编制计划不切实际,加之组织管理和劳动力不能满足施工需求。

2.受材质影响,如防水工程,由于聚氨脂防水涂料见证复试有一项不合格,需再次复试,致使防水及其后续的墙、地砖都施工日期后延。

3.拆除工作量比预计增大,原有建筑的结构如墙体、楼梯抹灰层过厚,且平面高差较大,拆除工作量比预计增大。原计划3天拆完,实际用了8天才完成。

4.石材异形规格多,价格确定较晚,加工期长,因此石材到现场较晚。

工程实际进度与计划进度比较表　　　　　　　　　　　　　表 5-2-1

工期　分项工程名称	5月（一期）									6月（二期）						6月（三期）			
	15 16	17	19	21	23	25	27	29	31	1 2	3	5	7	9	11	13	15	17	19
一层天花龙骨吊装石膏板安装																			
大厅石材安装																			
贵宾室墙面制作																			
二、三层卫生间防水																			
二、三层卫生间墙地面贴砖																			
卫生间洁具安装																			
三层讲演厅天花制作　墙面壁纸																			
外墙玻璃、铝板拆除安装																			
一层楼梯踏步石材安装																			
流水墙防水、石材安装、调试																			
楼道墙、地面处理及粉刷																			
室内壁墙及乳胶漆																			
木饰面、门窗油漆																			
大厅玻璃门窗安装																			
演讲厅软包布																			
地毯铺装、窗帘安装																			
灯具、插座开关安装、综合调试																			调试
综合清理																			

注：计划进度 --------　　　　　实际进度 ————————

5.本施工单位进行落地玻璃门、窗设计，虽由专业厂家安装，但按最新的规范要求，从资质到工艺都有差距，咨询部为此与建设单位、施工单位多次沟通协调，为满足建设单位使用要求，咨询部提出设计补强方案，并要求施工单位出具承诺书呈报建设单位，借以代替此分项工程的验收。此间的工作及施工单位进行的两次补强，均占用时间，使此分项工期延长。

咨询工程师在施工过程中做了大量现场调研和协调工作，掌握每日的进度信息和动态，督促建设单位对设计方案的审定和主要材料的认质、认价工作，在工地例会上帮助施工单位分析滞后的原因并拟订相应的调整计划，施工单位也主动改进管理工作，适当组织工序的穿插，合理调配劳动力，延长每日工作时间，咨询部也安排了加班人员在现场巡视。通过采取上述监理措施，进度偏差得以逐渐消除。

第二期以后逐渐改变了滞后状况，除追回未完成计划项目外，还完成了计划的分项工程，至第三期最后，监理部与施工方每天召开进度检查协调会，及时调配劳动力、设备，确保各工序施工都做到当日事当日毕，结果 90％以上计划按期完成、个别分项提前完成、留出预检和整改时间，保证了该工程一次验收合格，按期交付使用。

七、进度控制的方法和措施

（一）行政方法

行政方法控制进度是指施工单位各级领导，利用其行政地位和权力，通过发布指令，对进度进行指导、协调、考核；利用激励手段（奖、罚、表扬、批评），监督、督促等方式控制进度。此方法直接、迅速、有效，但要提倡科学性，防止主观、武断。

在实施中应由项目经理部主动进行，上级的工作重点应当是进度控制目标的决策和指导，尽量减少行政干预。

（二）经济方法

是指有关部门和单位用经济类手段对进度进行影响和制约，包括以下几种形式。

1. 建设银行通过投资的投放速度控制工程项目的实施进度；

2. 建设单位通过招标的进度优惠条件鼓励施工单位加快进度；

3. 建设单位通过合同约定工期提前奖励和延期罚款实施进度控制；

4. 通过物资的供应进行控制等。

（三）管理技术方法

主要是监理工程师的规划、控制和协调。所谓规划，就是确定项目的总进度目标和分进度目标；所谓控制就是在项目进展的全过程中，进行计划进度与实际进度的比较，发现偏离，及时采取措施进行纠正；所谓协调，就是协调参加单位之间的进度关系，使之满足总进度目标。

（四）进度控制的措施

结合上述控制方法可采取下列一些措施：

1. 组织措施

（1）落实项目监理班子中进度控制部门的人员，具体控制任务和管理职责分工；

（2）确定进度协调工作制度，包括协调会议举行的时间，协调会议的参加人员等。

2. 技术措施

如对影响进度目标实现的干扰和风险因素进行分析，注意风险分析要有依据，主要是根据许多统计资料的积累，对各种因素影响进度的概率及进度拖延的损失值进行计算和预测，并应考虑利用各种技术方法处理和解决进度过程中出现的问题。

3. 合同措施

如在承发包合同中写进有关工期和进度的条款。

4. 经济措施

如建设单位保证资金供应，前述奖惩条款等。

在实际操作中上述各种方法和措施往往是综合使用，其中开会协调是控制进度很见成效方式。

为了解进度及其偏差产生的原因和落实应采取措施，监理机构可组织不同层次的协调会，定期、不定期的召开。除定期由业主代表、施工方项目部主要负责人及监理部全体人员参加的监理例会，如有更难解决的进度问题，可召开业主部分领导、施工方项目部领导、总监及监理公司部分领导、设计负责人之间的高层次协调会，对重大问题如阶段性的成品保护、工作面的交接，资金到位及拨付、图纸深度、场地与公用设施利用的矛看等，甚至扰民和民扰、断水断电资源保障不力等问题，均可通过会议协调解决。

建筑装修装饰工程多为分包，上述问题时有发生，这两种协调会将经常采用。又因为此阶段内平行交叉施工单位多，工序交接频繁且工期紧迫，有时各分包方之间的协调会需每日由监理工程师和总包方共同组织召开，确定矛盾症结、薄弱环节、布署当日工作，为第二日工作开创条件等。

总之，利用好协调会这个方式，可有效地控制施工进度，最大限度地减少偏差。

第三节　装饰装修施工进度控制内容和要点

建筑装饰装修作为独立的工程项目也好，作为整体项目中的分部工程也好，其进度控制的内容和方法是相同的，时间从审核进度计划开始至保修期结束。

一、监理部制定施工进度控制方案

进度控制工作是监理部三大目标控制工作之一，是否由专人专职负责视工程规模、工期长短，监理部人员和组成形式而定，但总监理工程师务必组织监理工程师负责编制更具有实施性和操作性的进度控制方案，含以下主要内容：

工程建设不但要有项目建成交付使用的确切日期这个总目标，还要从不同角度进行层层分解，使各单项工程交工动用的分目标以及按承包单位、施工阶段和不同计划期划分的分目标之间相互联系，共同构成工程建设施工进度控制目标体系。其中，下级目标受上级目标的制约，下级目标保证上级目标，最终保证施工进度总目标的实现。

装修工程施工进度控制目标体系如 5-3-1 所示。

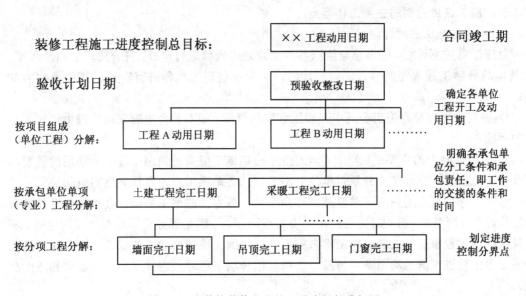

图 5-3-1　装饰装修工程施工进度目标分解图

值得提出的是，对大型新建项目的装修工程在确定施工进度分解目标时，应贯彻尽早提供可动用单元的原则，以便尽早投入使用，尽快发挥投资效益。而对于装饰装修改造工程，必须合理安排土建与设备的综合施工，合理安排先后顺序及搭接、交叉或平行作业，明确设备工程对土建工程的要求和土建工程为设备工程提供施工条件的内容及时间。应该认识到，对任何一个装修工程，计划期愈短，进度目标愈细，进度跟踪就愈及时，发生进度偏差时也就能更有效地采取措施予以纠正。因此绝不能因装修工程不是整体，仅是工程中之一部分，或是规模很小的改造项目，就不制定目标分解图，而是必须要做好这项工作，形成一个有计划有步骤协调施工、长期目标对短期目标自上而下逐级控制、短期目标对长期目标自下而上逐级保证、逐步趋近进度总目标的体系，最终达到工程项目按期竣工交付使用的目的。

进度控制中必须注意留出预验收及整改时间，这段时间对装修工程的整体验收十分关键，如果遗漏这个环节，将造成正式验收的被动。

二、实现施工进度控制目标的风险分析

以上的施工进度控制方案可以说是监理规划中有关进度控制内容的进一步深化和补充。它对监理工程师的进度控制实务工作起着具体的指导作用。具体到每一个工程，方案的内容可各有侧重，并非完全按上述条款罗列条文，而是必须要有针对性。比如在确定施工进度控制目标时，必须全面细致地分析与工程项目进度有关的各种有利因素和不利因素。根据工期定额、类似工程项目的实际进度；工程难易程度和工程条件的落实情况等分析施工方的进度，争取做到留有余地，避免只按主观愿望盲目确定进度目标，从而在实施过程中造成进度失控。

专业监理工程师应依据施工合同有关条款、施工图及经过批准的施工组织设计制定进度控制方案，尤其要对进度目标进行风险分析，制定防范性对策，经总监理工程师审定后报送建设单位，如工程中用到进口材料和设备，建议要有备用方案、替代产品，以防发生特殊情况时，不至延误工程进度。

三、施工进度控制的主要工作要点

（一）审核施工进度计划

对施工总进度计划，应由总监组织各专业监理工程师进行审核，符合要求后给予批准。对具体的分项工程或短期（月、旬）计划，由专业监理工程师进行审批。其主要内容如下：

1. 进度计划应符合施工合同中开竣工日期的规定，如不符合应有充足的理由说明及相关的手续；

2. 进度计划中的主要工程项目应无遗漏；分期施工应满足使用单位分批动用的需要和配套动用的要求，总承包、分承包单位分别编制的各单项工程进度计划之间应相协调；

这项工作中重点为后者，总监理工程师应组织各专业监理工程师认真审核各专业的分项工程计划（含总包、分包）使它们之间协调或同步，以满足部分动用或配套动用之需，不可发生单项工程独进、或各分项工程参差不齐，以致无法按期动用的现象，总监应以最关键的分项工程进度满足动用条件为准，协调其他分项工程调整进度（含加快赶工和适度放缓）。

3. 施工顺序的安排应符合施工工艺的要求；

4. 工期已进行了优化，进度安排合理；

5. 劳动力、材料、构配件、设备及施工机具、设备、水、电等生产要素供应计划能保证施工计划的需要，供应均衡；

上述第3、4条，一般说来，施工方是可以做到的，这基本上是理论可以解决的问题，但要实现，必须有第5条的保证，即资源供给要足够且均衡，这需要监理工程师仔细审核并分析，如劳动力的分布供给是否与进度要求、工作面的大小匹配，材料、设备等供应是否考虑了运输和加工周期，尤其是外地，甚至国外的产品供应，如忽视了这点，只考虑质量和档次满足工程需求有可能使进度目标落空，导致整体项目不能动用则造成的损失更大。

6. 对由建设单位提供的施工条件（资金、施工图纸、施工场地）应能满足施工要求，对其采购供应的材料、构配件、设备等物资，承包单位在施工进度计划中所提出的供应时间和数量应明确、合理、不能造成因建设单位违约而导致工程延期和费用索赔的可能。

这项工作要求监理工程师站在建设单位立场上，审核施工单位拟定的有关建设单位应做的工作的条款要符合施工需要，更要切实可行，要适当留有余地，为建设单位做好技术参谋咨询工作，不要使建设单位被动甚至导致施工单位要求索赔。

最后，必需说明的是编制和实施施工进度计划是承包单位的责任，不能因监理工程师对施工进度计划的审查或批准，而解除承包单位对施工履行进度计划的责任和义务。

（二）控制好物资供应的进度

建筑装饰装修工程所需建筑材料、设备、构件品种多、数量大、规格型号各异，厂家处在全国各地甚至在国外，受项目内部外部的制约因素多，如：消耗不均衡、现场无库存场地、定货运输等环节多、市场变化复杂等等。因此对物资供应进度的控制是保障施工进度的物质基础。监理工程师应做好如下工作以保障物资及时供应，不拖延工程进度。

1. 协助业主组织物资的招投标工作

若建筑装饰装修工程规模大、标准高，许多材料设备可选用招标方式确定供应单位，此时监理工程师应协助业主编制招标文件，并受理投标文件，对其进行技术及商务评价，最后选出中标单位，协助业主签订供货合同并负责督促其实施。

2. 审核物资供应计划

建筑装饰装修工程由建设单位自行供应材料的情况不少，此时监理工程师应协助业主编制物资供应计划并控制其实施。若由施工单位供应材料，则应审核其物资供应计划，从需求、储备、货源、供应、采购、加工，到运输、保管等诸多环节均应满足现场及施工要求，监督检查从订货到进场初验、复验的全过程。尤其是对供货单位的资质和准用证的检查、对材料的复试、设备的开箱检查，必须按程序进行，还应注意对急需物资供应采取必要措施，使其保证及时运抵现场不延误工期。如有进口设备则更应编制或审核好供应计划，否则将影响使用时间。

监理工程师审核其内容应满足下列条件。

（1）能按工程项目进度计划的需要及时供应材料，合理安排供应进度及到货日期。这一点是保证工程进度顺利实施的物质基础。

（2）资金能够得到保证。

（3）市场供应能力、气候条件、运输条件可满足物资的供应。

（4）物资可能的供应渠道和供应方式都可实现，畅通无阻。

（5）物资的供应特殊性要求已有所考虑。

（三）随时采集信息，分析对比

现场监理人员与内业资料人员必须紧密配合，做好进度信息的采集和管理工作。

1. 检查和记录实际进度完成情况，通过每日现场巡视，将实际形象进度记入监理日志。

2. 通过下达监理指令、发出监理通知、召开工地例会及各种层次的专题协调会议，动态控制施工进度，利用以上各种手段后，必须及时收集施工单位的回复意见，并监督落实。

3. 当发现实际进度滞后于计划进度时，总监理工程应指令承包单位采取调整措施。这是总监理工程师的重要职责之一，用于纠正进度偏差，同时必须要求施工方上报调整后的进度计划，以便按新计划进行控制，避免自始至终仅有最初的进度计划，到工程中期和后期已完全失去了计划的指导作用，这是监理工程师动态控制进度的依据。

进度控制中监理工程师所用的各种表格详见附录 I 中 A、B、C 三种表式。

复习思考题

1. 施工进度计划系统包含哪些计划？物资供应进度计划包含哪些计划？

2. 影响进度的因素是什么？如何减少负面影响？

3. 监理工程师应如何审批施工单位的进度计划？如何批准工期延长？

4. 装修工程施工阶段进度控制的主要任务是什么？

第六章　　建筑装饰装修施工监理的投资控制

投资是一种为实现预期收益而垫付资金的经济行为，项目决策是重要一环，投资者首先追求的是决策的正确性。投资数额的大小、功能和价格（成本）比是投资决策的最重要依据。其次，在项目实施中完善项目功能，提高工程质量，降低投资费用，按期或提前交付使用，也是投资者始终关注的问题。因此降低工程造价是投资者始终如一的追求。作为工程价格承包商所关注的是利润，为此他追求的是较高的工程造价。在建筑市场中不同的角色位置和各自的主观目标，反映他们不同的经济利益，但他们都要受支配价格运动的那些经济规律的影响和调节。他们之间的矛盾正是市场的竞争机制与利益风险机制的必然反映。公正的处理这对矛盾，正是监理工程师投资控制的工作。

为此，应根据业主的要求及工程的客观条件进行综合研究，实事求是地确定一套切合实际的控制准则，将工程造价控制在业主预期的额度内。

第一节　工程建设项目投资构成

一、工程项目投资的基本概念

（一）静态投资与动态投资

1. 静态投资

以某一基准年、月的建设要素的价格为依据所计算出的建设项目投资的瞬时值。包括：建筑安装工程费，设备和工、器具购置费，工程建设其他费用，基本预备费，含因工程量变更而引起的工程造价的增减。

2. 动态投资

指为完成一个工程项目的建设，预计投资需要量的总和。除静态投资所含内容之外，还包括建设期下列支出。

（1）贷款利息；

（2）投资方向调节税；

（3）涨价预备金；

（4）新开征税费；

（5）汇率变动部分。

动态投资适应了市场价格运动机制的要求，使投资的计划、估算、控制更加符合实际，符合经济运行规律。

（二）建设项目总投资和总造价

建设项目总投资是投资主体为获取预期收益，在选定的建设项目上所投入全部资金的经济行业。建设项目总造价是项目总投资中的固定资产投资总额，现称为建设投资。建设项目按用途可分为生产性项目和非生产性项目。生产性项目总投资包括建设投资（即工程造价、通称为固定资产投资）和流动资产投资两部分。非生产性项目总投资只有前者一项。

（三）固定资产投资

在我国，建设投资（固定资产投资）包括基本建设投资、更新改造投资、房地产开发投资和其他固定资产投资 4 部分。其中基本建设投资是用于新建、改建、扩建和重建项目的资金投入行为，是形成固定资产的主要手段，约占全社会固定资产投资总额的 50％～60％。另外，房地产开发投资是房地产企业开发厂房、宾馆、写字楼、仓库和住宅等房屋设施和开发土地的资金投入行为，目前在固定资产投资中已占 20％左右。这两部分投资中，装饰装修工程的资金投入又占了很大比重，尤其是近年来发展的高档装修趋势使投资额大幅度增长。

对于业主这样大宗的资金投入和拟得到回报的意愿，监理工程师投资控制的任务是繁重的，必须精心做好这项工作。

（四）建筑安装工程造价

建筑安装工程造价，亦称建筑安装产品价格。它是建筑安装产品价值的货币表现，是比较典型的生产领域价格。在建筑市场，建筑安装企业所生产的产品作为商品既有使用价值也有价值。但是由于这种商品所具有的技术经济特点，使它的交易方式、计价方法、价格的构成因素，以至付款方式都存在许多特点，在以后章节中详述。

二、我国现行工程建设项目投资构成

投资构成含固定资产投资和流动资产投资两部分。工程造价即固定资产投资，具体构成内容如图 6-1-1 所示。

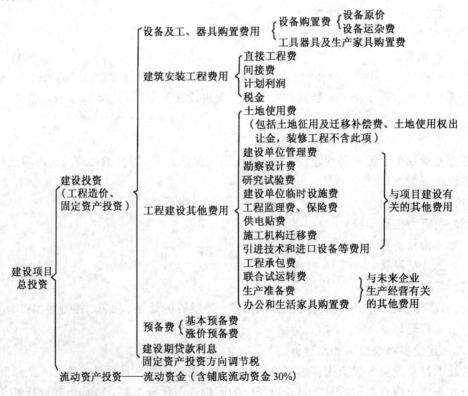

图 6-1-1　我国现行投资及工程造价构成

三、工程造价特点、构成及计算方法

图 6-1-1 非常直观系统地显示了新建项目构成工程造价的各项费用组成,对于单独的装饰装修工程(改建、扩建)和新建项目的装饰装修阶段,同样具有前三大项实际发生的费用(土地使用费除外),因此监理工程师全面掌握造价的构成是十分必要的。

(一)工程造价的特点

由于工程建设的特点,工程造价具有以下特点。

1. 大额性

任何一项工程,不仅实物形体庞大,而且造价高昂。动辄数百万、数千万,重大的工程项目造价可达数亿、十数亿元人民币,大额性不仅关系到有关各方面的重大经济利益,同时也会对国民经济产生重大影响。这就决定了工程造价的特殊地位,也显示了造价管理的重要意义。

2. 个别性、差异性

任何一项工程都有特定的用途、功能、规模,其结构、造型、空间分割、设备配置和内外装饰装修都有具体的要求,所以工程内容与实物形态都具有个别性、差异性。这就决定了工程造价的个别性、差异性。每个项目所处地区、地段都不相同,使这一特点更为突出。

3. 动态性

任一项工程从决策到竣工交付使用,都有一个较长的建设期间,其间有许多影响工程造价的动态因素,如工程变更、设备材料价格、工资标准以及费率、利率、汇率的变化,这种变化必然会影响到造价的变动。所以,工程造价在整个建设期中处于不确定状态,直至竣工决算后才能最终确定工程的实际造价。

4. 层次性

造价的层次性取决于工程的层次性。一个工程项目往往含有多项能够独立发挥设计效能的单位工程(车间、写字楼、住宅楼等),一个单位工程又是由能够各自发挥专业效能的多个单项(专业)工程如:土建工程、电气安装工程等组成。与此相适应,工程造价有 3 个层次:建设项目总造价、单位工程造价和单项(专业)工程造价。如果单项(专业)分工更细并计入其组成部分——分部分项工程(如大型土方工程、基础工程、装饰装修工程,其中又有抹灰、饰面工程等),就增加而成为 5 个层次。由此,工程造价的层次性是非常突出的,可参阅图 6-1-2。

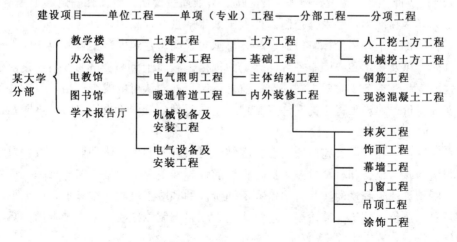

图 6-1-2　建设项目分解示意图

（二）工程造价的计价特征

工程造价的特点，决定了其计价特征。了解这些特征，对工程造价的确定与控制非常必要。它也涉及到与工程造价相关的一些概念。

1．单件性

产品的个体差别性决定每项工程都必须单独计算造价。

2．多次性

建设工程周期长、规模大、造价高，因此按建设程序要分阶段进行，也要在不同阶段多次性计价，以保证工程造价确定与控制的科学性。多次性计价是个由浅入深、由概略到精确、逐步细化到实际造价的过程，如图 6-1-3 所示。

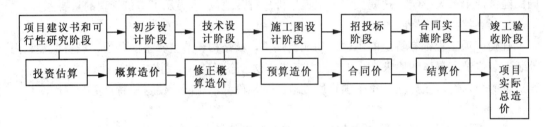

图 6-1-3 工程多次性计价示意图

注：联线表示对应关系，箭头表示多次计价流程及逐步深化过程。

（1）投资估算 项目建议书和可行性研究阶段对拟建项目所需投资，通过编制估算文件确定的投资额，或称估算造价。投资估算是决策、筹集资金和控制造价的主要依据。列入国家长期计划（五年计划）之内。

（2）设计概算造价 初步设计阶段，根据设计方案，通过编制工程概算文件确定的工程造价。概算造价较前者准确性有所提高，但受其控制。概算造价的层次性十分明显，分为建设项目概算总造价、各个单位工程概算综合造价、各单项（专业）工程概算造价。

（3）修正概算造价 技术设计阶段，根据其要求，通过编制修正概算文件确定的工程造价。它对前者进行修正调整，比其准确，但受其控制。列入国家预备项目计划内。

（4）预算造价 施工图设计阶段，根据施工图纸通过编制预算文件确定的工程造价。它比前者更为详尽和准确，但受其控制。列入国家年度投资计划内。

（5）合同价 工程招投标阶段通过签订总承包合同、建筑安装工程承包合同、设备材料采购合同，以及技术和咨询服务合同确定的价格。它属于市场价格的性质，是由承发包双方，也即商品和劳务买卖双方在一定的监督体制下共同认可的成交价格，但它并不等同于实际工程造价。建设工程合同有许多类型，不同类型的合同价内涵也有所不同，详见后述。

（6）结算价 在合同实施阶段，在工程结算时按合同调价范围和调价方法，对实际发生的工程量增减、设备和材料价差等进行调整后计算和确定的价格。结算价是工程的实际价格，指所结算的工程量的实际价格。有不同阶段的和竣工验收的结算价，详见下述。

（7）实际造价 竣工决算阶段，通过为建设项目编制竣工决算最终确定的实际项目总投资造价。

3. 组合性

工程造价的计算是逐步组合而成。这一特征是由造价的层次性决定的。如图 6-1-2 所示，从计价和工程管理的角度，其计算过程和计算顺序是：分项、分部工程单价——单项（专业）工程造价——单位工程造价——建设项目总造价。

4. 方法的多样性

多次性计价有各不相同的计价依据及不同精确度要求，计价方法有多种，如计算和确定概、预算造价有单价法和实物法，方法不同利弊不同，适应条件也不同，计价时要加以选择。

5. 计价的依据性

由于影响造价的因素多、计价步骤复杂，种类繁多，要求计价过程必须细致严谨，任何数据及组价过程必有依据。

（三）设备及工、器具购置费用构成

1. 设备购置费的构成及计算

是指为建设项目购置或自制的达到固定资产标准的各种国产或进口设备、工具、器具所需的费用。由设备原价和设备运杂费构成。

2. 工具、器具及生产家具购置费的构成及计算

是指新建或扩建项目初步设计规定的，保证初期正常生产必须购置的没有达到固定资产标准的设备、仪器、工卡模具、器具、生产家具和备品备件等的购置费用。一般以设备购置费为计算基数，按照部门或行业规定的工具、器具及生产家具费率计算。计算公式为：

工具、器具及生产家具购置费＝设备购置费×定额费率

（四）建筑安装工程费用构成

在工程建设中，建筑安装工程费用，作为建筑安装工程价值的货币表现，亦被称为建筑安装工程造价，从组成内容看，有如下两大部分，其具体构成为本章主要内容，详见第三节。

1. 建筑工程费用内容

（1）各类房屋建筑工程和列入房屋建筑工程预算的有关设施、设备费用。其中装饰装修工程是我们研究的对象。

（2）为施工而进行的场地平整，工程和水文地质勘察，原有建筑物和障碍物的拆除以及施工临时用水、气、路和完工后的场地清理，环境绿化、美化等工作的费用。此类工程与装修工程可能有关。

（3）各类基础设施（水利、矿山等）及构筑物（烟囱、水塔、窑炉等）此处从简。

2. 安装工程费内容

（1）生产、动力、起重、运输、传动和医疗、实验等各种需要安装的机械设备的装配费用，及与设备相连的、附属的、附设的有关材料费、安装费。

（2）为测定安装工程质量，对单个设备进行单机试运转和对系统设备进行系统联动无负荷试运转工作的调试费。

装修工程也可能包含上述内容。

（五）与项目建设有关的其他费用

此项费用是业主在项目上的总投资的组成部分，故在此仅作为基本知识简介，具体需

要计算时，可查相关教材及资料，计算方法此处从略。

1. 土地使用费

因装饰装修工程不含此项，故省略。

2. 建设单位管理费

指建设项目从立项、筹建、建设、联合试运转、竣工验收交付使用及后评估等全过程管理所需费用。包括建设单位开办费及经费。

3. 勘察设计费

指为本建设项目提供项目建议书、可行性研究报告及勘察设计文件等所需费用，各种费用均有国家颁布的收费标准，应遵照执行。

4. 研究试验费

指为建设项目提供和验证设计参数、数据、资料等所进行的必要的试验费用以及设计规定在施工中必须进行试验、验证所需费用。按照设计单位提出的研究试验内容和要求计算。

5. 建设单位临时设施费

指建设期间建设单位所需临时设施的搭设、维修、摊销费用或租赁费用。包括临时宿舍、文化福利及公用事业房屋与构筑物、仓库、办公室、加工厂以及规定范围内的道路、水、电、管线等临时设施。

6. 工程监理费、保险费

监理费指建设单位委托工程监理企业对工程实施监理工作所需费用。根据国家物价局、建设部等文件规定计取。

保险费指建设项目在建设期间根据需要实施工程保险所需的费用。包括以各种建筑工程及其在施工过程中的物料、机器设备为保险标的的建筑工程一切险，以安装工程中的各种机器、机械设备为保险标的的安装工程一切险，以及机器损坏保险等。根据不同的工程类别，分别以其建筑、安装工程费乘以相应的保险费率计算。

7. 供电贴费

指建设项目按国家规定应交付的供电工程贴费、施工临时用电贴费，是解决电力建设资金不足的临时对策。供电贴费只能用于为增加或改善用户用电而必须新建、扩建和改善的 110kV 以下各级电压外部供电工程、电网建设以及有关的业务支出，由建设银行监督使用，不得挪作他用。

8. 施工机构迁移费

指施工机构根据建设任务的需要，经有关部门决定成建制的（指公司或公司所属工程处、工区）由原驻地迁移到另一个地区的一次性搬迁费用。包括：职工及随同家属的差旅费，调迁期间的工资和施工机械、设备、工具、用具、周转性材料的搬运费。

9. 引进技术和进口设备其他费用。含：

（1）出国人员费用；

（2）国外工程技术人员来华费用；

（3）技术引进费；

（4）分期或延期付款利息；

（5）担保费；

（6）进口设备检验鉴定费用。

10. 工程承包费；

工程承包费是指具有总承包条件的工程公司，对工程建设项目从开始建设至竣工投产全过程的总承包所需的管理费用。包括组织勘察设计、设备材料采购、非标设备设计制造与销售、施工招标、发包、工程预决算、项目管理、施工质量监督、隐蔽工程检查、验收和试车直至竣工投产的各种管理费用。不实行工程承包的项目不计算本项费用。

以上除土地使用费外均称为与项目建设有关的其他费用，而以下三项称为与未来企业生产经营有关的其他费用

11. 联合试运转费

指新建企业或新增加生产工艺过程的扩建企业在竣工验收前，按照设计规定的标准，进行整个车间的负荷或无负荷联合试运转发生的费用支出大于试运转收入的亏损部分。

12. 生产准备费

指新建企业或新增生产能力的企业，为保证竣工交付使用进行必要的生产准备所发生的费用。

13. 办公和生活家具购置费

指为保证新建、改建、扩建项目初期正常生产、使用和管理所必须购置的办公和生活家具、用具的费用。改、扩建项目应低于新建项目。

（四）预备费

按我国现行规定，包括以下两种。

1. 基本预备费

指在初步设计及概算内难以预料的工程费用。

2. 涨价预备费

指建设项目在建设期间内由于价格变化引起工程造价变化的预测预留费用。

（五）建设期贷款利息

包括向国内银行和其他非银行金融机构贷款、出口信贷、外国政府贷款、国际商业银行贷款以及境内外发行的债券等在建设期间内应偿还的借款利息，实行复利计算。

（六）固定资产投资方向调节税

为贯彻国家产业政策，控制投资规模，引导投资方向，调整投资结构，加强重点建设，促进国民经济持续稳定协调发展，对在我国境内进行固定资产投资的单位和个人（不含中外合资、中外合作和外商独资企业）征收固定资产投资方向调节税（简称投资方向调节税）。

以单位工程为计税基础，税率分档。实际操作中是按年度计划投资额预缴，年度终了后，按年度实际完成投资额结算，多退少补。项目竣工后，汇总各单位工程的实际完成投资额进行清算，多退少补。

三、流动资产投资

指经营建设项目为保证生产和经营正常进行，按规定应列入项目总投资的流动资金，含铺底流动资金，为流动资金的 3%。是构成项目总投资的一部分。

第二节 建筑安装工程费用构成

建筑安装工程费用的构成见图 6-2-1，其计算方法参考表 6-2-1。

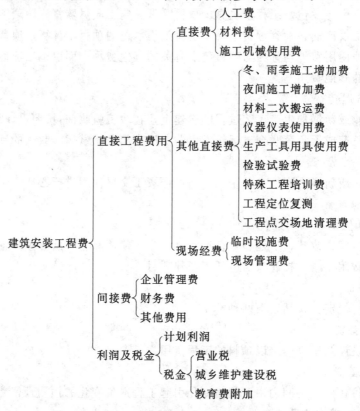

图 6-2-1 我国现行建筑安装工程费用的具体构成

我国现行建筑安装工程费用的构成及参考计算方法表

表 6-2-1

费 用 项 目			参考计算方法规
直接工程费 （一）	直接费	人工费 材料费 施工机械使用费	Σ（人工工日概预算定额×日工资单价×实物工程量） Σ（材料概预算定额×材料预算价格×实物工程量） Σ（机械概预算定额×机械台班预算单价×实物工程量）
	其他直接费		土建工程：（人工费＋材料费＋机械使用费）×取费率 安装工程：人工费×取费率
	现场经费	临时设施费 现场管理费	
间接费 （二）	企业管理费 财务费用 其他费用		土建工程：直接工程费×取费率 安装工程：人工费×取费率
盈 利	计划利润（三）		土建工程（直接工程费＋间接费）×计划利润率 安装工程：人工费×计划利润率
	税金（含营业税、城乡维护建 设税、教育费附加）（四）		营业收入×税率

建安工程费用的有关内容是投资控制的基础,是项目经理和监理工程师工作的重点,都应该熟练的掌握。以下将详细介绍各种费用计算方法。

一、直接工程费

(一) 直接费

指在施工过程中直接消耗的构成工程实体或有助于工程形成的各种费用。包括人工费、材料费和施工机械使用费。

1. 人工费

指直接从事于建筑安装工程施工的生产工人开支的各项费用。

人工费=Σ(概预算定额中人工工日消耗×相应等级的日工资综合单价)

其中,日工资综合单价包括

(1) 生产工人基本工资及辅助工资;

(2) 工资性补贴;

(3) 职工福利费;

(4) 劳动保护费。

2. 材料费

指施工过程中耗用的构成工程实体的原材料、辅助材料、构配件、零件、半成品的费用和周转材料的摊销(或租赁)费用。

材料费=Σ(概预算定额中材料、构配件、零件、半成品的消耗量×相应预算价格)+Σ(概预算定额中周转材料的摊销量×相应预算价格)

其中,材料预算价格内容包括材料原价、供销部门手续费、包装费、运输费及采购与保管费。

3. 施工机械使用费

指使用施工机械作业所发生的机械使用费及机械安、拆和进出场费。

施工机械使用费=Σ(概预算定额中施工机械台班量×机械台班综合单价)+其他机械使用费+施工机械进出场费

其中,机械综合单价内容包括折旧费、大修理费、经常修理费、安拆费及场外运输费、燃料动力费、人工费及运输机械养路费、车船使用税及保险费。

(二) 其他直接费

指除直接费之外,在施工过程中直接发生的其他费用。同上述费用相比具有较大弹性。就单位工程来讲,可能发生,也可能不发生,需要根据工程的具体情况和现场施工条件加以确定。

1. 组成内容

(1) 冬、雨季施工增加费

指在冬季、雨季施工期间,为了确保工程质量,采取保温、防雨措施所增加的材料费、人工费和设施费用,以及因工效和机械作业效率降低所增加的费用。一般多按定额费率常年计取,包干使用。

(2) 夜间施工增加费

指为确保工期和工程质量,需要在夜间连续施工或在白天施工需增加照明设施(如在炉窑、烟囱、地下室等处施工)及发放夜餐补助等发生的费用。

（3）材料二次搬运费

指因施工场地狭小等特殊情况而发生的材料二次倒运支出的费用。

（4）仪器仪表使用费

指通信、电子等设备安装工程所需安装、测试仪器、仪表的摊销及维持费用。

（5）生产工具用具使用费

指施工、生产所需的不属于固定资产的生产工具和检验、试验用具等摊销费和维修费，以及支付给工人自备工具的补贴费。

（6）检验试验费

指对建筑材料、构件和建筑物进行一般鉴定、检查所花的费用。包括自设试验室进行试验所耗用的材料和化学药品等费用。

（7）特殊工程培训费

指在承担某些特殊工程、新型建筑施工任务时，根据技术规范要求对某些特殊工种的培训费。

（8）工程定位复测、工程点交、场地清理等费用

（9）特殊地区施工增加费

指铁路、公路、通信、输电、长距离输送管道等工程在原始森林、高原、沙漠等特殊地区施工增加的费用。

2. 计算方法：其他直接费是按相应的计取基数乘以费率确定，如下所述。

（1）土建工程：其他直接费＝直接费×其他直接费费率

（2）安装工程：其他直接费＝人工费×其他直接费费率

（三）现场经费

指为施工准备、组织施工生产和管理所需的费用，包括临时设施费和现场管理费。

1. 临时设施费

指施工企业为进行建筑安装工程施工所必须搭设的生活和生产用的临时建筑物、构筑物和其他临时设施费用及维修、拆除和摊销费用。

包括临时宿舍、文化福利及公用事业房屋与构筑物、仓库、办公室、加工厂以及规定范围内道路、水、电、管线等临时设施和小型临时设施。

一般单独核算，包干使用。

2. 现场管理费

指发生在施工现场这一级，针对工程的施工建设进行组织经营管理等支出的费用。

（1）包含内容

①现场管理人员的工资、工资性补贴、职工福利费、劳动保护费等。

②办公费

指现场管理办公用的文具、纸张、账表、印刷、邮电、书报、会议等费用以及现场水、电和燃料等费用。

③差旅交通费

指现场职工因公出差期间的差旅费、探亲路费、劳动力招募费、工伤人员就医费、工地转移费以及现场管理使用的交通工具的油料、燃料费和养路费及牌照费等。

④固定资产使用费

指现场管理及试验部门使用的属于固定资产的设备、仪器等的折旧费、大修理费、日常维修费或租赁费等。

⑤工具用具使用费

指现场管理使用的不属于固定资产的工具、器具、家具、交通工具及检验、试验、测绘和消防用具等的摊销费及维修费。

⑥保险费

指施工管理用财产、车辆保险及高空、井下、海上作业等特殊工种安全保险等支出的保险费。

⑦工程保修费

指工程竣工交付使用后，在规定保修期以内的返工修理费用。

⑧工程排污费

指施工现场按规定交纳的排污费用。

⑨其他费用

（2）计算方法 按相应的计取基数乘以费率确定。

①土建工程 现场管理费＝直接费×现场管理费费率

②安装工程 现场管理费＝人工费×现场管理费费率

二、间接费

指建筑安装企业为组织施工和进行经营管理的费用，以及间接为建筑安装生产服务的各项费用，虽不直接由施工的工艺过程所引起，但却与工程的总体条件有关。

（一）组成内容

按现行规定，由企业管理费、财务费和其他费用组成。

1. 企业管理费

指施工企业为组织施工生产经营活动所发生的管理费用。包括：

（1）企业管理人员的基本工资、工资性补贴、职工福利费等。

（2）办公费

指企业办公用文具、纸张、账表、印刷、邮电、书报、会议、水、电、燃煤（气）等费用。

（3）差旅交通费

指企业管理人员因公出差旅费、探亲路费、劳动力招募费、离退休职工一次性路费及交通工具油料费、燃料费、牌照费和养路费等。

（4）固定资产使用费

指企业管理用的、属于固定资产的房屋、设备、仪器等折旧费和维修费等。

（5）工具用具使用费

指企业管理使用的不属于固定资产的工具、用具、家具、交通工具等的摊销费及维修费。

（6）工会经费

指企业按职工工资总额 2% 计提的工会经费。

（7）职工教育经费

指企业为职工学习先进技术和提高文化水平，按职工工资总额的 1.5% 计提的学习、培训费用。

（8）劳动保险费

指企业支付离退休职工的退休金（包括提取的离退休职工劳保统筹基金）、价格补贴、医药费、易地安家补助费、职工退休金、6个月以上的病假人员工资、职工死亡丧葬补助费、抚恤费及按规定支付给离休干部的各项经费。

（9）职工养老保险费及待业保险费

指职工退休养老金的积累及按规定标准计提的职工待业保险费。

（10）保险费

指企业管理用车辆保险及企业其他财产保险的费用。

（11）税金

指企业按规定交纳的房产税、车船使用税、土地使用税、印花税及土地使用费等。

（12）其他费用

包括技术转让费、技术开发费、业务招待费、排污费、绿化费、广告费、公证费、法律顾问费、审计费、咨询费等。

2. 财务费用

指企业为筹集资金而发生的各项费用，包括企业经营期间发生的短期贷款利息净支出、汇兑净损失、金融机构手续费，及其他财务费用。

3. 其他费用

包括按规定支付工程造价（定额）和劳动定额管理部门的定额编制管理费和定额测定费，以及按有关部门规定支付的上级管理费。

（二）计算方法

间接费是按相应的计取基数乘以费率确定。

1. 土建工程：间接费＝直接工程费×间接费费率

2. 安装工程：间接费＝人工费×间接费费率

三、利润及税金

利润及税金是建筑安装企业职工为社会劳动所创造的那部分价值在建筑安装工程造价中的体现。

（一）计划利润

指按规定应计入建筑安装工程造价的利润，按相应的计取基数乘以计划利润率确定。

1. 土建工程：计划利润＝（直接工程费＋间接费）×计划利润率

2. 安装工程：计划利润＝人工费×计划利润率

依据不同投资来源或工程类别，计划利润率实施差别利润率。可根据相关规定查找数据。

（二）税金

指国家税法规定的应计入建筑安装工程费用的营业税、城乡维护建设税及教育费附加。

1. 营业税

按营业额乘以营业税税率确定，其中税率为3％。应纳营业税＝营业额×3％

营业额是指从事建筑、安装、修缮、装饰及其他工程作业收取的全部收入，包括所用原材料及其他物资和动力的价款。当安装的设备的价值作为安装工程产值时，亦包括设备的价款。但建筑安装工程总承包方将工程分包或转包给他人的，其营业额中不包括付给分包或转包方的价款。

2. 城乡维护建设税

是国家为了加强城乡的维护建设，稳定和扩大城市、乡镇建设的资金来源，而对有经营收入的单位和个人征收的一种税。

按应纳营业税额乘以适用税率确定，应纳税额＝应纳营业税额×适用税率

纳税人所在地为市区的，其税率为 7％；所在地为县镇的，其适用税率为 5％；所在地为农村的，其税率为 1％。

3. 教育费附加

税额为营业税的 3％，并与营业税同时缴纳。办有职工子弟学校的建筑企业，也应先缴纳，然后由教育部门根据企业办学情况酌情返还以做办学经费的补贴。

以上各项费用计算中的费率均可从相关文件及定额中查找。

第三节 投资控制的原理及方法

一、投资控制原理

监理工程师在施工阶段进行投资控制的基本原理即动态控制原理。是把计划投资额作为投资控制的目标值，在工程施工过程中定期地进行投资实际值与目标值的比较，通过比较发现并找出实际支出额与投资控制目标值之间的偏差，然后分析产生偏差的原因，并采取有效措施加以控制，以保证投资控制目标的实现。控制过程见示意图 6-3-1。

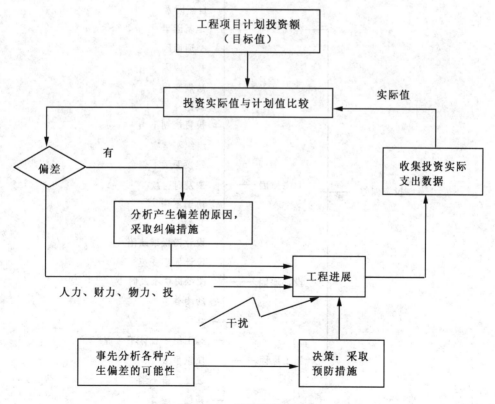

图 6-3-1 动态控制原理图

长时期以来，人们一直把控制，理解为目标值与实际值的比较，以及当实际值偏离目标值时，分析其产生偏差的原因，并确定下一步的对策。在工程项目建设全过程进行这样的项目投资控制是不够完善的，问题在于，这种立足于调查、收集信息、分析基础之上的偏离——纠偏——再偏离——再纠偏的控制方法，只能发现偏离，使已产生的偏离尽量消失，难以预防可能发生的偏离，因而只能说是被动控制。自70年代初开始，人们将系统论和控制论的研究成果用于项目管理后，将"控制"立足于事先主动地采取决策措施，以尽可能地减少以至避免目标值与实际值的偏离，这是主动的、积极的控制方法，称为主动控制。也就是说，项目投资控制，不仅要反映投资决策，反映设计、发包和施工，被动地控制项目投资，更要能动地影响投资决策，影响设计、发包和施工，主动地控制项目投资。

　　二、偏差分析

　　（一）偏差原因。进行偏差分析，不仅要了解"发生了什么偏差"，而且要能知道"为什么会发生这些偏差"，即找出引起偏差的具体原因，才可能采取有针对性的措施纠偏。

　　分析投资偏差原因应综合而不笼统，这需要一定数量的局部偏差数据为基础，因此积累资料和信息是十分重要的。

　　一般来讲，引起投资偏差的原因主要有四个方面，即客观原因、业主原因、设计原因和施工原因，见图6-3-2。

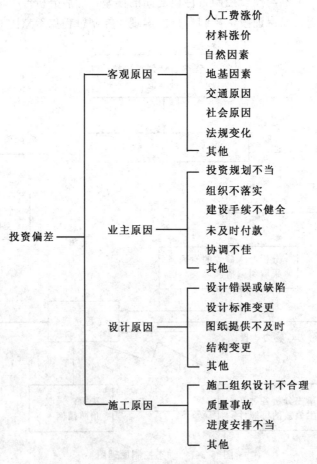

图 6-3-2 投资偏差原因

174

三、有效控制投资的原则和方法

工程造价即项目投资的有效控制就是在优化设计方案的基础上，在建设程序的各个阶段，采用一定的方法和措施把工程造价的发生控制在合理的范围和核定的造价限额以内。具体说，应按图 6-1-3 的顺序分层控制，即要用投资估算价控制设计方案的选择和初步设计概算造价；用概算造价控制技术设计和修正概算造价；用概算造价或修正概算造价控制施工图设计和预算造价。以求合理使用人力、物力和财力，取得较好的投资效益。

（一）层层要控制，但应以设计阶段为重点

工程造价控制贯穿于项目建设全过程，但其关键在于施工前的投资决策和设计阶段，而在项目作出投资决策后，关键就在于设计。建设工程全寿命费用包括工程造价和交付使用后的经常开支费用（含经营费用、日常维护修理费用、使用期内大修理和局部更新费用）以及使用期满后的报废拆除费用等。据西方一些国家分析，设计费一般只相当于建设工程全寿命费用的 1％以下，但却基本决定了工程的建安费用及随后的大部分费用。由此可见，设计质量影响工程投资的效益是十分关键的。

长期以来，我国普遍忽视工程前期的造价控制，而往往把主要精力放在施工阶段——审核施工图预算、结算建安工程价款，算细账。这样做尽管也有效果，但毕竟有些本末倒置、丢瓜捡豆。要有效地控制工程造价，就要坚决地把控制重点转到建设前期阶段，当前尤其应抓住设计这个关键阶段，以取得事半功倍的效果。

合理选定工程的建设标准、设计标准，贯彻国家的建设方针。认真控制施工图设计，推行"限额设计"。协助建设单位搞好相应的招标工作，从优选择建设项目的设计单位和承建单位、各专业及安装施工单位、调试单位、设备和主材的供应商；协助建设单位与中标单位签订合同。

积极、合理地采用新技术、新工艺、新材料，优化设计方案，编好、定好概算。

（二）主动控制以取得令人满意的结果

传统决策理论是建立在绝对的逻辑基础上的一种封闭式决策模型，它把人看作具有绝对理性的"理性的人"或"经济人"，在决策时，会本能地遵循最优化原则（即取影响目标的各种因素的最有利的值）来选择实施方案。而以美国经济学家西蒙首创的现代决策理论的核心则是"令人满意"准则。他认为，由于人的头脑能够思考和解答问题的容量同问题本身规模相比是渺小的，因此在现实世界里，要采取客观合理的举动，哪怕接近客观合理性，也是很困难的。因此，对决策人来说，最优化决策几乎是不可能的。西蒙提出了用"令人满意"这个词来代替"最优化"，他认为决策人在决策时，可先对各种客观因素、执行人所采取的可能行动以及这些行动的可能后果加以综合研究，并确定一套切合实际的衡量准则。如某一可行方案符合这种衡量准则，并能达到预期的目标，则这一方案才是满意的方案，可以采纳；否则应对原衡量准则作适当的修改，继续挑选。

投资控制中最主要的方法是主动控制，事前控制，从项目整体说要能动地影响投资决策设计、发包和施工；从施工过程中说，要事先做好各种预测，要掌握市场行情，了解各种价格规律和相关政策，要熟悉图纸，避免不必要的洽商变更等等。

（三）技术与经济相结合是控制工程造价最有效的手段

要有效地控制工程造价，应从组织、技术、经济等多方面采取措施。组织措施包括明确项目组织结构、造价控制者及其任务、管理职能分工等。技术措施包括重视设计多方案选择，严格审查监督初步设计、技术设计、施工图设计、施工组织设计，深入技术领域研究节约投资的可能；经济措施包括动态地比较造价的计划值和实际值，严格审核各项费用支出，采取对节约投资的有力奖励措施等。

投资控制的有效技术措施与经济手段相结合，从组织、技术、经济、合同、信息管理等手段多方面采取措施，尤其是技术与经济手段的结合，在我国尚属薄弱，这应是监理工程师给予注意的。要加强监理工程师经济合同方面的知识水准的提高，审核概预算的能力更是基础，因此监理工程师如果兼为注册造价师则更有助于投资的控制，至少监理公司应具备这样的人才，可在所监理的工程中发挥作用。了解工程进展中的各种关系和问题，以提高工程造价效益为目的，在工程建设过程中把技术与经济有机结合，通过技术比较、经济分析和效果评价，正确处理技术先进与经济合理两者之间的对立统一关系，力求在技术先进条件下的经济合理，在经济合理基础上的技术先进，把控制工程造价观念渗透到各项设计和施工技术措施之中。

（四）协调好与各有关方面的关系，尤其是经济关系。

监理工程师应该清楚造价的控制寓于工程施工的全过程，必须从开工伊始就重视投资控制工作，只有通过逐项控制、层层控制才能最终合理确定造价。最后，要牢记控制造价的最终目的是综合的，即合理使用建设资金，提高投资效益，遵守价格运动规律和市场运行机制，维护有关各方合理的经济利益。

（五）严格对造价实行静态管理。如保证资金合理、有效地使用，按合同支付，减少资金利息支出和损失，作好工程索赔价款结算及竣工结算等。

第四节　建设项目合同价款的确定

一、工程合同价方式

建设部 89 号令规定，建设单位在确定中标人后 30 日内与中标单位签订合同。一般结构不太复杂的中小型工程 7 天以内，结构复杂的大型工程 14 天以内，根据《中华人民工和国合同法》依据招投标文件双方签订施工合同。工程合同价可采用的方式如图 6-4-1 所示。

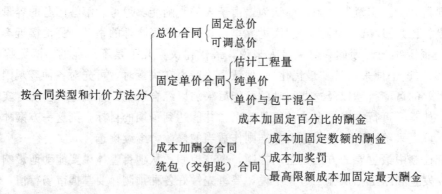

图 6-4-1　合同价的分类

经建设部第 49 次常务会议审议通过，建设部部长俞正声于 2001 年 11 月 5 日签发了中华人民共和国建设部令（第 107 号）《建筑工程施工发包与承包计价管理办法》（以下简称

《计价办法》），自 2001 年 12 月 1 日起执行。办法适用于各类房屋建筑及其附属设施和与其配套的线路、管道、设备安装工程及室内外装饰装修工程。

包括签订合同价及编制施工图预算、招标标底、投标报价、工程结算等活动，均属工程发承包计价活动，此处只讲合同价的有关知识。

（一）固定价 总合同价或者单价在合同约定的风险范围内不可调整。又分为两种。

1. 固定总价

指承包整个工程的合同价款总额已经确定，在工程实施中不再因物价上涨而变化。所以，应全面考虑价格风险因素，也须在合同中明确规定总价包括的范围。这类合同价可以使建设单位对工程总开支做到心中有数，在施工过程中可以更有效地控制资金的使用。但对承包商来说，要承担较大的风险，如物价波动、气候条件恶劣、地质地基条件及其他意外困难等，因此合同价款一般会高些。

2. 固定单价

指合同中确定的各项单价在工程实施期间不因价格变化而调整，而在每月（或每阶段）工程结算时，根据实际完成的工程量结算，在工程全部完成时以竣工图的工程量最终结算工程总价款。

（二）可调价 合同总价或者单价在合同实施期内，根据合同约定的办法调整。

建设单位（业主）和承包商在商订合同时，以招标文件的要求及当时的物价计算出合同总价。如果在执行合同期间，由于通货膨胀引起成本增加达到某一限度时，合同总价则做相应调整。可调合同价使建设单位（业主）承担了通货膨胀的风险，承包商则承担其他风险。一般适合于工期较长（如一年以上）的项目。

（三）成本加酬金

工程合同价中工程成本部分按现行计价依据计算，酬金部分则按工程成本乘以通过竞争确定的费率计算，将两者相加，确定出合同价。一般分为以下几种形式。

1. 成本加固定百分比酬金

这是发包方对承包方支付的人工、材料和施工机械使用费、其他直接费、施工管理费等按实际直接成本全部据实补偿，同时按照固定百分比付给承包方一笔酬金，作为承包方的利润。

这种合同价使得付给承包方的酬金及建设工程总造价随工程成本而水涨船高，不利于鼓励承包方降低成本，很少被采用。

2. 成本加固定金额酬金

与上述成本加固定百分比酬金合同价相似，其不同之处仅在于发包方付给承包方的酬金是一笔固定金额的酬金。

采用上述两种合同价时，为了避免承包方企图获得更多的酬金而对工程成本不加控制，往往在承包合同中规定一些"补充条款"，以鼓励承包方节约资金，降低成本。

3. 成本加奖罚

采用这种合同价，首先根据粗略估算的工程量和单价表编制目标成本，确定酬金补偿数额（百分比或固定额）。然后，根据实际成本支出与目标成本比较确定一笔额外奖金与罚金，当实际成本低于目标成本时，承包方除获得实际成本、酬金补偿外，还可根据成本降低比例得到相应的额外奖金；当实际成本接近或略高于目标成本时，承包方仅能得到成本和酬金的补偿；若高出目标成本且超过约定限额还要处以罚金。除此之外，还可设工期奖罚。

这种合同价可促使承包商降低成本，缩短工期，而且目标成本可以随着设计的进展而调整，承发包双方都不会承担太大风险，故应用较多。

4. 最高限额成本加固定最大酬金

首先要确定最高限额成本、报价成本和最低成本，当实际成本没有超过最低成本时，承包方可得到花费的成本费用及应得酬金等，并与发包方分享节约额；如果实际工程成本在最低成本和报价成本之间，承包方只能得到成本和酬金；如果实际工程成本在报价成本与最高限额成本之间，则只能得到全部成本；实际工程成本超过最高限额成本时，则超过部分发包方不予支付。

这种合同价形式有利于控制工程造价，并能鼓励承包方最大限度地降低工程成本。

办法明确指出：建筑工程施工发包与承包价在政府宏观调控下，由市场竞争形成。应遵循公平、合法和诚实信用的原则。

二、发包、承包方确定合同价及履行合同约定

《计价办法》规定：招标人与中标人应当根据中标价订立合同。不实行招标投标的工程，在承包方编制的施工图预算的基础上，由发承包双方协商订立合同。此时应注意以下几点。

1. 发承包双方在确定合同价时，应当考虑市场环境和生产要素价格变化对合同价的影响；

2. 应当根据建设行政主管部门的规定，结合工程款、建设工期和包工包料情况在合同中约定预付工程款的具体事宜；

3. 双方应当按照合同约定，定期或者按照工程进度进行工程款结算；

4. 工程竣工验收合格，应当按照有关规定及合同约定进行竣工结算。

三、对合同价的管理

《计价办法》指出，国务院建设行政主管部门负责全国工程发承包计价工作的管理。

县级以上地方人民政府建设行政主管部门负责本行政区域内工程发承包计价工作的管理。其具体工作可以委托工程造价管理机构负责。

第五节　装饰装修施工监理投资控制的重要环节

对任何一个工程项目说来，投资控制是一个全过程、全方位的系统管理过程。监理工程师应该清楚造价的控制寓于工程施工的全过程，必须从开工伊始就重视投资控制工作，只有通过逐项控制、层层控制才能最后合理确定造价。

由于建筑装饰装修工程相对结构工程工期较短，但造价较高，且都需要单独进行设计（新建项目多称二次设计），不仅土建专业分项工程多，在改造工程尤其是高级装修工程中，又含水、电、弱电、风、消防、通讯、音响等相关专业，各工种融通交叉，其中专业性强的分项工程，需要专业公司设计与施工全权承担。因此监理工程师的投资控制需从施工准备阶段入手，即从方案阶段开始，逐步深入到施工阶段各环节中，结合工程实际，公正、科学地进行投资控制，即遵守价格运动规律和市场运行机制，合理使用建设资金，提高建设单位的投资效益。

监理工程师的投资控制的主要工作环节体现在以下各个阶段中。

一、施工准备阶段

（一）协助业主审定装修方案及确定投资目标

任何一个建设项目的投资总目标都必须经过科学论证后被确定，它应具有先进性和可实现性。建筑装饰装修工程的投资目标更应合理确定，这要靠监理工程师协助业主决策，监理工程师首先要会同业主对装饰工程方案反复论证、比较、修改，既满足使用功能，又能实现业主愿望，效果最大化，确定合理的投资总额。在满足国家建设方针政策的前提下，根据自身的资金实力和建筑物的用途、类别，选定装修方案，确定恰当适宜的标准和选材（含设备），从估算到概算再到预算、承包价等步步深入细化，这需要监理工程师对装修方案及其效果、各种材料价格、施工工艺和市场行情都十分了解，需要更多的实践知识。

在这个阶段中监理工程师应贯彻国家建设方针，推行"限额设计"。尽管这个方针对许多业主自筹资金、多种渠道融资的项目缺少约束力，监理工程师也应提醒业主不可盲目追求高档、豪华，要强调体现业主的装修风格，满足使用功能，使资金效益得到很好的发挥，避免项目实施中资金缺口过大。

（二）协助建设单位组织材料和设备招投标工作

相应于各专业选定安装、调试单位、设备和主材供应商的招标工作，监理工程师都应该参与，如果是业主负责主持分项工程的招标，监理工程师应尽到协助的义务，做好各项有关工作；如果是总包单位主持招标，则应该参与技术标和经济标的评价，认真发表评议意见，为选定中标单位起到积极的参谋作用，选出物美价廉材料、设备及其供应商（某些主材和设备含安装、调试工作），并协助建设单位与中标单位签订合同，尤其是有关技术条款要替业主把好关。

（三）认真审核施工图

装修工程施工图与土建和安装的施工图不同，每项装修工程图纸深度和规范也不一致，施工工艺的变化和新材料、新工艺的采用比较频繁，国家标准经常修订和增订，不熟悉者容易走入误区。图纸设计不可能尽善尽美，在业主组织的设计交底中各专业监理工程师要对全套图纸进行会审，认真审核每一张施工图及说明，对细化节点图、大样图中每一个层次，提前发现问题，如能做到这点最为理想，但经常是因图纸未能一次出齐而先行开工，再零星陆续补充图纸，开工时无法进行设计交底，开工后往往发现各专业图纸之间的矛盾，此时施工方各专业人员切记拿到图纸后不要匆忙施工，要先与各专业核对，认定无矛盾后再行施工。审核图纸不仅是避免因图纸设计不完善而造成施工过程中洽商变更的有力一环，还可以减少洽商量和返工量，并为分项工程计量审价作好准备工作。

（四）协助业主认真拟定专用条款、技术经济条款，为结算打好基础

对以施工图预算为基础招标投标的工程，承包合同价也是以经济合同形式确定的建筑安装工程造价，如何保证在合同价内完成业主期望的工程至关重要。也是监理工程师投资控制的目标。

除合同条件中的基本内容，如工程规模、标准、开竣工日期外，监理工程师应协助业主推敲专用条款，尤其有关经济方面的事项必须考虑周全，如本合同采用某年某种装饰工程定额文本作为计算依据；对于高级材料的差价采用某时间段公布的信息价作为计算依据；确定精细制作的人工费调增数额或百分率；预付款及进度款的支付时间和方式及有关违约

的罚则等等均应明确写进专用条款，使结算时不产生疑义和分歧，在支付进度款时也不致产生纠纷。

在此提醒大家，以前曾使用的专门针对装修工程的施工合同，现在已经被合并到现行建设工程施工合同范本中，装修工程合同条款可在专用条款中充分说明。

二、施工阶段

理论上讲，施工阶段对资金的影响程度已经较小，投资控制主要是力争在投资的额度内实现项目。按概算对造价实行静态控制、动态管理。概括说来一方面是要按照承包方实际完成的工程量，以合同价为基础，同时考虑物价上涨因素及设计中难以预计的而在实施阶段实际发生的工程和费用，合理确定结算价。另一方面对实际发生的设计变更洽商引起的费用的控制，及索赔费用的处理，也是施工阶段中投资控制的重点。

这就要求监理工程师要严格按《工程建设监理规范》中有关投资控制的规定，认真做好每一项具体工作，最终达到投资控制的目标。投资控制所使用的表格详见附录Ⅰ中Ａ、Ｂ、Ｃ类表式。

（一）协助业主编制资金使用计划

确定了投资总目标之后，还必须详细确定分目标值、细目标值，监理工程师编制出资金使用计划，作为投资控制的依据和目标，如对单位工程中的建筑安装工程费可分解到分部、分项工程上，也可按进度计划即按时间分解到年度、季度、月度，这样才便于具体控制，发现偏差后可及时采取措施调整，不致造成最后偏差积累过大而无计可施。

（二）审核工程预付款的支付及使用情况

在工程承包合同条款中要明文规定一定限额的工程预付款。此预付款构成施工企业为该承包工程项目进行的动员费及储备主要材料、设备、构件所需的流动资金。施工企业承包工程，一般都实行包工包料，这就需要有一定数量的备料周转金，应由业主先预付。施工方应将此款用于本工程的材料、设备、构配件的采购中，以满足供货周期和施工进度的要求。若业主不能按时支付此款，或业主已支付而施工方挪用，都属违约行为，将造成对本工程进度、质量目标的负面影响，因此监理工程师应对预付款的支付数额、时间和使用情况加以控制。

1. 预付备料款的限额

限额由下列主要因素决定：主要材料（包括外购构件）占工程造价的比重；材料储备期；施工工期。

一般建筑工程不应超过当年建筑工作量（包括水、电、暖）的 30%；安装工程取年安装工作量的 10%；材料占比重较多时可提高至 15% 左右拨付。

在装修工程中，备料款的数额要根据工程类型、合同工期、承包方式和供应渠道等不同条件而定。例如，工期短的工程比工期长的要高；主要材料由施工单位自购的比由建设单位供应的要高，其中，高档装修或改造工程，更换进口洁具、灯具，主要材料所占比重高，因而备料款数额也要相应提高。

对于承包方只包定额工日的工程项目，则不预付备料款。

2. 双方对预付款应履行的义务及违约处理

（1）我国《建设工程施工合同文本》中规定，甲乙双方应当在专用条款内约定甲方向乙方预付工程款的时间和数额，开工后按约定的时间和比例逐次扣回。预付时间应不迟于约定的开工日期前 7 天。

（2）甲方不按约定预付，乙方在约定预付时间 7 天后向甲方发出要求预付的通知，甲方收到通知后仍不能按要求预付，乙方可在发出通知后 7 天停止施工，甲方应从约定应付之日起向乙方支付应付款的贷款利息，并承担违约责任。

（3）如乙方滥用此款，甲方有权立即收回。

从以上三条可以看出，对业主与施工双方在预付款的支付与使用上，国家主管部门都有了明确的约束条文，因此监理工程师必须站在公正的立场上，督促双方履约。目前，业主缺少资金不付预付款的现象较为普遍。施工企业为生存往往在投标时表态宁愿垫资承揽工程，中标后，或因经济实力不足，或因其他项目占用资金一时流动受限影响了本项目的施工，这就造成了包括供货商在内的三角（多角）债怪圈，不利于建筑市场有序健康的发展，主管部门正在加大力度治理。做为承包商应遵守建筑市场秩序，不要违心吃力的去承揽工程，那样做会使企业十分被动，有碍发展。

（三）做好工程计量和工程款支付工作

工程计量是根据设计文件及承包合同中关于工程量计算的规定，项目监理机构对承包单位申报的已完成的合格工程量进行的核验，在此基础上批付工程进度款的申请。《监理规范》对此项工作规定如下。

1. 项目监理机构应按工程量计算规则和施工合同约定的支付条款进行工程量计量和工程进度款支付。程序如下：

（1）承包单位申请

承包单位统计经专业监理工程师质量验收合格的工程量，按施工合同的约定填报工程量清单和工程款支付申请表，格式见附录Ⅰ表 A5。工程款支付申请中包括合同内工作量、工程变更增减费用、经批准的索赔费用、应扣除的预付款、保留金及施工合同约定的其他支付费用。

（2）专业监理工程师逐项审查

专业监理工程师进行现场计量，按施工合同的约定审核工程量清单和工程款支付申请表。提出审查意见后，报总监理工程师审定，总监理工程师批准并签署工程款支付证书后，报建设单位。

工程计量是投资支出的关键环节，监理工程师必须对现场实际完成的工程会同施工单位给以计量，其先决条件是已经验收合格、验收手续齐全、资料符合验收要求。这是支付进度款的基础，尽管原来投标时有工程量清单，中标时也曾给予批准，但那只是按图纸计算的工程量，没有质量合格的含义，不能作为支付依据。监理工程师应在每项工程完结并验收后立即进行计量，作为按月定期结算支付款额的凭证。

2. 专业监理工程师应及时建立月完成工程量和工作量统计表，对实际完成量与计划完成量进行比较、分析，制定调整措施，并应在监理月报中向建设单位报告。

实际工作中必须做到计量有据，计算详细，应以合同文件、设计图纸、工程量清单（说明）及技术规范、定额及经施工、业主、设计、监理四方签认的设计变更或洽商等文件为准，不能以实际发生为准，也就是说如果施工方未按图纸完成则不予以验收；如超图纸做了，没有变更通知单或四方签字的洽商，施工方自己承担额外支出。特别应注意对非标准设计或特殊装修部位，如弧形玻璃幕墙、艺术造型的饰面层等，其面积工程量必须根据图纸详细计算，要有计算过程并附草图经监理工程师审定，因为这种情况在装修工程中多见，若计算不准，则造价偏差很大，必须一件一件地控制好。

3. 审查预算定额单价的套用

这是监理工程师投资控制的基础工作之一，因预算定额高套和重复套用往往是施工方获利的一种手段，应在审查中予以纠正。要求施工方报价必须满足下列要求，现列举几种情况，可在工作中参考应用。

(1) 所套定额的价格与产地、型号、等级、规格必须相符（北京地区）。

装修工程中常用的石材，其单价因产地不同而区别很大，如芝麻白，定额中列出山东产为 163 元/m²，而福建产为 77 元/m²，若施工方报价为 165 元/m²，则必须是山东产品，否则质与价不符，属高套定额非法获利，监理工程师必须认真审查予以核实，如发现以次充好行为，必须予以制止。其报价与定额的 2 元差价，应审核明白，理由成立可批，不成立则扣除，以定额为准。

(2) 与定额的计量单位必须统一

各种工序定额中的计量单位决定了其价格的科学性，如：内墙抹灰的工程量按墙面的净高和净宽计算，门窗根据不同种类按框外面积或扇外面积计算；细部木制作工程量分别以延长米或平方米计算；金属构件制作工程量多数以吨为单位等。

如果单位使用不同，则单价失去了原有的意义，总投资就会出现失控现象，在审核施工方所套定额时必须把长度、面积、体积、重量单位分别清楚，防止计量单位更换以后，工程量出现以大代小现象。

(3) 材料费或人工费不得重复计算

因为有的定额已是综合定额，包含了相关的一些工艺、所需材料和人工费，故不能以实际用料和每个工艺计量、计价、计工。

如：施工方报价平开感应门属特种的每套价格为 15080 元，安装费 100 元，监理工程师审核时应注意这是重复报价，因为前者费用中包含了安装人工费。若计取安装费则门价应为 15000 元，不能使用前者价格后又单独计算人工费。

4. 合理确定定额未能涵盖的子项单价（含材料、人工）

由于装修工程的特殊性，每个业主要求展现的个性、风格及使用的材料、工艺加工过程千变万化，装修材料和做法的多样性，统一定额不可能全部包容进去。加之定额信息具有计划经济模式，又是几年之间通用的，时效性必打折扣，其定价不可能真实完全的反映出市场材料价格和劳动力成本的信息。科学技术发展的速度使新材料、新工艺的价格也难以及时反映到定额中，因此常常出现某些分项工程或工序无定额可循，或与定额差价过大的现象，这是从计划经济向商品经济过度时期的正常表现，监理工程师应发挥专业知识，了解市场行情，掌握施工工艺过程，积极协调业主、施工方对这类问题共同磋商取得共识，或重新组价确定出合理的补充定额单价，或按件评价作为计价依据，以指导施工和结算。

定额中应该通过定额材料分析换算出每平方米用量后再换成平米的单价才能进入计价程序，此工作可根据常规经验认定。若所用的乳胶漆（或涂料）为定额外产品，则应根据所确认的平米用量来换算平米单价，不能以施工方报价为准进行换算，更不能以发票价为计价依据。

(1) 合理组价

对新材料、新工艺、新技术的工程项目，定额中有缺项时，应编制补充定额（北京市将公布相关规定），现仅就组价方法做一简介。

对装修工程中造型及工艺复杂的子项工程或单独工序，可由施工企业先根据施工详图作出主材、辅材、低值易耗品的价格分析和损耗率、用工数量，然后由监理工程师作市场调查，逐项审核认定，在改造工程对定额用量难以包容的材料用量，除需现场实测外，尚应根据与实际情况差异的因素审定，用实测用量乘以恰当的系数即可做为实际用量，最后经业主、施工方、监理方共同磋商研究形成共识并确认新的单价。

例1 某工程立面含部分弧形玻璃幕墙，定额中常用的结构胶对异形幕墙而言，数量不够。施工、监理、业主三方商定在现场挑选有代表性的面积做试验，得出每筒胶可粘结的延米数量，然后算出每平方米所含的玻璃缝的长度，即可换算出每平米幕墙的用胶量，再乘以综合系数，便可组合成新的定额用量。

例2 如某旧大楼内原弹涂墙面涂料更新，因原定额材料用量不能反映实际用量，施工方报量 $1.5m^2/kg$，与定额用量 $3.5m^2/kg$ 相差甚远，业主、监理决定在现场选择一定面积实测。实测结果用量为 $1.2m^2/kg$，较报量还少，对此，监理工程师分析涂料消耗量多的原因：

①所选墙面为弹涂做法，较平面涂刷费料。

②选择的面积凹凸拐角多，且污染严重，所刷次数较多。

③容器小、工具小，原料的残余量造成的损耗量大。

根据以上分析施工方报量接近实际情况。监理工程师了解到实际全楼内大部分墙面仅刷两遍。全部面积为 $9000m^2$ 以上，总进料（不完全统计）4.5t，故按施工方报量乘以 1.15 系数，为 $1.75m^2/kg$，以此用量换算为平米单价，施工方与业主均已接受。

（2）按件评价

对装饰工程中的特艺造型和工艺装饰如浮雕、石雕饰品、独立造型物及有纪念意义的各种材料的标识造型物等则独立估价，由业主或委托监理公司聘请有经验的高级工艺美术师、专家以实际经济价值和市场价格评定计价。

5. 用好、管好建设资金，保证资金合理、有效地使用，减少资金利息支出和损失。

未经监理人员质量验收合格的工程量，或不符合施工合同规定的工程量，监理人员应拒绝计量和该部分的工程款支付申请。这条规定的实质意义是监理人员不得提前或无根据的计量与支付工程款。即便工程是合格的，但未履行报验手续，或不在合同范围内且无洽商、变更，均应拒绝计量与支付，这是保证投资目标受控的措施之一。

（四）控制好设备及材料的采购、进场检验

建筑装饰装修工程（尤其是高级装饰装修）中，设备材料费用所占比例很大，在目前正在发展的市场经济条件下其定价无统一标准，质量与价格比直接影响到工程的投资和效益，故应将设备及材料的采购作为投资控制的重点之一。监理工程师可协助业主组织对大型设备及主要材料进行招标，优选供应厂家；不进行招投标的一般材料设备也要进行询价，货比三家，协助业主认质、认价，并封样保存，详细签订购货合同，并督办有关事宜，到货后按原材料、购配件质量检验程序进行验收。

监理工程师应做的询价和认价工作概括如下。

1. 多方询价、综合选优

对定额中未能包涵的材料进行询价，监理工程师必须要以很强的责任心投入这项细致而繁锁的工作，因为引起材料市场价格浮动的原因很多，地区价格有差异；材料进货渠道、运输损耗以及供货商的利润幅度都会影响到材料报价差异，甚至同一产品，同一厂家，同一营销人员对不同的询价人员掌握的尺度也会不同，因此监理工程师必须耐心负责地多方询价了解性价比、售后服务，以求为业主找到物美价廉综合优质的供应商。当然供应商及其产品具备合格的相应资质及资料是选择的前提。

2. 合理认价、抓主放次

询价后要确认，此时更要求监理工程师具有丰富的专业知识和商业知识，也要有洽谈的艺术和协调的能力，能在各方利益矛盾时，寻找到平衡点，使双方接受。如材料需求量大时供货商降价或优惠的空间就大，反之很小甚至没有，还可能不接这项业务。按定型的规格尺寸供应与非标准尺寸供应价格肯定不同，后者显然要贵。若采用复杂工艺，加工工序多就要增加费用等。监理工程师对这些工艺与交易的知识应做到心中有数，在认价时才能做到不轻易否定或批评施工方的报价，而是提出有理有据的适中价格，既维护了业主的权益，又调动了施工方积极性，促使他们去与供货商洽谈争取到合理的产品价格，下举一例说明。

某装修工程中有一楼梯踏步侧面被设计成有标识的大理石墙面，其四周为 0.20m 宽的汉白玉封边，总长为 12m，施工方汉白玉报出厂价 660 元/m²，监理工程师查出定额价最高为 460 元/m²（房山产），最低为 310 元（云南产），报价显然过高。要求施工方阐述厂家报价的理由，被告之有三点，其一，为获得最佳装饰效果，已挑选并制作出样板石材，其天然纹路、色泽、光洁程度已得到业主确认，为此要在成型的板材中切割挑选出类似样板的条材（0.2m 宽），其他余材则不好再按定额价销售，这种损耗应予以考虑；其二报价中已含切割、磨边等工艺费用，因其宽度小，折线多，接缝多，故工艺加工费用多；其三加工期太短，因为工期的要求仅有 15 天，从选材加工到运到现场，只能按急件加工处理，鉴于以上三个原因故费用较高。监理工程师认真分析后认为厂家理由可信、成立，但是否需要高出 200 元的差价还可磋商。因为损耗、加急等成本不易测算，故难以给出准确价格，如果硬要施工方降低一定数量的单价，而又没有充分可靠数据作依据，施工方说服不了供应厂家，结果会有两种可能：或是厂家不接受，施工方贴补其间的差价，虽数量不多，但在情绪上施工方处于被动地位，对进度或质量难免要产生负面作用；或是僵持不下，重新选厂，耽误了工期。这样对项目目标的综合效益是不利的，况且只有 12m² 数量很小，即使材料费单价偏高一些，总价不过多千把元，但从工期考虑，不能再耽误，否则误了进度损失更大。权衡轻重之后，向业主提出建议，即将砍价权力交给施工方，望施工方再和供应厂家商谈，争取再得到一些降价，如实在不行，则施工方必须保证进货时间和质量，保证装饰质量和效果，否则由他们负责赔偿。建议被采纳，收到了良好效果。这个认价过程充分体现了既要合理又要抓主放次的宗旨，调动了施工方的积极性，维护了业主三大目标的综合效果。

3. 公开封样，妥善保管

对重要材料认质认价后要几方共同封样，注意封样后妥善保管，以求进货时作为检验依据。由谁保管都可以，负责保管的单位（部门、人）要尽职尽责，要有记录可查对。

4. 比样验货，签署资料

进货时必须以原封样品为依据，符合者可进场使用，同时有关各方签署一切资料、备案。不符合者，按合同或约定处理，不得使用，将处理意见以书面形式记载备案，作为双方索赔的依据。

（五）项目监理机构应依据施工合同有关条款、施工图，对工程项目造价目标进行风险分析，并应制定防范性对策。

专业监理工程师进行风险分析主要是找出工程造价最易突破部分（如施工合同有关条款不明确而造成突破造价的漏洞，施工图中的问题易造成工程变更、材料和设备价格不确定等），以及最易发生费用索赔的原因和部位（如因建设单位资金、供应的材料设备不到位、施工图提供不及时，客观原因造成的停水、停电等），从而制定出防范性对策，书面报告总监理工程师，经其审核后向建设单位提交有关报告。

（六）慎重签认工程变更

关于工程变更的定义及监理工程师处理的程序大家都很熟悉，此处仅从投资控制角度阐述监理工程师应做的工作。

在建筑装饰装修施工过程中，由于各方面因素，如标准、材料、工程量、工期变化等均会导致工程发生增、减、改变，即发生设计变更或洽商，每一个变更或洽商除有技术改变外，均附有经济变化，因此监理工程师必须把它作为控制重点。这种变更带来的价款均不在合同价款内，必须认真按合同约定的有关条款及现行的政策，按程序给以审定。可以说，合同外的价款是控制的要点，应尽量少发生，必须发生时也应合理、经济。

虽然建设单位、设计单位、施工单位、项目监理机构各方均有权提出工程变更，但应注意的是决定权在建设单位，监理工程师主要在技术可行性方面为业主把关，作好参谋工作。

1. 项目监理机构应按照委托监理合同的约定进行工程变更的处理，不应超越所授权限，并应协助建设单位与承包单位签定工程变更的补充协议。

发生工程变更，无论是由设计单位、建设单位或承包单位提出的，均应经过建设单位、设计单位、承包单位和监理企业的代表签认，并通过项目总监理工程师下达变更指令后，承包单位方可进行施工。同时，承包单位应按照施工合同的有关规定，编制工程变更概算书，报送项目总监理工程师审核、确认，经建设单位认可后，方可进入工程计量和工程款支付程序。

2. 总监理工程师应从造价、项目的功能要求、质量和工期等方面审查工程变更的方案，并宜在工程变更实施前与建设单位、承包单位协商确定工程变更的价款。

（七）严格合同管理，作好工程索赔价款结算。

处理好索赔事项是投资控制的重要环节之一，相关内容可参阅第七章第一节。

涉及工程索赔的有关施工和监理资料包括施工合同、协议、供货合同、工程变更、施工方案、施工进度计划，承包单位工、料、机动态记录（文字、照相等）、建设单位和承包单位的有关文件、会议纪要、监理工程师通知等。《建设工程监理规范》规定：专业监理工程师应及时收集、整理有关的施工和监理资料，为处理费用索赔提供证据。这是选价控制的工作内容之一。此处必须强调的是，如发生索赔事项应及时处理，随每月进度款一并结算，不可拖延积累到竣工。

有关（六）、（七）项工作详细内容在第七章叙述。

三、竣工结算阶段

所谓工程价款结算是指承包商在工程实施过程中，依据承包合同中关于付款条款的规定和已经完成的工程量，并按照规定的程序向建设单位（业主）收取工程价款的一项经济活动。

（一）《工程建设监理规范》规定

工程竣工后，项目监理机构应及时按施工合同的有关规定进行竣工结算，关于竣工阶段投资控制中监理工程师的工作，规范规定如下。

1. 项目监理机构应及时按施工合同的有关规定进行竣工结算，并应对竣工结算的价款总额与建设单位和承包单位进行协商。当无法协商一致时，应按本规范行 6.5 节的规定进行处理。

2. 项目监理机构应按下列程序进行竣工结算。

（1）承包单位按施工合同规定填报竣工结算报表；

（2）专业监理工程师审核承包单位报送的竣工结算报表；

（3）总监理工程师审定竣工结算报表，与建设单位、承包单位协商一致后，签发竣工结算文件和最终的工程款支付证书报建设单位。当无法协商一致时，应按合同争议的调解规定处理。

（二）监理工程师具体操作注意事项

1. 选定结算方式

监理工程师在常规下都早于施工单位介入项目，在协助业主与选定的施工单位签订施工合同时，应根据我国结算的原则（恪守信用，及时付款；谁的钱进谁的账，由谁支配；银行不垫款），结合项目特点业主资金筹措情况和投入计划，选定恰当适宜的结算方式。

现行工程价款结算有如下多种方式。

（1）按月结算

每月末按形象进度结算，若跨年度竣工，由年终增加办理一次结算，此方式多被采用。

（2）竣工后一次结算

对整体工程项目，或工期在 12 个月以内，或者工程承包合同价值在 100 万元以下的，可以实行工程价款每月月中预支，竣工后一次结算。

（3）分段结算

即当年开工，但不能竣工的项目，按形象进度划分不同阶段进行结算。

（4）目标结款方式

将合同中的工程内容分解成不同的验收单元，不同的控制界面，当承包商完成单元工程内容并经业主（或其委托人）验收后，结算工程价款。

（5）合同约定的其他结算方式。

建筑装修工程一般工期较短，资金较少，一年内即可竣工，故竣工后一次结算即可。若工程规模大，跨年度才能完成，可选取按月结算，年终时再结算一次，余下的工程转入下年度。工程结算为各年度结算之总和。

对项目分段或分区明确的项目，可采用目标结款方式。如某工程改造项目，边办公边改造。其建筑物以大厅为中心呈放射状，分为 A、B、C、D 四区，为不妨碍使用，只能分区流水，分区交付使用，采用目标结算方式甚为恰当。需要注意的是目标结算方式中，对控制界面的设定应明确描述，便于量化和质量控制，同时要适应项目资金的供应周期和支付频率。

2. 及时结算

无论采用何种方式，及时结算是监理工程师的监控内容之一，其中当月的工程款是各种结算的基础，主要是合同内的进度款，也包括合同内变更洽商增减账，合同外新增项目款额，索赔费等，对照中标合同价及相应条款及定额、造价信息、取费率等政策性文件，施工方必须分类计算清楚，上报监理工程师先行审核，提出意见汇总至总监理工程师，对照结算方式通盘审核予以签署支付。

监理进场后，必须向施工方明确结算要及时，所有计量、洽商、变更、签认验收随实际发生当即办理，因为当月不结清拖至以后时过境迁，各方往往难于统一，易产生分歧。这些基础工作做好后要及时做出工程款结算单，必须强调的是承包方概预算人员应经常到现场了解情况，做出实际的结算，不可只依靠文字信息在办公室内上机出数，这种数据与实际会产生不符之处。

3. 及时扣回备料款

建设单位拨付给承包单位的备料款属于预支性质，到了工程实施后随着工程所需主要材料储备的逐步减少，应以抵充工程价款的方式陆续扣回。扣款的方法有以下两种：

（1）按合同约定

合同中按约定写明，进度达全部工程量的60%或65%时开始抵扣备料款，这比较方便、直观。至于每次扣多少，分几次扣完，均由双方事先定好写入合同中，依合同条款进行结算。

（2）按理论计算出起扣点、抵扣值

备料款的扣抵是从未施的工程中材料及构件的价值等于备料款时开始起扣，以后从每次结算的工程价款中按材料款所占比例计算抵扣值，竣工前全部扣完。

装饰装修工程一般工期较短，不会超过一年，就按年承包工程计，其开始抵扣的工程价款值应按下式计算：

$$开始抵扣预付的工程款价值＝年承包总值－\frac{预付备料}{主要材料费比例}$$

主要材料费比例是事先由业主与监理、施工方协商估计并确认的。

当已完工程超过开始回扣备料款的工程价值时，第一次应扣额度＝（累计完成的工程价值－开始抵扣时的工程价值）×主要材料比例，以后每次扣回额度＝每次结算的工程价值×主要材料比例。

理论上应如此，实际上处理方式各异，工期较短的单项装修工程无需分期扣，也有的工程不预付备料款就更为简单了。无论什么方式，监理工程师都应控制好，避免承包商拿了预付款逃之夭夭。

4. 协调好各有关方面的关系，平衡其利益。

需要注意的是，因为条件的变化，实际发生价款往往与合同价款不同，需要按规定对合同价款进行调整。虽然调整的依据是合同的约定和政府主管部门的有关文件，如材料的指导价，各季度的调价系数的采用等，但在合同中往往是原则的一句话，当竣工结算时遇到具体事件就会发生因理解不同或立场不同引起纠纷，故签订合同时需监理工程师提醒双方，尽量将条款写细、写明白，有统一认识，避免届时产生麻烦，一旦出现纠纷，监理工程师应站在公正的立场上，结合市场情况和本工程情况、协调好各方面的关系，平衡好各方的经济利益。

关于材料指导价，在北京地区造价管理处的有关文件中只写明在最高限价以内双方协商确定。如合同中并未写明如何定，竣工结算时会发生分歧，施工方以最高限价索要，建设单位强调应在此价之下，相持之下监理工程师应根据市场波动情况提出适当价格使双方接受。又如调价系数的采用是按材料采购的时间计？还是按使用时计？还是按竣工时计？每个季度调价系数有所不同，同一季度内各种材料系数值有正负之分，若合同中未明确计时点，施工单位则可能按"有利可图"的方法分别计取较大正值的调价系数，这将对建设单位造成损失，遇此情况在竣工结算时，监理工程师要协调双方开会以会议纪要（三方签字）形式写明具体条件。

（三）做好设备结算工作

对高档次装修工程，材料和设备较多，还可能使用进口产品，因此要注意设备费用的结算方法。因为这类设备多数由建设单位自行购置，对一般的建筑装修企业极少遇到的，故此处从略，需用时可参考相应资料。

建设单位对订购的设备、工器具、一般不付预定金，待收到货物后，按合同规定及时结算，若延期付款则应支付一定赔偿金。

对制作期超过半年的大型设备，可事先签订合同，分期付款，也要保留一定比例质量保证金，待设备运抵现场质量验收合格或质保期届满时再返还。

工程建设的结算是个复杂的工作，虽然政策性强，但也有些不完善之处，监理工程师必须掌握工程实际发生情况、变更洽商、各种造价文件、概算定额，耐心细致的逐笔审核，为建设单位精打细算，不浪费一点资金，不给施工方送"人情资金"；当然，也不能克扣施工方的所得，包括他们的合法利润。只有这样，才能使工程质量得到保障，劳动付出得到回报。

（四）造价文件的签定和与审计单位的配合

有关监理工程师和总监理工程师投资控制方面的权限，在各相关法律、法规和规范中有明确规定。

建设部 2001 年发布了 107 号部令，要求"招标标底，投标报价，工程结算审核工作和工程造价鉴定文件应当由造价工程师签定"。虽然总监理工程师是审查工程结算的主要负责人，但根据此文件可知，造价师才是审核鉴定结算文件的权威人员，这就要求监理公司应配备具有执业资格的造价师，如果总监理工程师同时也是注册造价师，对投资控制来说最为理想，这也给总监理工程师素质的全面提高指出了方向。

目前许多工程项目都须经过审计，出现了监理人员和审计人员该如何处理工作关系的新问题。我认为，如果是建设单位上级主管部门派出的审计机构，对项目监理部有审查权，监理人员应接受审查和服从决议，结算应以审计定案为准。如果是建设单位聘请的社会审计单位，他们同监理企业是同等的中介机构，对项目监理部不具有审查权，监理工程师独立工作所审定的结算经总监理工程师签字即可对业主负责，再经监理公司的造价师签署就具有法定效力。如审计结果与监理公司的结算价有差异，双方可深入探讨取得共识，如难于统一，由业主定夺。但监理人员对审计人员的工作应该友好的配合。

四、竣工决算

竣工决算是由建设单位编制的反映建设项目实际造价和投资效果的文件，包括从筹划到竣工投产全过程的全部实际费用，即建筑工程费用、安装工程费用、设备工器具购置费用和工程建设其他费用以及预备费和投资方向调节税支出费用等。

下述三项内容中前两项均为建设单位的工作，简列提纲如下，最后一项与监理工程师的工作有关，略加叙述。

（一）建设项目竣工财务决算

由下列两部分组成，是竣工决算的核心内容和重要组成部分。

1. 竣工财务决算说明书

2. 竣工财务决算报表

（二）工程造价比较分析

将决算报表中所提供的实际数据和相关资料与批准的概预算指标进行对比，以反映出竣工项目总造价和单方造价是节约还是超支，在比较的基础上，总结经验教训，找出原因，以利改进。

在实际工程中，可侧重分析以下三点。但选择哪些内容作为考核、分析重点，还得因地制宜，视项目的具体情况而定。

1. 主要实物工程量

2. 主要材料消耗量

3. 建设单位管理费、建筑安装工程其他直接费、现场经费和间接费

（三）工程竣工图

建设工程竣工图是真实地记录各种地上地下建筑物、构筑物等精装饰品的技术文件，是工程进行交工验收、维护改建和扩建的依据，是国家的重要技术档案。国家规定：各项新建、扩建、改建的基本建设工程，都要编制竣工图。一般由建设单位自行绘图，也可以委托设计或施工单位绘图（支付一定费用）。若遇后一种情况，且建设单位也委托监理部帮其审核竣工图时，监理工程师应督促施工方（含分包）尽快完成，并审核其是否符合要求，如不符合，促其改正、补充、完善以最终满足规定。可分三种情况审核。

1. 凡按设计施工图竣工没有变动的，在原施工图（必须是新蓝图）上加盖"竣工图"标志后，即作为竣工图；

2. 凡在施工过程中，只有一般性设计变更，可在原施工图上注明修改的部分，并附以设计变更通知单和施工说明，加盖"竣工图"标志后，作为竣工图；

3. 凡结构形式或装修做法改变、施工工艺改变、平面布置改变、项目改变以及有其他重大改变，需重新绘制竣工图。

无论是新建工程还是改造工程，装修的图纸都很难达到详尽完善到施工中丝毫不变，因此上述第 1 种情况很难遇到。多数情况是新建工程的装修设计图纸较完善，可能在施工中对某些部位或节点的装修做法、材质标准稍有改动，属第 2 种情况。而改造工程多数是对装修饰面层全部拆除，改变做法，对水暖、通风设备增加设施提高档次，对电气工程增加弱电项目改善功能，如果施工图设计在工程开工前出具完整详细，可能属第 1 或第 2 种情

况，但多数情况是仅有设计方案，急促开工，边施工边改动边设计，多属于第 3 种情况，必须重新会制竣工图，甚至可能是施工图与竣工图"合二为一"，此时监理工程师务必抓紧对施工方的督促，为确保竣工图质量，必须在施工过程中（不能在竣工后）及时做好隐蔽工程检查记录，整理好设计变更文件，对各种预埋管件、节点做法及设备安装等隐蔽部位，及时绘图备案，为最终绘制竣工图做好准备。

五、保修阶段费用的处理方法

保修费用是指对建设工程在保修期限和保修范围内所发生的维修、返工等各项费用支出。一般可参照建筑安装工程造价的确定程序和方法计算，此间多由建设单位自行按合同和有关规定合理确定和控制。

基于建筑安装工程情况复杂，因此，分清出现的质量缺陷和隐患等问题的原因以及具体返修内容，按照国家有关规定和合同要求，与有关单位共同商定处理办法是监理工程师应参与的工作，应分以下情况处理。

（一）勘察、设计原因造成保修费用的处理

由造成费用的单位负责继续完成勘察或设计，并承担经济责任，减免费用并赔偿损失。

（二）施工原因造成的保修费用处理

施工单位未按国家有关规范、标准和设计要求施工，造成质量缺陷，由施工单位负责无偿返修并承担经济责任。

（三）材料、构配件、设备不合格造成的保修费用处理

因建筑材料、构配件、设备质量不合格引起的质量缺陷，属于施工单位采购的或经其验收同意的，由施工单位承担经济责任；属于建设单位采购的，由建设单位承担经济责任。至于施工单位、建设单位与材料、构配件、设备供应单位或部门之间的经济责任，应按其设备、材料、构配件的采购供应合同处理。

（四）用户使用原因造成的保修费用处理

因用户使用不当造成的质量缺陷，由用户自行负责。

（五）不可抗力原因造成的保修费用处理

因地震、洪水、台风等不可抗力造成的质量问题，施工单位和监理设计单位都不承担经济责任，由建设单位负责处理。

以上第（二）、（三）项原因产生的保修费用，视其缺陷性质、损失大小并据原始资料分析监理工程师的责任，按建筑法和建筑工程质量管理条例中的有关罚则处理监理企业和监理工程师。为避免第（四）项情况的发生，装修工程交付使用时应给业主使用说明书讲明注意事项。除第一章所述保修期规定外，针对装修工程的保修期尚无国家规定，因此需在施工后保修合同中做明确约定，在保修期内的返修费用，多由（二）、（三）项原因所致，其经济责任按上述规定处理。当然设计的先天不足，或用户维护不当的"后天有碍"均可能造成返修，其应根据实际情况分清，各自担负应付的费用

六、造价管理的改革

我国建设工程造价管理模式是五十年代学习苏联而建立的，在几十年计划经济时期发挥了重要作用。自改革开放以来，政府主管部门也对其进行了一系列改革和调整，对我国工程建设和经济发展都有促进作用。但随着市场经济的发展，已不适应形势的需要，特别

是我国加入了世贸组织，对工程建设的造价管理改革提出了更迫切的要求。近几年，对工程建设的量、价、费及对外资的政策等方面做了一系列积极的探索。

如为了适应招投标的需要，与国际惯例接轨，建设部提出了推行工程量清单计价模式，在总结部分省、市经验的基础上，经中华人民共和国建设部批准，于2001年12月16日发布了《全国统一建筑装饰装修工程消耗量定额》（以下简称《装修定额》）及《全国建筑装饰装修工程量清单计价暂行办法》建标〔2001〕270号，均自2002年1月1日起执行。

原1995年《全国统一建筑工程基础定额》（土建工程GJD—101—95）及《全国统一建筑工程预算工程量计算规则》（土建工程GJD—101—95）中的相应部分同时停止执行，但本定额未列项目及卫生洁具、装饰灯具、给排水、电气等安装工程仍按原定额相应项目执行。

《装修定额》是完成规定计量单位装饰装修分项工程所需的人工、材料、施工机械台班消耗量的计量标准。应与《全国统一建筑装饰装修工程量清单计量规则》配合使用。适用于各种建筑装饰装修工程，是编制标底、施工图预算、确定造价的依据；是编制概算定额（指标）、估算指标的基础；是编制企业定额、投标报价的参考。

与此相适应，今后省级定额管理部门可结合本地区的实际情况，负责发布消耗量定额、价格信息和费用项目的计算方法及费率标准等信息，供建设各方主体和政府部门参考。

特别要提出的是定额改革问题，定额作为确定工程造价的基础，集中反映了国家的政策导向、经济状况、技术水平和劳动生产率，反映了全国或地区范围内社会的平均水平，在控制投资和指导企业报价等方面起到了不可替代的作用。但是，定额的作用及其编制原则和表现形式等必须进行改革，即将其作用由指令性逐步改为指导性；把属于由企业根据自身情况确定的、竞争性的内容，交由企业自主确定；要贯彻执行有关法律法规和政策，遵循社会主义市场经济规律，制订出促进公平竞争，促进施工企业提高管理水平，确保工程质量，提高投资效益的建设工程计价定额，使工程定额更具科学性、实用性和合理性。

北京市按照"国家宏观调控、企业自主报价、社会全面监督、市场形成价格"的改革思路，力求能够做到"科学定位社会水平，合理引导费用竞争，积极接轨国际惯例"的思路编制完成了2001年《北京市建设工程预算定额》及《北京市建设工程费用定额》京建经〔2001〕664号，其中第二册为装饰工程（上、下册），于2001年11月16日公布，自2002年4月1日执行。

新编预算定额既能以预算定额计价，又有利于推行工程量清单计价，适应目前建设市场的实际情况和加入WTO后的需要，执行该预算定额的工程计价原则是"定额量、市场价、指导费"，新定额作为北京行政区域内编制建设工程预算、招标标底、投标报价、工程量清单计价，以及签订施工承包合同、工程结算和工程造价审定的依据。

造价管理是一个系统工程，需要各有关部门统筹考虑，共同努力，协调工作，完善市场各主体的运行规则。监理工程师做为专业人员，应监督检查施工方计量计价的行为，要加强执法，在工程结算审核和造价鉴定工作中，坚持原则，廉洁高效地工作。同时，还必须从适应形势、加快发展、提高水平的角度去学习贯彻新定额，新计价模式，在拟推行的工程量清单计价试点的工作中，更好地发挥投资控制的职能。

复习思考题

1. 我国现行的建筑安装费用是如何构成的？项目总投资构成中除此项外还含有哪些费用？
2. 工程合同价有哪几种？建筑装饰装修工程多采用何种？
3. 月进度款与结算款有何区别？支付程序是什么？
4. 监理工程师控制施工阶段投资的基础工作有哪些？
5. 监理工程师在竣工结算阶段和保修阶段的投资控制应做哪些工作？
6. 竣工图有哪几种类型？

第七章　建筑装饰装修施工监理的合同管理与信息管理

众所周知，施工监理的业务范围概括说来就是"三大控制、两大管理"，三大目标控制已讲述完毕。本章讲述合同、信息两大管理。

第一节　施工合同管理

一、施工合同简介

在施工监理业务中，管理合同是监理工程师的重要工作之一，若从实质上讲，全部监理工作都是依据各种相关合同而开展的，合同是监理工程师工作的依据，因此必须掌握各相关的种类和类型。

（一）建设工程合同

这是建设单位与施工单位就工程项目施工事项而签订的合同，在《中华人民共和国合同法》（由第九届全国人民代表大会第二次会议于 1999 年 3 月 15 日通过，并予公布。自1999 年 10 月 1 日起施行）中单列为第十六章"建设工程合同"，这是承包人进行工程建设，发包人支付价款的合同，包括工程勘察、设计、施工合同三种类型。如果监理企业接受的是工程项目全过程的监理业务，则监理工程师应对这三种合同进行管理，包括合同条款（主要指专用条款）的拟定，签订。但一般监理企业多接受施工阶段的监理业务（也可含前期的部份工作），故应以管理施工合同为主要工作。

为贯彻《中华人民共和国建筑法》、《中华人民共和国合同法》等法律，1999 年 12 月由中华人民共和国建设部及国家工商行政管理局联合制定了建筑工程施工合同范本（GF—1999—0201），是对 GF—91—0201 的修订（此本已废止）。原装修工程合同甲种本、乙种本均不再使用。

它由协议书、通用条款、专用条款组成，基本适用于各类公用建筑、民用住宅、工业厂房、交通设施及线路管道的施工和设备安装工程。对装饰装修工程，如果是独立的新建的且规模较大标准较高，推荐参考采用，应结合具体工程情况补充相关条款。反之，可按范本原则结合专用条款进行简化，发包方与承包方双方拟定条款即可。如果此前业主已委托了监理，则监理工程师应就合同条款的拟定为业主作出咨询意见，或协助其草拟文稿。如在签订了施工合同之后才委托监理，监理工程师进驻后，应首先学习、了解施工合同，因为施工合同的管理是监理工作核心，是监理施工方完成约定的三大目标计划。如果此时发现合同条款有遗漏或与法律相悖之处，应及时向双方指出，以补充条款形式予以补充、完善修正，以使合同的有效性成立。

（二）其他相关合同

每一个建设工程都涉及到众多的合同，除上述最重要的两大合同外，还有名目繁多的购货合同、检测合同、租赁合同、运输合同等等，监理工程师应明确如下几点：

1. 购货合同按合同法属买卖合同，如材料、设备由建设单位采购，建设单位需要监理工程师协助签订合同时应予以协助，主要从技术角度替业主把好关，如规格、型号、技术参数、调试项目等质量内容，应细致明确。当然加工周期、供货方式、时间、运输保管，包装等也必须满足工程进度要求。但若由总包单位采购时，则监理工程师不应参与。

2. 总包单位与其他承建单位（间接）签订的租赁合同、运输合同等，一般情况下监理工程师不参与管理，但应对这些合同的有关规定有所了解，以便一旦发生争执、索赔等有损建设单位利益的情况，监理工程师可以发挥咨询作用，或出示必要的证据。

3. 分包合同是指工程总包单位与分包单位签订的合同，主要是专业性较强的分部工程，往往由独立的专业性施工公司分包完成，这种合同实质上是由总包监督执行的，但监理工程师首先要审核分包单位资质，待总监批准后总包方可与其签订合同。另外，一旦发生争议或解除等事，总包单位要承担连带责任，监理工程师必须牢记这点，以便在处理问题时周全考虑，利于保护业主的权益。

二、施工合同争议及解除的处理

在工程项目施工过程中，常常发生一些合同内未包容的事情，除前述的设计变更、工程延期及索赔处理外，还会有一些问题不能取得一致，引起双方意见分歧甚至纠纷，也可能会有某一方发生违约行为，各种主客观原因都可能导致双方发生争议，甚至一方要求解除合同，此时监理工程师必须处理好这类事项。最重要的是要持有公正、客观的立场，充分发挥协调作用，尽量协商解决，减少负面影响。必须按《建设工程监理规范》的有关规定执行，首先应掌握合同文件的解释顺序：

（一）合同文件解释顺序

合同文件应能相互解释，互为说明。除专用条款另有约定外，组成本合同的文件及优先解释顺序如下：

（1）本合同协议书

（2）中标通知书

（3）投标书及其附件

（4）本合同专用条款

（5）本合同通用条款

（6）标准、规范及有关技术文件

（7）图纸

（8）工程量清单

（9）工程报价单或预算书

合同履行中，发包人、承包人有关工程的洽商、变更等书面协议或文件视为本合同的组成部分。

（二）合同争议调解

当承包和发包双方发生争议后，监理工程师应做的工作如下：

1. 首先根据施工合同专用条款中约定的方式解决，其中有：

（1）双方达成仲裁协议，向约定的仲裁委员会申请仲裁；

（2）向有管辖权的人民法院起诉。

在合同争议的仲裁或诉讼过程中，项目监理机构接到仲裁机关或法院要求提供有关证据的通知后，应公正地向仲裁机关或法院提供与争议有关的证据。

2. 若一般争议、小的分岐，建设单位或施工单位提出请监理人员调解时，不应推却，可按下列步骤进行工作：

（1）及时了解合同争议的全部情况，包括进行调查和取证；

（2）及时与合同争议的双方进行磋商；

（3）在项目监理机构提出调解方案后，由总监理工程师进行争议调解；

（4）当调解未能达成一致时，总监理工程师应在施工合同规定的期限内提出处理该合同争议的意见；

（5）在争议调解过程中，除已达到了施工合同规定的暂停履行合同的条件之外，项目监理机构应要求施工合同的双方继续履行施工合同；

（6）在总监理工程师签发合同争议处理意见后，建设单位或承包单位在施工合同规定的期限内未对合同争议处理决定提出异议，在符合施工合同的前提下，此意见应成为最后的决定，双方必须执行。

3. 监理工程师应注意强调发生争议后一般情况下双方都应继续履行合同，保持施工连续，保护好已完成工程或成品，不得以任何借口停工。但出现下列情况之一，可以停工。

（1）单方违约导致合同确已无法履行，双方协议停止施工；

（2）调解要求停止施工，且为双方接受；

（3）仲裁机构要求停止施工；

（4）法院要求停止施工。

（三）合同的解除

监理工程师工作的核心是监督施工合同的实现，但实践中也难以免除因各种主客观原因而发生合同解除事件，对这类问题的处理绝不能轻率表态，要牢记监理规范的要求："施工合同的解除必须符合法律程序"。主要是指必须符合施工合同中有关解除的约定条款（第44条）。具体操作过程可按下列程序执行。

1. 当建设单位违约导致施工合同最终解除时，项目监理机构应就承包单位按施工合同规定应得到的款项与建设单位和承包单位进行协商，并应按施工合同的规定从下列应得的款项中确定承包单位应得到的全部款项，并书面通知建设单位和承包单位。

（1）承包单位已完成的工程量表中所列的各项工作所应得的款项；

（2）按批准的采购计划订购工程材料、设备、构配件的款项；

（3）承包单位撤离施工设备至原基地或其他目的地的合理费用；

（4）承包单位所有人员的合理遣返费用；

（5）合理的利润补偿；

（6）施工合同规定的建设单位应支付的违约金。

2. 由于承包单位违约导致施工合同终止后，项目监理机构应按下列程序清理承包单位的应得款项，或偿还建设单位的相关款项，并书面通知建设单位和承包单位。

（1）施工合同终止时，清理承包单位已按施工合同规定实际完成的工作所应得的款项和已经得到支付的款项；

（2）施工现场余留的材料、设备及临时工程的价值；

（3）对已完工程进行检查和验收、移交工程资料、该部分工程的清理、质量缺陷修复等所需的费用；

（4）施工合同规定的承包单位应支付的违约金；

（5）总监理工程师按照施工合同的规定，在与建设单位和承包单位协商后，书面提交承包单位应得款项或偿还建设单位款项的证明。

3. 由于不可抗力或非建设单位、承包单位的原因导致施工合同终止时，项目监理机构应按施工合同规定处理合同解除后的有关事宜。

三、施工合同管理的其他工作

（一）工程暂停及复工

工程进展过程中因为各种原因，难免发生暂停施工及复工，项目经理及监理工程师均应明确需要签发暂停令和复工令的手续及其权属，要按法定程序办理，不可越权，不可简化，各种申请、审批、报表要妥善保存以备查，这是关于进度目标控制的重要的原始凭证。越级申请或越权审批都没有法律效力。

1. 签发"工程暂停令"的权限应属于总监理工程师。

总监理工程师在签发工程暂停令时，应根据暂停工程的影响范围和影响程度，按照施工合同和委托监理合同的约定签发。

2. 在发生下列情况之一时，总监理工程师可签发工程暂停令。

（1）建设单位要求暂停施工且工程需要暂停施工；

应该强调的是总监理工程师需经过独立的判断，也认为有必要暂停施工时，可签发工程暂停指令。若总监理工程师经过独立的判断认为没有必要暂停施工，则不应签发工程暂停令。

（2）为了保证工程质量而需要进行停工处理；

（3）施工出现了安全隐患，总监理工程师认为有必要停工以消除隐患；

（4）发生了必须暂时停止施工的紧急事件；

遇以上三种情况之一时，不论建设单位是否要求停工，总监理工程师均应及时按程序签发工程暂停令。

（5）承包单位未经许可擅自施工，或拒绝项目监理机构管理。

此款表明：当总监理工程师签发工程暂停令后，在签发复工令之前，承包单位擅自施工，总监理工程师应再次签发工程暂停令，并采取进一步措施保证项目施工和监理的正常秩序。当承包单位拒绝执行项目监理机构的要求或指令时，总监理工程师应视情况签发工程暂停令。

3. 总监理工程师在签发工程暂停令时，应根据停工原因的影响范围和影响程度，确定工程项目停工范围。

4. 由于非承包单位且非以上 2 条（2）（3）（4）（5）款原因时，总监理工程师在签发工程暂停令之前，应就有关工期和费用等事宜与承包单位进行协商。

5. 由于建设单位原因，或其他非承包单位原因导致工程暂停时，项目监理机构应如实记录所发生的实际情况。这是因为此种情况发生后一般要根据实际的工程延期和费用损失，并通过协商给予承包单位工期和费用方面的补偿，所以项目监理机构应如实记录所发生的实际情况以备查。

6. 由于承包单位原因导致工程暂停，在具备恢复施工条件、承包单位申请复工时，除了填报"工程复工报审表"外，还应报送针对导致停工的原因而进行的整改工作报告等有关材料。

项目监理机构审查同意承包单位报送的复工申请及有关材料后，总监理工程师应在施工暂停原因消失、具备复工条件时，及时签署工程复工报审表，指令承包单位继续施工。

7. 总监理工程师在签发工程暂停令之后，即在签发工程暂停令到签发工程复工报审表之间的时间内，宜会同有关各方尽快按照施工合同的约定，处理因工程暂停引起的与工期、费用等有关的问题。

（二）工程变更的管理

所谓工程变更是指在工程项目实施过程中，按照合同约定的程序对部分或全部工程在材料、工艺、功能、构造、尺寸、技术指标、工程数量及施工方法等方面作出的改变。任何一项工程，在实施过程中发生变更都属正常现象，有时数量不少。一般说来变更（含洽商）发生就有经济费用发生，就牵扯到甲、乙双方的利益，这是投资目标控制的重点工作，因此监理工程师对工程变更的管理必须细致、严谨，应按下列程序处理。

1. 设计单位对原设计存在的缺陷提出的工程变更，应编制设计变更文件；建设单位或承包单位提出的工程变更，应提交总监理工程师，由总监理工程师组织专业监理工程师审查，同意后，应由建设单位转交原设计单位编制设计变更文件。当工程变更涉及安全、环保等内容时，应按规定经有关部门审定。

2. 项目监理机构应了解实际情况和收集与工程变更有关的资料。专业监理工程师应审查：

（1）确定工程变更项目与原工程项目之间的类似程度和难易程度；

（2）确定工程变更项目的工程量；

（3）确定工程变更的单价或总价。

3. 总监理工程师必须根据实际情况、设计变更文件和其他有关资料，按照施工合同的有关条款，对工程变更的费用和工期作出评估，并就此情况与承包单位和建设单位进行协调。

4. 总监理工程师签发工程变更单。

工程变更单格式见附录ⅠC2表，并应包括工程变更要求、说明、费用和工期，必要的附件如设计变更文件等内容。

5. 项目监理机构应根据工程变更单监督承包单位实施。

6. 项目监理机构处理工程变更应按照监理委托合同的约定进行，不应超越所授权限，并应协助建设单位与承包单位签定工程变更的补充协议。

（1）项目监理机构在工程变更的质量、费用和工期方面取得建设单位授权后，应按施工合同规定与承包单位进行协商，达成一致后，总监理工程师应将协商结果向建设单位通报，并由建设单位与承包单位在变更文件上签字；

（2）就上述二方面未取得建设单位授权时，总监理工程师的工作只是协助建设单位和承包单位进行协商，并达成一致；

（3）在建设单位和承包单位未能就工程变更的费用等方面达成协议时，项目监理机构应提出一个暂定的价格，作为临时支付工程进度款的依据。该项工程款最终结算时，应以建设单位和承包单位达成的协议为依据。

7. 在总监理工程师签发工程变更单之前，承包单位不得实施工程变更。

8. 未经总监理工程师审查同意而实施的工程变更，项目监理机构不得予以计量。

（三）费用索赔的处理

工程建设实施过程中发生索赔事件是很正常的，一般说来索赔分为两种：工期索赔与费用索赔。前者在工期延期中已有阐述，此处仅讨论后者，所谓费用索赔即合同一方因另一方原因造成本方经济损失，通过监理工程师向对方索取费用的活动。虽是双方均可提出索赔，但我们仅讨论施工方向建设单位根据承包合同的约定提出的索赔。

监理工程师在处理索赔事件时，必须坚持公正、公平，实事求是，所取证据真实可靠的原则。因为它牵扯到双方的实际利益，绝不可偏袒哪一方，在维护建设单位利益的同时，要考虑承包单位的合法权益。项目监理机构管理索赔主要内容如下。

1. 依据

（1）国家有关的法律、法规和工程项目所在地的地方法规；

（2）本工程的施工合同文件；这是重要的依据，监理工程师应注意除明示条款外，还应考虑暗示条款；

（3）国家、部门和地方有关的标准、规范和定额；

（4）施工合同履行过程中与索赔事件有关的凭证。

2. 受理条件

承包单位提出费用索赔应同时满足以下三个条件。

（1）索赔事件造成了承包单位直接经济损失；

（2）索赔事件是由于非承包单位的责任发生的；

（3）承包单位已按照施工合同规定的期限和程序提出费用索赔申请表，并附有索赔凭证材料。

费用索赔申请表格式见附录ⅠA8表。

3. 处理程序

承包单位向建设单位提出费用索赔，项目监理机构应按下列程序处理。

（1）承包单位在施工合同规定的期限内向项目监理机构提交费用索赔意向通知书；

（2）总监理工程师指定专业监理工程师收集与索赔有关的资料；

（3）承包单位在承包合同规定的期限内向项目监理机构提交费用索赔申请表；

（4）总监理工程师初步审查费用索赔申请表，符合规定的条件时予以受理；

（5）总监理工程师进行费用索赔审查，并在初步确定一个额度后，与承包单位和建设单位进行协商。主要审查以下三方面：

①索赔事件发生的合同责任；

②由于索赔事件的发生，施工成本及其他费用的变化和分析；

③索赔事件发生后，承包单位是否采取了减少损失的措施。承包单位报送的索赔额中是否包含了让索赔事件任意发展而造成的损失额。

项目监理机构在确定索赔批准额时，可采用实际费用法。索赔批准额等于承包单位为了索赔事件所支付的合理实际开支减去施工合同中的计划开支，再加上应得的管理费和利润。

（6）总监理工程师应在施工合同规定的期限内签署费用索赔审批表，或发出要求承包单位提交有关索赔报告的进一步详细资料的通知，待收到承包单位提交的详细资料后再按程序进行。

费用索赔审批表格式见附录 B6。

总监理工程师在签署费用索赔审批表时，可附一份索赔审查报告。索赔审查报告可包括以下内容：

①正文：受理索赔的日期、工作概况、确认的索赔理由及合同依据，经过调查、讨论、协商而确定的计算方法及由此而得出的索赔批准额和结论。

②附件：总监理工程师对该索赔的评价，承包单位的索赔报告及其有关证据和资料。

4. 与工期关联的处理

当承包单位的费用索赔要求与工程延期要求相关联时，总监理工程师在作出费用索赔的批准决定时，应与工程延期的批准联系起来，综合作出费用索赔和工程延期的决定。这是因为此时建设单位可能不愿给予工程延期批准，或只给予部分工程延期批准。此时的费用索赔批准不仅要考虑费用补偿还要给予赶工补偿。所以，总监理工程师要综合作出费用索赔和工程延期的批准决定。

5. 建设单位提出索赔的处理

由于承包单位的原因造成建设单位的额外损失，建设单位向承包单位提出费用索赔时，总监理工程师在审查索赔报告后，应公正地与建设单位和承包单位进行协商，并及时作出答复。

（四）工程延期及工程延误的处理

1. 术语

工程实施过程中，因为主客观原因导致工期不能按合同约定竣工的现象时有发生，但必须区分工程延期与延误的区别，凡经过批准的工期索赔（可能是其中的一部份）为工程延期，其余的为工期延误。延期及延误，一字之差，反映出责任归属，延期施工方没有责任，可得到相应的工期或费用补偿；延误则责任属施工方，应赔偿业主因此而受到的损失。

在工程延期中，还应明确下列两个术语，即：

（1）临时延期批准：当发生非承包单位原因造成的持续性影响工期的事件，总监理工程师所批准的暂时合同工期的延长。

（2）延期批准：当发生非承包单位原因造成的持续性影响工期事件，总监理工程师所批准的合同工期的最终延长。

2. 项目监理机构在处理工程延期及工程延误的工作中，应遵守下列程序与规定。

（1）受理条件：当承包单位提出工程延期要求符合施工合同文件的规定条件时，应予以受理。

（2）办理手续：当影响工期事件具有持续性时，可在收到承包单位提交的阶段性工程延期申请表并经过审查后，先由总监理工程师签署工程临时延期审批表并通报建设单位。当承包单位提交最终的工程延期申请表后，项目监理机构应复查工程延期及临时延期情况，并由总监理工程师签署工程最终延期审批表。工程延期申请表、临时延期审批表、最终延期审批表，分别见附录ⅠA7、附录 B4 及 B5。

3. 审查批准延期的依据

项目监理机构在审查工程延期时，应依下列情况确定批准工程延期的时间：

（1）施工合同中有关工程延期的约定；

（2）工期拖延和影响工期事件的事实和程度；

（3）影响工期事件对工期影响的量化程度。

4．批准延期步骤

在确定各影响工期事件对工期或区段工期的综合影响程度时，可按下列步骤进行：

（1）以事先批准的详细的施工进度计划为依据，确定假设工程不受影响时应该完成的工作或应该达到的进度；

（2）详细核实受影响后，实际完成的工作或实际达到的进度；

（3）查明因受影响而延误的作业工种；

（4）查明实际的进度滞后是否还有其他影响因素，并确定其影响程度。

（5）最后确定该影响工期事件对工程竣工时间或区段竣工时间的影响值。

以上3、4两点可简要为监理工程师审批延期应遵循的三个原则：

（1）符合合同条件。

（2）发生延期事件的工程部位在进度计划的关键线路上。应注意，关键线路是随进度计划的调整而改变的，必须是最新的进度计划且经总监批准的。

（3）符合实际情况。

工期延长对业主将造成损失，监理工程师应发挥控制协调作用尽量减少延期事件的发生。

5．三方协商：项目监理机构在批准临时工期延期或最终的工程延期之前，均应与建设单位和承包单位进行协商。

6．关联问题：工程延期造成承包单位提出费用索赔时，按相应规定处理。

7．延误赔偿：当承包单位未能按照施工合同要求的工期竣工交付造成工期延误时，项目监理机构应按施工合同规定从承包单位应得款项中扣除误期损害赔偿费。

从以上程序中应得出结论：审批临时延期是审批最终延期的基础，其程序不可因临时而简化，因为"最终"是由"临时"累加而成。总监理工程师在审批最终延期时，要复查与工程延期有关的全部情况；监理工程师在施工全过程中对有关延期的一切原始情况、资料都必须细致认真的收集、保存、记载，并与原计划进度进行对比、分析，以利于总监批准合理的延期。

第二节　信　息　管　理

一、基本概念

（一）建设监理信息管理的重要性

建设监理是对工程建设实施三大目标控制，因此工程项目在运转过程中一切与质量、进度、投资有关的事物的表征都构成监理信息。按信息学角度还有许多分类方法，我们不在此论述。在此要着重提出，绝不可狭隘的只把监理内业资料作为监理信息，凡能反映发生在施工现场及参建各方（含单位、领导现场人员等）的与本工程有关的事物状况及动态的信息，都应视为监理信息，对它的管理是监理工程师的工作任务之一。

建设监理信息的重要性表现在如下几个方面。

1. 是监理工程师实施控制的基础　控制的主要任务是把计划执行情况与计划目标进行比较，找出差异，对比分析，采取措施纠偏。执行情况和计划值都是信息，离开了信息，监理工程师成了"无米之妇"，将无法工作。因此，信息是控制的基础。

2. 是监理决策的依据　监理决策正确与否，取决于各种因素，其中最重要的因素之一就是信息。如果没有可靠的、充分的信息作为依据，正确的决策是断然不能作出的。例如，对承包单位的支付决策，监理工程师也只有在了解有关承包合同的规定及施工的实际情况等信息后，才能决定是否支付等。由此可见，信息是监理决策的重要依据。

3. 是协调工程建设各参与方的重要媒介　工程项目的建设涉及众多的单位，如何使这些单位有机地联系起来呢？就是用信息把它们组织起来，处理好他们之间的联系，协调好他们之间的关系。

总之，建设监理信息渗透到监理工作的每一方面，它是监理工作不可缺少的要素。

（二）建设监理信息管理的主要内容

所谓信息管理就是信息的收集、整理、处理、存储、传递与应用等一系列工作的总称，监理信息管理的目的是通过有组织的信息流通，使各有关方面都能及时、准确地获得相应的信息，以指导各自的工作，并作出相应的决策。

监理信息的管理可以说是个系统工程，因为其原始数据来源分散、信息量大、情况复杂，其收集、整理涉及到与项目建设有关的各个单位，这需要外部各相关部门的协调一致；就是在监理企业内部，也需要资料员、监理工程师、总监、公司管理人员的密切配合才能做好。

1. 建设单位的信息

建设单位通过召集会议、下发通知、在工地例会上发表意见和各方有关人员谈话等方式传递出信息，监理工程师必须及时记录、整理分类并落实，凡函件往来均需签收（发）。建设单位的信息不仅对指导现场三控工作有实际意义，也反映出对监理工作的评价和意见，监理机构应从中吸取营养，提高服务水平、树立自身良好形象。

2. 施工单位的信息

在现场施工单位的信息俯拾即是，但主要是通过工地例会、监理巡视、旁站、抽检、施工技术资料、各种申报表反映出来。这些信息是三控的基础，而这些信息的收集整理在很大程度上是依靠施工单位的材料员、试验员、资料员、施工员完成的。因此，监理工程师进场后必须对他们提出要求（一般情况下总监理工程师在监理交底时应交待清楚），必须有工作责任心，要按要求将施工技术资料和工程进度同步整理好，并及时上报监理部审查。在此要强调的是，由于有些施工单位技术力量尚显薄弱，对资料的整理往往达不到要求，时常出现错填、误报、不及时、不闭合等现象，因此监理工程师应给予帮助。因为监理资料的编制，很大程度上受施工单位技术资料的影响，其检查、汇总施工资料的过程，往往也是帮助其发现问题、不断纠正错误的过程。要求施工单位及时收集现场信息，力求齐全无遗漏，对资料要仔细检查、签署完整、真实可信、不留隐患。

3. 监理企业信息

这是建设监理信息管理中的重点工作，详见以下监理资料的管理内容，此处仅提出一点，即监理不但应有专人（兼职也可）负责信息的收集工作，还要保证自上而下或自下而上或相关单位之间横向的信息流的通畅。

二、监理资料的管理

在施工阶段，监理资料是监理工程师进行"三控制、两管理、一协调"活动的记载。或者说，监理资料是监理工作的载体，不仅是监理企业的最终产品、核定工程质量等级、工程延期、索赔、处理安全事故、分析事故原因及追究责任的重要凭证；同时还是工程技术人员和各有关部门（如建设单位、审计部门、监督部门等）实施工程管理的重要依据资料。因此，必须按照国家和地方的有关建筑法规、规范和技术标准收集、填写、整理、编制归档。这是很细致严谨的管理工作，由监理企业的技术负责人对工程监理资料的总体质量负领导责任。要做到齐全、准确、真实、可信。使监理资料成为监理企业甚至建筑行业的一笔资源财富。

（一）《工程建设监理规范》的有关规定

1. 监理资料必须及时整理、真实完整、分类有序。

2. 监理资料的管理应由总监理工程师负责，并指定专人具体实施（工程较小时，可由监理工程师兼任）。这说明项目总监理工程师应对工程监理资料的总体质量负直接责任。

3. 监理资料应在各阶段监理工作结束后及时整理归档。

4. 监理档案的编制及保存应按有关规定执行。

监理资料的组卷及归档，各地区各部门有不同的要求。各监理企业的技术负责人（部门）都会有一套根据上述要求而制定的本单位的监理资料管理办法。项目监理部应与建设单位取得共识（如建设单位应提供的或应提供给建设单位的资料的格式、份数，竣工资料的填报及备案方法等），以使资料管理符合有关规定和要求。

（二）项目监理部应做的工作

1. 采用计算机管理资料

为使监理资料为监理工作提供及时服务，监理资料从产生伊始，就应利用计算机进行储存、加工、传递，这是监理工作水平的反映之一。利用现有软件是一般监理工程师最基本的技能，而对实力较强的监理企业或个人，开发新的信息管理软件、利用网络技术进行信息管理也是发展方向。因为监理资料的整编与管理和计算机技术信息化相结合，是发展监理事业的必由之路。

2. 以严谨求实的科学作风管理资料

每位监理工程师都要树立科学求实的作风，对任何资料都应做到及时整理，保证其真实性，不应后补和修改，更不能做假和伪装。如果有这类行为造成工程失控或建设单位的损失，应承担行政责任甚至法律责任。

3. 注意保密

每位监理工程师都应注意对监理资料进行保密，不得擅自将资料外借、复印、使用，因为在工程竣工以前，一切资料的所有权均属建设单位，未经建设单位同意发生上述情况应属侵权行为，如监理工程师发表科技论文需用有关项目的数据等资料，必须征得建设单位同意。按目前约定俗成习惯，保密期为工程竣工之后两年。

（三）监理资料性质及分类

施工阶段的监理资料内容及性质如下。

1. 施工合同文件及委托监理合同。

2. 勘察设计文件。

上述两类文件均是监理工作的依据，应由建设单位无偿提供（数量在委托监理合同中约定），项目监理部应予以保管。

3. 监理规划。

4. 监理实施细则。

这两类文件应在监理部进场后一个月内编制完成，上交建设单位，详见后述。

5. 分包单位资格报审表。

6. 设计交底与图纸会审会议纪要。

7. 施工组织设计（方案）报审表。

8. 测量核验资料。

9. 工程开工/复工报审表及工程暂停令。

10. 工程进度计划。

以上六项资料是监理部进场后应立即做的工作记载，既起到予先控制作用又是开工前准备阶段的监理实务。

11. 工程材料、构配件、设备的质量证明文件。

12. 检查试验资料。

13. 工程变更资料。

14. 隐蔽工程验收资料。

15. 报验申请表。

16. 分部工程、单位工程等验收资料。

17. 质量缺陷与事故的处理文件。

18. 工程计量单和工程款支付证书。

19. 索赔文件资料。

这九项资料是施工阶段质量、进度、投资的事中控制记载，是监理工程师最主要的工作内容，以上第5到第19项资料都是施工方报审、监理工程师或总监审批的文件，应该与工程的实际进度同步完成并分类编码存档保存。

20. 竣工结算审核意见书。

21. 工程项目施工阶段质量评估报告等专题报告。

22. 监理工作总结。

以上前两项是竣工后关于质量和投资的结论性资料，十分重要，要按上级有关部门（如审计、质量监督）的要求格式填报，后一项监理总结是监理公司上交建设单位的资料，详见下述。

23. 会议纪要。

24. 来往函件。

25. 监理日记。

26. 监理月报。

这四项资料是监理部经常性的内业工作记载文件，没有统一的格式，但有规定的内容要求，各监理公司可制订出各自的文件格式，指导各项目监理部的内业工作。监理日志为各专业监理工程师按工日如实记载的现场施工动态（人、机、料、进度、质量情况）和监理工程师巡视情况，这是施工原始状态的痕迹，必须及时、如实记载，并保存备查。笔者根据实践拟定的监理日志的形式，已在多个项目中使用效果较好，见附录，仅供参考。会议纪要要按不同的类型由不同的主持人签发，注意做到与会各单位负责人要签字，监理月报详见下述。

27. 监理工程师通知单。

28. 监理工作联系单。

这两项资料既是监理工程师工作的记载，又是其工作手段。通知单仅对施工方使用，当施工过程中在质量与进度方面出现问题，且经口头提出未见效果需要引起施工方格外注意的情况下应发出监理通知。监理通知一般由各专业监理工程师签发即可，但重要的通知，应请示总监理工程师并经审查签认后生效，要求施工方有回复，监理工程师再复查，以保证通知提出的问题得以解决落实，资料也同时闭合不留活口。当然有时单纯的通知事项如业主安排的临时停水、停电、高考期间施工注意事项等也用监理通知告知施工方，此时需要签收并妥善保管，以作为监理部批准进度延期的凭证。工作联系单可用于与业主或其他相关单位（设计、质量监督等）联系工作的记载形式，监理工程师应注意行文格式正确、语句通畅、言简意赅。

（四）监理月报

监理月报是每月工程进展和三大目标控制情况的汇总，要按期交付建设单位。按常规施工月自当月26日起到下月25日止，月报应在下月5日前交建设单位，同时监理企业应保存一份。监理规范的编制有如下规定。

1. 编制人　应由总监理工程师组织各专业监理工程师编制，最后审定、签字后报建设单位和本监理企业。

2. 月报内容

（1）本月工程概况及形象进度

（2）工程进度

①本月实际完成情况与计划进度比较；

②对进度完成情况及采取措施效果的分析。

（3）工程质量

①本月工程质量情况及其分析，含材料、分项工程报验、各种试验报表；

②本月采取的工程质量措施及效果。

（4）工程计量与工程款支付

①工程量审核情况；

②工程款审批及支付情况，含当月及累计的支付表；

③本月采取的措施及效果分析。

（5）合同其他事项的处理情况

①工程变更；

②工程延期；

③费用索赔。

（6）监理工作小结

①对本月进度、质量、工程款支付等各方面情况及监理工作的综合评价；

②有关本工程的意见和建议及下月监理工作的重点。

月报是反映监理部工作水平的载体之一，应起到通过阅读月报就能想出工程面貌的作用。总监理工程师应下工夫组织好月报的编制，各专业监理工程师将本专业三大控制素材汇总后，总监理工程师应亲自动手编辑及审定，尤其对工作小结及下月工作重点应认真编写。

（五）监理工作总结

施工阶段监理工作结束时，监理企业应向建设单位提交监理工作总结，包括以下内容：

1. 工程概况；

2. 监理组织机构、监理人员和投入的监理设施；

3. 监理合同履行情况；

含目标控制情况、按监理合同约定纠纷的处理情况等。

4. 监理工作成效；

含目标完成情况、合理化建议被采纳的实际效果情况等。

5. 施工过程中出现的问题及其处理情况和建议；

6. 工程照片（有必要时）。

监理工作总结应由总监理工程师组织各专业监理工程师共同撰写，因为它是对外的文件，代表了监理企业的工作状况，必须全面的对监理工作作出评价，既对业主负责有个完整的交待，又是树立监理企业形象的机会之一，必须认真对待。

第三节 协 调

与前述的监理的工作三大目标控制及合同与信息管理两大管理比较，协调是一种没有具体指标的抽象工作，它没有具体的针对实体，只是处理各种界面的关系，将各单位、各有关人员的积极因素调动起来形成合力，达到项目三大计划目标。可以说协调是进行控制的重要手段，也是监理工程师的重要工作内容，监理部应将自己置于协调工作的中心位置而积极发挥作用。整个工程建设的过程都应处于总监理工程师的协调之下。

一、协调范围和内容

（一）范围

任何一个工程的建设，涉及到众多单位，我们将其分为两大类，相互间有合同关系的参建单位称为项目组织系统内单位，无合同关系但有管理、检查、交往关系的单位称为外围单位。监理工作中的协调范围仅限于项目组织系统内的关系，包括建设单位、设计单位、施工单位（含分包、供货商等）相互间的关系，监理部内部人员之间，监理部与本监理企业之间的协调工作也在范围之内，其外围单位的关系均由所涉及的各有关单位负责协调，协调工作更多的是落在总监理工程师的肩上。

（二）内容

笼统说来，凡参建单位在项目实施过程中发生的小自看法不一致大至发生矛盾纠纷影响三大目标（或分目标）实现的事件都属协调内容。引发这些事件的原因可能出自各方对事物的看法不一致，或是相互间缺少沟通安排工作时未能兼容他人所需，还有可能是上级信息来源渠道不同造成信息传递效果不一致，甚至单位相互间有过隔阂形成成见，一时难以化解形成僵持状态。

对这些冲突、纠纷，监理工程师尤其是总监理工程师都应不厌其烦的进行细致耐心的疏导工作，其中对个人思想认识上的问题要多做思想工作，应向大家强调法律意识和奉献精神在工程实施中"一个都不能少"。

1. 项目监理部内部协调

无论监理部工作人员之间或是他们与监理企业领导、各部门工作人员之间都存在着界面关系需要协调。如对控制工作中产生不同看法是很正常的事，但必须要及时沟通，总监理工程师应在贯彻领导指示的同时，向上级反映大家的需求，统一认识。实在一时难以统一的，也应求同存异"一致对外"，保持在总监领导下的步调一致。组内经常开展谈心活动，定期召开工作会，解决工作和生活中的困难，保持监理部融洽、宽松的工作环境。

2. 施工单位与建设单位之间的协调

这方面的协调工作有两类：一是与双方的经济利益有关的问题，如材料认质认价、设计变更洽商费用增加，或工期延长问题；再有就是施工方求助解决具体困难问题。

对第一类问题的处理，监理工程师必须坚持原则按监理规范规定进行工作，尤其要注意不可超越业主委托权限，擅自替业主作主，必须及时向建设单位汇报情况与其沟通，使其掌握第一手资料，并亲自参与部分工作如询价、计量、考察等，要充分保护业主的利益。当然，也要遵循实事求是的原则，对施工方的要求不能无根据的否定或压制，对其中合理部分通过调查、实践工作与建设单位取得共识，给予肯定，如对定额中不能涵盖的工程的材料用量，可在现场做试验，经三方负责人确认。

对第二类问题要实事求是的反映困难，以协助承包单位解决困难为目的。

无论处理什么争议都要公正的维护双方的合法权益，这是协调双方关系的准绳。

3. 分包商之间或与承包商之间的协调

总包与各分包、供应商之间产生的矛盾，或各分包之间的矛盾，如相互之间的经济利益纠纷、交叉作业进度安排、各作业队工人之间的生活纠纷等，均要立足于由总包处理，以合同约定和项目总目标为原则，监理人员应对上述合同有所了解可以帮助总包作必要的工作，但切不要直接参与矛盾各方的具体事务中。

4. 与设计单位的协调

工程实施中设计变更和洽商经常发生，其产生原因多方面，可能是由于业主提供的设计条件不足或时间仓促造成的；也可能是设计人员缺乏实际经验或业务水平有限造成图纸不完善；或各专业之间缺乏会审造成相互图纸矛盾无法施工。当然，也不排除施工单位图省事或想提高造价提出不合理洽商的可能，但应该说后者毕竟是少数。

发生此类问题，若装修监理包含设计阶段的业务，监理人员应按业主委托权限和业主与设计方的合同进行管理，要求设计人员履行职责，并可以代表业主与设计人员洽谈，协助办理手续。在没有设计监理权限的工程中，监理人员只需在洽商或变更的技术上给予审核、签认，不要过多提出看法，点到为止，由业主或施工方与设计人员完成手续。在这两种情况中均应注意尊重设计人员及他们的意见，主动协调好这类工作以保证及早出图满足施工需要。

在参建各方之间，参建方与外部环境组织之间、监理部与外部组织、环境之间的协调工作量是相当大的，这是监理部全体人员的重要工作，尤其是总监理工程师的重要任务之一。总监理工程师是处于协调的核心地位，应妥善处理好各种界面关系，使监理部、项目组织系统的全体人员齐心协力、分工合作，共同把工程项目做好。

5. 与监督单位的协调

各级质量监督站是政府执法部门，监理工程师应接受他们的监督，在甲、乙方对一些质量问题看法不能统一时，可向其征询处理意见。

二、协调的目的和方式

（一）协调的目的

简单说来协调的目的是为了实现项目目标。在建筑饰装修施工（设计）阶段，其分包单位多，经常出现交叉并行施工、设计图纸不明、业主意图常变、供货厂家众多等情况，如何使业主、总承包、各分包、总设计、施工详图设计、材料与设备供应单位之间的关系理顺，在他们产生矛盾、纠纷的时候，做好调和、联合、谅解的工作，在利益冲突之处，寻找到共同利益的结合点，化解矛盾和纠纷，使大家在项目总目标上做到步调一致，运行一体化是协调的目的。至于他们分别与政府有关部门（城管、绿化、治安等）、社会团体（协会、民间组织）、工程毗邻单位（居民）之间的关系协调顺畅也将有利于项目的顺利实施，虽不属于监理部的工作内容，但监理部尤其是总监理工程师在重要时刻，重要环节上也可以提醒参建单位事前做好工作，以利于各种问题的及时解决。

（二）协调的方式

1. 利用会议

监理例会和专题会是协调施工（含总包与分包）、建设、设计单位之间关系的有利方式，可定期和根据需要及时召开，监理工程师尤其是总监理工程师要充分利用这个时机，协调解决参建单位之间的冲突、磕碰乃至求助。

还可以利用其他各种类型会议协调解决相关问题。如关于装饰装修设计图纸问题，可由总监理工程师组织召集业主、总设计、负责细部设计的装修施工队共同开会，协调确定各方的责、权、利，以纪要形式记录下来，督促图纸尽快到位。又如，各专业监理工程师参加由业主组织召集的设计交底会，明了设计意图，提出问题和建议，以利于完善设计。

2. 利用监理指令

在项目经理部及监理部的组织系统和职责体系（岗位责任制）内，利用指令的形式，也是协调解决问题的方式之一。如某个分包的施工进度只顾自身抢工，不顾及相互工序的搭接和他人已完成的工程的成品保护，严重影响了其他分包的进度，监理与业主权衡后，通过总包对其下达暂停施工指令，给其他分包工序让路，以后再复工追回进度。这种指令形式较会议力度要大，使用时较少。

3. 设置专门机构或专人进行协调

对于复杂的大型装修工程，可设专职人员或专门部门处理各种相关单位的关系，类似协调办公室、公共关系部、来访办公室（受业主委托解决扰民或民扰问题）均可。专人对各个单位、各类人员提出的问题、要求或相互间产生的矛盾、撞车事件给予统筹安排、宏观平衡、拾遗补漏，以满足项目平稳有序向前运行。

4. 对经常性事项的协调程序化

有些需要协调的事项，可按规定好的程序操作，比如工程变更的办理过程，定好签认权限和程序后各方都照此执行，免去发生矛盾时再统一认识。

无论利用何种方式，都需要监理人员和总监理工程师具有政策水平、语言表达能力、文字水平、总监理工程师尤其需要有领导艺术和处理人际关系的公关能力，发挥书面材料的文字水平，要正确的表达各方的意见，不伤害任何一方的积极性。当然，任何一方的错误或失误不能姑息和迁就，要把项目内业主、设计、总包、分包、供应商的优势发挥出来，促使各工种、各专业、各种资源以及时间、空间都充分的有机配合，使项目实现一体化的整体运行。

三、做好协调工作的前提

（一）各参建方应建立相互礼让、补台协作的关系

任何一个工程项目的建成，有参建各方的努力和贡献，当然还包括各有关方及上级主管部门的支持。参建各方目标一致，都是为了把项目建好而建立了各种合同关系或合作关系，因而彼此间就形成了协同作战的链环，环环相扣、荣辱与共，必须具有整体的全局的意识，相互密切配合协作，在保证大局和整体利益的前提下，完成局部的合同任务，以此来保证项目建设的成功。因此，无论何方，均必须从自身作起，树立良好的协作意识，与各方建立融洽的协作关系。

大家在认识上要求同存异、在利益上相互礼让，对质量和进度的总目标要相互补台。有了这个前提，监理的协调工作才能起作用。

（二）建设单位当好"业主"，支持监理企业独立工作

尽管签订监理合同意味着建设单位对监理企业的授权，监理规范也明确监理企业是建设单位在施工现场惟一的管理者，但仍有一些建设单位或出于旧的习惯做法，或出于对监理人员的了解不够，尚不能放手让监理独立的开展工作。按照监理规范，委托监理后业主不应直接与施工单位打交道，而是应通过监理处理事务，但业主有时直接与施工单位交涉工作造成监理的被动。比如，业主与施工单位协商后直接找设计单位办理了洽商变更，监理因不知情而按原图纸检查，造成不应有的误会或被动。又如定货选择厂家，施工方有时直接与业主签订了合同，当监理查验资料发现，资质及手续有不符之处，几方均被动，如事先通报监理，可以避免走此弯路。

监理企业要独立的开展工作，一方面业主要大胆放手，另一方面监理人员也应坚持科学态度，对自己提出的建议和判断负责，不唯业主的意图是从，这一点在建筑装饰装修施工监理中更显重要。当自己的建议、判断被业主否决时，应向其充分说明（或用备忘录阐明）可能产生的后果，以期引起业主注意，也免得将来产生纠纷责任分辨不清。

一般说来，建设单位都会支持监理企业的严格要求，但在目前的市场秩序下，由于各种人情、关系的存在，有些施工单位遭到监理企业拒签分项工程认可书后去找业主通融或说情以图过关，这是十分错误的，建设单位的领导对监理工程师没有行政管理的权力。建设单位的任何人、任何级别的领导也无权指示监理人员签认，因为监理工程师要对工程的质量负法律责任。

（三）总包单位应认清自身的角色位置和责任

首先，施工单位应认清自身被监理的角色，虽然监理企业与施工单位没有直接的合同关系，但是施工合同中已经明确项目委托监理，且写明总监理工程师姓名，这就决定了监理企业（监理部）与施工单位（项目部）已确定了监理与被监理的关系。因此，施工活动应在监理的"控制"范围内，施工管理人员应积极配合监理工程师的工作。注意服从监理

企业对工程的监控，严格按照有关施工操作规程、验收标准施工，认真如实地填写报表，虚心听取监理的意见，并及时改正问题，配合监理工程师把质量、进度、投资的目标逐步实现。

施工总包单位还必须认清自身对各分包单位具有的权力和应承担的责任，必须对各分包、各专业进行统一管理，对业主和监理统一负责，各分包切不可各自为政、各行其是，应在总包管理之下对所分包的工程负责，但总包应承担连带责任，所以必须对分包严格检查、管理，不可只取费用放任其各自为政。

（四）监理企业对施工单位应充分信任、严格监督和帮助有度

监理企业对施工单位的态度应是信任、监督和帮助，缺一不可。监理企业应明确监理的对象是参建者的行为而不是参建者，应该说经过招投标而中标的施工单位具有完成项目的实力、水平和资源条件，可以胜任工作，这是信任的基础。通过监理交底，使其了解监理程序和报表要求，监督其履行合同，发挥施工单位自身的优势和主观能动性，如质量保证体系的作用，技术管理力量的作用，建立好平等、友善的合作关系，如此，监督的作用才好落实。而不要有业主授权就产生凌驾于施工单位之上的意识或作风，这样关系易发展成对立，监督的作用无从落实。只有在信任施工单位的基础上，严格监理，通过监理的工作，树立自身的威信，才能形成良性的循环。特别注意的是，监理不可超过工作范围帮助施工单位工作，如施工单位的施工组织设计编制不好，总监理工程师未予批准，要求补充完善，施工单位请求监理工程师给予帮助，可以帮他指出欠缺之处及必要的参考书籍资料，但绝不可替其编写。又如，对某些质量问题的整改方案应由施工单位提出，监理工程师审核其可行性、经济性，帮其指出不足，但不应代其出主意、想措施。帮助施工单位是我国目前的国情下需要的，也是允许的，但一定要适度，监理工程师必须掌握得当。

四、各方自律是关系协调的基础

施工监理中，众多关系方包括业主都是为同一工程工作，除思想上有明确的统一目的，还必须在行动上落实，也就是各单位及其个人都应严于律己，宽以待人，用自身的行业规范和职业道德约束自己，不违反纪律，言行一致，把困难留给自己，把方便让给别人，遇到争执和纠纷礼让三分，冷处理，这些都是协调好关系的基础。其中监理方与施工方（含供货方）的人员的行为尤为重要，这两方的关系协调，正常按监理规程操作，是其他各种关系协调的前提。

（一）监理企业应在权限内工作，且要接受社会监督

1. 监理工程师必须在自己的职权范围内工作

按监理机构中的岗位设置的各级人员，有相应的权力，他们必须在自己的职权范围内行使权力，不得越级和超过范围。如：监理员没有签字权，而专业监理工程师具有在自己专业内对原材料、构配件和分项工程的质量签认权，总监则具有检验开复工条件、审批施工组织设计和拨付进度款等事项的签认权，总监代表在总监临时不在时可代行总监的部分权利。

这种不同级别事项的签认权不得越级行使，本级内不得超范围行使，如水专业监理工程师不得在电专业的有关单据上签认，监理工程师在付款凭证上的签字不能代替总监理工程师的签字。这样的规定是十分必要的，它保证了整个监理机构分层运转，人人职、责、权相符，组成有机、有序的整体，与施工方管理体制相互对应，动态平衡，一旦出现交叉或

替代简化，会引起混乱和失衡，责任不明，故监理方的人员要自觉做到各在其位、各司其职、各行其权；施工人员除应做到按程序申报签认，不另辟蹊径外，还应维护各种签认程序的严肃性，不接受非权力者的签认。

2. 监理工程师的工作作风

工程项目建设监理既是高智能的工作，也是艰苦的工作，所谈艰苦一则是在施工现场工作，无论冬夏，严寒酷暑露天作业，条件和环境远比办公室要差。再则是目前我国监理行业尚未得到应有的社会地位，加之建筑市场还不健全，处于发育之中，机制体制还都不尽人意，与国际上 FIDIC 条款执行的工程现状相差较远，监理工程师若要认真履行职责可能会碰壁，若迁就则会导致自身要承担不该承担的责任，处于这种进退维谷的状态往往使自己十分苦恼，这是艰苦的另一面。所以，需要监理工程师不仅有坚韧不拔的工作精神，又要有机敏的应变能力，在不失原则的情况下适当对事物采取变通性，对各方的关系和人物要有宽容性，通过自己的努力使建设监理事业在我国健康发展成长壮大。这种坚韧不拔、刚柔相济、包容变通、不失原则的工作作风对处理好复杂环境和纷云的人际关系是十分必要的，任何一个监理工程师尤其是总监理工程师更应该在实践中培养这种作风。

监理工程师在现场工作还应十分注意科学作风，在第一线加强旁站监理和巡视抽查力度，搜集和掌握第一手资料，实事求是的分析偏差及产生原因，以数据为依据，以声、像资料为佐证，根据规范、合同判断责任和处理方案，而不以想像、推测来和稀泥，草率从事。唯此才能树立自身的威严，才能使各方心服口服。当然，最重要的是在日常的各种报验签认过程中与施工方的接触中监理工程师务必不能有以势压人，处处命令口吻或有些管教甚至视施工方为敌的态度和作风，这样将适得其反。要说话有理有据，签认一丝不苟，规范化的程序和严谨的操作，使施工方与监理方的配合自工程开始就步入正轨，会给以后的监理被监理的关系打好基础。

（二）施工单位应遵守监理工作的原则和程序，维护正常施工秩序

监理工作具有独立性、公正性、科学性，并有规范化的程序，施工单位应注意遵守。在建筑装修装饰工程中，以下情况出现的几率较结构期为多，如：

工程未经验收进入下一道工序；

工程质量下降，多次提出未予改正或改正无效；

分包方未经审查擅自进场；

未经设计变更和履行洽商手续，私改图纸施工。

发生上述问题其原因不外乎是分包队伍多，总包管理不严；施工图缺少细部节点图，工人无法按图操作，只得凭经验或各自企业的常规做法施工，造成无图或改图施工；管理人员和施工人员思想麻痹，认为已不存在结构安全问题，因此不再严格履行报验手续等等。这些错误思想和做法非常危险，必须严格纠正。

为防止出现上述情况，总包除自身做出榜样外，还必须按监理程序严格对分包进行报验的管理。监理工程师只对工程的总承包商进行监督管理，一切手续均需由总包方负责办理。如果建筑装饰装修工程为业主直接发包给装修公司，则由其负责与监理打交道，其次再分包给任何专业装修公司，工程质量、进度均由总包负责向监理报验，由总包承担一切法律责任，监理公司不与各分包方直接打交道。故总包应尽到自身职责，为分包队伍提供必要的服务，如遇有缺图现象，应向监理提出以便求得与设计的协调，补图或补签变更洽

商，坚持做到无图不施工。因为许多建筑装修装饰做法仍然存在着安全问题，如外挂饰面与主体结构的连接件如未经设计计算，其强度和尺寸不能满足要求，则可能掉落伤人造成质量安全事故；一些灯箱、建筑装饰用灯具电器的走向、连接不经设计只凭经验也会造成漏电的安全隐患。总之，不可忽视装修装饰施工中的安全问题，必须依据设计图纸施工，施工人员无权擅自更改图纸。

（三）施工单位应加强的观念

1. 质量第一，实干为首

施工单位自上至下全体管理人员和操作人员均应牢固树立质量第一的观念，加大技术力量投入。各技术管理人员应到岗到位，各负其责，认真阅读图纸，严格执行施工操作规范和监理检查制度，做好成品保护工作。加强技术交底与其实施，贯彻"质量第一、实行质量否决制"。力求在保证质量的前题下，使工程的进度、投资目标得以实现。

对任何企业而言，质量是生存的根本，对建筑企业就尤为重要，因为工程项目的建设更是"百年大计，质量第一"。任何一个施工单位能承包（分包）到一项建筑装饰装修工程，表明了国家和建设单位对他们的信任，也显示着施工单位的技术和管理实力及社会资信。因此，施工单位和操作人员必须以高度的责任感按合同、施工规范操作，以实干拼搏的态度和精神来完成项目的质量目标。监理工程师的旁站巡查都只能是辅助作用，因为一切工程是干出来的而不是查出来的。因此，施工方必须树立质量第一，实干为首的观念。

要尤其重视检验审批、分项分部工程的报验工作，这是最具体、最频繁的质量检查工作，施工方的质量管理人员和技术负责人员及各工长应非常认真的对待，一定要及时自行检查、交接检查合格后上报监理，决不可省略这一程序。这就要求以上各类人员加强责任心，深入第一线把发生的质量通病和质量问题在报监理前消灭掉，争取监理一次验收合格。

2. 时间和时效观念

因为监理的介入，现场的管理工作更向规范化迈进，有一整套固定的程序和多种表格，环环相扣，时间顺序明确，故要求施工单位管理人员必须树立明确的时效观念，按时上报各种表格，以便监理工程师签认后进行下一步工序，有利于进度。尤其是涉及到施工方自身利益的索赔问题，若施工单位延误报表，超过规定的时间则视为无效，由此引起的费用损失与工期延误建设单位与监理企业均不负责，这是自身保护所需要的。

施工人员还应加强时间观念，守信用，如按时参加各种监理会议，按时处理各种口头应允监理的事项，这将有助于双方关系的协调。

3. 科学管理观念

根据建筑市场的发展形势和面对入世后的机遇，尽快提高自身竞争力，加强科学管理已刻不容缓，关键是施工单位领导层必须强化这一观念。在此仅就现场的管理提几点看法。

（1）项目经理应按企业的 ISO9000 相关程序加强对现场各部门工作的管理和检查，履行程序规定的各类人员的职责。工作中发现许多通过了质量认证的施工单位，有一整套的相对项目管理的程序，但到项目经理部这一级"认真落实"就打了折扣，这对企业的发展是不均衡的，项目经理应给予重视。

（2）项目总工程师应严格按施工组织设计组织施工，各级技术管理人员，尤其是总工程师首先要提高对施工组织设计在项目实施过程中的地位的认识，在进场施工后，应立即将此文件上报总监理工程师待审批，需要完善补充之处要及时完成，需要施工方上级审批手续要提前办理完毕，总监理工程师批准后的施工组织设计是指导组织项目实施的重要技术文件，也是各有关上级检查项目进展情况的依据，切不可以为审批只是形式，将文件放在一边，任凭经验组织施工。遇到施工情况有变化，组织设计也应及时调整、补充，它是一个纲领性文件，必须遵照执行。加强了这两点科学管理工程项目实施的观念，其他问题将迎刃而解。

4. 顾全大局，相互支持

在建筑装饰装修工程中，集体观念特别重要。如其高档装饰装修外立面工程中，有干挂石材、玻璃砖、金属不锈钢柱面和铝合金门窗、灯箱广告等分项工程，几乎五、六个分包队伍同时作业，竣工有先后，节点处有交接，多次出现分包之间因相互干扰影响自身的进度或质量而产生矛盾，甚至发生了动手事件。监理部应邀参加了总包召集的协调会，经过两次长时间的会议，大家对当时的形势进行了讨论、分析，在项目经理部和监理工程师的引导下，各分包逐渐放弃了原来一些狭隘的、家族的观念，接受了总包的批评和处理，统一了思想。认识到这个分项工程必须为下个分项工程做好准备条件，后续的工序必须保护前一工序的成品质量，如此才能保证整体质量也就保证了大家的利益。各分包方人员均表态要做到独立、自觉的维护整个项目，以质量和进度为目标，服从统一计划和指挥，不再强调自身要求，更不能"损人利己"，要保护兄弟单位的成品质量、相互支持和礼让、顾全大局，局部服从整体，会议还制定了相互间产品责任制度。自此以后，各分包有序的进行，总包统一验收，确保了整个工程的顺利进行。

5. 文明施工和安全施工观念

为保证进度和质量，文明施工和安全施工是关键因素。建筑装饰装修施工更应强化文明施工和安全施工观念，装修的施工条件较结构施工期已得到很大改善，而且这个分部工程自身就是为人们创造美的环境。所以，全体管理人员和操作人员应努力创造文明、清洁、有序的工作环境，树立自身良好的形象，也为改变建筑行业在人们印象中的旧形象先作出示范。要做到操作现场干净整洁，材料码放整齐，工人统一着装，尽量减轻噪声污染和空气污染。

操作工人必须遵守安全施工条例，及时消除一切隐患。尤其是严格遵守用电制度，防范火灾，按时对机械进行检修，对有污染的工序采取防毒措施，确保施工安全和人身安全。管理人员必须把安全生产放在首位，除有专职人员负责安全工作外，项目经理应亲自检查督促，确保万无一失。

需要注明的是尽管相关建筑法律法规已有明确规定，施工现场的安全由施工单位负责，但监理工程师从三大目标整体控制的效果考虑，也应在安全方面注意监督，提出有关安全生产的意见和建议。发现有安全隐患时要及时责令停工整改，防患于未然。

我国的建筑装饰装修施工水平经过近十年的锻炼和磨难，已有了显著提高，施工队伍和人员的数量和素质也在不断壮大和提高。许多大型公司承接了国内外许多公共建筑、居住小区和住宅的装饰装修工程，并出色地完成了任务。相信各装饰装修企业的管理人员，在学习了有关监理知识后，管理水平将有更大的提高，将会在装饰装修工程的施工管理中取得更好的综合效益。

复习思考题

1. 监理工程师应管理哪几类合同？有哪些相关内容？
2. 办理设计变更洽商和索赔的程序是什么？
3. 临时延期批准和延期批准有何不同？如何办理审批？
4. 监理通知在什么情况下使用？有什么作用？
5. 监理工程师应如何运用协调方式处理和各有关方面的关系？

附　录

附录 I　施工阶段监理工作的基本表式

A 类表（承包单位用表）

A1　工程开工/复工报审表

A2　施工组织设计（方案）报审表

A3　分包单位资格报审表

A4　_____报验申请表

A5　工程款支付申请表

A6　监理工程师通知回复单

A7　工程临时延期申请表

A8　费用索赔申请表

A9　工程材料/构配件/设备报审表

A10　工程竣工报验单

B 类（监理单位用表）

B1　监理工程师通知单

B2　工程暂停令

B3　工程款支付证书

B4　工程临时延期审批表

B5　工程最终延期审批表

B6　费用索赔审批表

C 类表（各方通用表）

C1　监理工作联系单

C2　工程变更单

A1

工程开工/复工报审表

工程名称：　　　　　　　　　　　　　　　　　　　　　　编号：

致：

（监理单位）

　我方承担的　　　　　　　　　　　　　工程，已完成了以下各项工作，具备了开工/复工条件，特此申请施工，请核查并签发开工/复工指令。

附：1. 开工报告

　　2.（证明文件）

承包单位（章）　　　　　　　

项目经理　　　　　　　

日　　期　　　　　　　

审查意见：

项目监理机构　　　　　　　

总监理工程师　　　　　　　

日　　期　　　　　　　

A2

施工组织设计（方案）报审表

工程名称：　　　　　　　　　　　　　　　　　　　　　　编号：

致：

（监理单位）

　我方已根据施工合同的有关规定完成了　　　　　　　　　　工程施工组织设计（方案）的编制，并经我单位上级技术负责人审查批准，请予以审查。

附：施工组织设计（方案）

承包单位（章）　　　　　　　

项目经理　　　　　　　

日　　期　　　　　　　

专业监理工程师审查意见：

专业监理工程师　　　　　　　

日　　期　　　　　　　

总监理工程师审核意见：

项目监理机构　　　　　　　

总监理工程师　　　　　　　

日　　期

A3

分包单位资格报审表

工程名称：   编号：

致：			（监理单位）
经考察，我方认为拟选择的_____（分包单位）具有承担下列工程的施工资质和施工能力，可以保证本工程项目按合同的规定进行施工。分包后，我方仍承担总包单位的全部责任。请予以审查和批准。 附：1. 分包单位资质材料； 　　2. 分包单位业绩材料。			

分包工程名称（部位）	工程数量	拟分包工程合同额	分包工程占全部工程
合　　计			

承包单位（章）_____

项目经理_____

日　　期_____

专业监理工程师审查意见：

专业监理工程师_____

日　　期_____

总监理工程师审核意见：

项目监理机构_____

总监理工程师_____

日　　期_____

A4

_____报验申请表

工程名称：   编号：

致：	
	（监理单位）
我单位已完成了_____工作，现报上该工程报验申请表，请予以审查和验收。 附件：	

承包单位（章）_____

项目经理_____

日　　期_____

审查意见：

项目监理机构_____

总/专业监理工程师_____

日　　期_____

A5

工程款支付申请表

工程名称：   编号：

致：_____

                （监理单位）

  我方已完成了_____

_____工作，按施工合同的规定，建设单位应在_____年

_____月_____日前支付该项工程款共（大写）：（小写：_____），现报上_____工程付

款申请表，请予以审查并开具工程款支付证书。

  附件：1. 工程量清单；

     2. 计算方法。

               承包单位（章）_____

                 项目经理_____

                 日 期_____

A6

监理工程师通知回复单

工程名称：   编号：

致：_____

                （监理单位）

  我方接到编号为_____的监理工程师通知后，已按要求完成了工作，现报上，请予以复查。

详细内容：

               承包单位（章）_____

                 项目经理_____

                 日 期_____

复查意见：

               项目监理机构_____

              总/专业监理工程师_____

                 日 期_____

A7

工程临时延期申请表

工程名称：　　　　　　　　　　　　　　　　　　　　　　　　　　　编号：

致：

（监理单位）

根据施工合同条款＿＿＿＿＿＿＿条的规定，由于＿＿＿＿＿＿＿＿＿＿＿＿＿＿＿＿＿＿原因，我方申请工程延期，请予以批准。

附件：

1. 工程延期的依据及工期计算

　　合同竣工日期：

　　申请延长竣工日期：

2. 证明材料

承包单位（章）＿＿＿＿＿＿＿＿
项目经理＿＿＿＿＿＿＿＿
日　　期＿＿＿＿＿＿＿＿

A8

费用索赔申请表

工程名称：　　　　　　　　　　　　　　　　　　　　　　　　　　　编号：

致：

（监理单位）

根据施工合同条款＿＿＿＿＿＿＿条的规定，由于＿＿＿＿＿＿＿＿＿＿＿＿＿＿＿＿原因，我方要求索赔金额（大写）
＿＿＿＿＿＿＿＿＿＿＿＿，请予以批准。

索赔的详细理由及经过：

索赔金额的计算：

附：证明材料

承包单位（章）＿＿＿＿＿＿＿＿
项目经理＿＿＿＿＿＿＿＿
日　　期＿＿＿＿＿＿＿＿

A9

工程材料/构配件/设备报审表

工程名称：   编号：

致：
 	
                                 （监理单位）
    我方于_____年_____月_____日进场的工程材料/构配件/设备数量如下（见附件）。现将质量证明文件及自检结果报上，拟用于下述部位：
_____
_____，
请予以审核。
    附件：1. 数量清单；
          2. 质量证明文件；
          3. 自检结果。
 	
                           承包单位（章）_____
                              项目经理_____
                              日   期_____

审查意见：
经检查上述工程材料/构配件/设备，符合/不符合设计文件和规范的要求，准许/不准许进场，同意/不同意使用于拟定部位。
 	
                              项目监理机构_____
                        总/专业监理工程师_____
                              日   期_____

A10

工程竣工报验单

工程名称：   编号：

致：
 	
                                   （监理单位）
    我方已按合同要求完成了_____工程，经自检合格，请予以检查和验收。
    附件：
 	
                              承包单位（章）_____
                              项目经理_____
                              日   期_____

审查意见：
    经初步验收，该工程
    1. 符合/不符合我国现行法律、法规要求；
    2. 符合/不符合我国现行工程建设标准；
    3. 符合/不符合设计文件要求；
    4. 符合/不符合施工合同要求。
    综上所述，该工程初步验收合格/不合格，可以/不可以组织正式验收。
 	
                              项目监理机构_____
                          总监理工程师_____
                              日   期_____

B1

监理工程师通知单

工程名称： 编号：

致：

　　事由：

　　内容：

项目监理机构_____

总/专业监理工程师_____

日　　期_____

B2

工程暂停令

工程名称： 编号：

致：

（承包单位）

　　由于：

原因，现通知你方必须_____年___月___日___时起，对本工程的_____

_____部位（工序）实施暂停施工，并按下述要求做好各项工作：

项目监理机构_____

总监理工程师_____

日　　期_____

220

B3

工程支付证书

工程名称：　　　　　　　　　　　　　　　　　　　　　　　编号：

致：

　　　　　　　　　　　　　　　　　　　　　　　　　　　　（建设单位）

　　根据施工合同的规定，经审核承包单位的付款申请和报表，并扣除有关款项，同意本期支付工程款共（大写）_____（小写）_____。请按合同规定及时付款。

　　其中：

　　1. 承包单位申报款为：

　　2. 经审核承包单位应得款为：

　　3. 本期应扣款为：

　　4. 本期应付款为：

　　附件：

　　1. 承包单位的工程付款申请表及附件；

　　2. 项目监理机构审查记录。

　　　　　　　　　　　　　　　　　　　　项目监理机构_____

　　　　　　　　　　　　　　　　　　　　总监理工程师_____

　　　　　　　　　　　　　　　　　　　　日　　期_____

B4

工程临时延期审批表

工程名称：　　　　　　　　　　　　　　　　　　　　　　　编号：

致：

　　　　　　　　　　　　　　　　　　　　　　　　　　　　（承包单位）

　　根据施工合同条款____条的规定，我方对你方提出的_____

_____工程延期申请（第____号）要求延长工期____日历天的要求，经过审核评估：

　　□ 暂时同意工期延长_____日历天。使竣工日期（包括已指令延长的工期）从原来的

_____年____月____日延迟到_____年____月____日。请你方执行。

　　□ 不同意延长工期，请按约定竣工日期组织施工。

　　说明：

　　　　　　　　　　　　　　　　　　　　项目监理机构_____

　　　　　　　　　　　　　　　　　　　　总监理工程师_____

　　　　　　　　　　　　　　　　　　　　日　　期_____

B5

工程最终延期审批表

工程名称：　　　　　　　　　　　　　　　　　　　　　　编号：

致：

（承包单位）

　　根据施工合同条款_____条的规定，我方对你方提出的_____

_____工程延期申请（第___号）要求延长工期___日历天的要求，经过审核评估：

　　□最终同意工期延长_____日历天。使竣工日期（包括已指令延长的工期）从原来的_____年___月___日延迟到_____年___月___日。请你方执行。

　　□不同意延长工期，请按约定竣工日期组织施工。

　　说明：

项目监理机构_____

总监理工程师_____

日　　期_____

B6

费用索赔审批表

工程名称：　　　　　　　　　　　　　　　　　　　　　　编号：

致：

（承包单位）

　　根据施工合同条款_____条的规定，你方提出的_____

_____费用索赔申请（第_____号），索赔（大写）_____，

经我方审核评估：

　　□ 不同意此项索培

　　□ 同意此项索赔，金额为（大写）_____。

　　同意/不同意索赔的理由：

　　索赔金额的计算：

项目监理机构_____

总监理工程师_____

日　　期_____

C1

监理工作联系单

工程名称：   编号：

致： 　　事由   　　内容   　　　　　　　　　　　　　　　　　　　　单　　位＿＿＿＿＿＿ 　　　　　　　　　　　　　　　　　　　　负　责　人＿＿＿＿＿＿ 　　　　　　　　　　　　　　　　　　　　日　　期＿＿＿＿＿＿

C2

工程变更单

工程名称：   编号：

致：　　　　　　　　　　　　　　　　　　　　　　　　　　　（监理单位） 　　由于＿＿＿＿＿＿＿＿＿＿＿＿＿＿＿＿＿＿＿＿＿＿＿＿＿＿原因，兹提出工程变更（内容见附件），请予以审批。 　　附件： 　　　　　　　　　　　　　　　　　　　　提出单位＿＿＿＿＿＿ 　　　　　　　　　　　　　　　　　　　　代　表　人＿＿＿＿＿＿ 　　　　　　　　　　　　　　　　　　　　日　　期＿＿＿＿＿＿
一致意见：   建设单位代表　　　　　　　设计单位代表　　　　　　　项目监理机构 签字：　　　　　　　　　　签字：　　　　　　　　　　签字：   日期＿＿＿＿＿＿＿　　　　日期＿＿＿＿＿＿＿　　　　日期＿＿＿＿＿＿＿

附录Ⅱ 建筑工程分部、分项工程划分及验收

建筑工程分部工程、分项工程划分　　　　附表Ⅱ-1

序号	分部工程	子分部工程	分项工程
3	建筑装饰装修	地面	整体面层：基层，水泥混凝土面层，水泥砂浆面层，水磨石面层，防油渗透面层，水泥钢（铁）屑面层，不发火（防爆的）面层； 板块面层：基层，砖面层（陶瓷锦砖、缸砖、陶瓷地砖和水泥花砖面层），大理石面层和花岗岩面层，预制板块面层（预制水泥混凝土、水磨石板块面层），料石面层（条石、块石面层），塑料板面层，活动地板面层，地毯面层； 木竹面层：基层，实木地板面层（条材、块材面层），实木复合地板面层（条材、块材面层），中密度（强化）复合地板面层（条材面层），竹地板面层
		抹灰	一般抹灰，装饰抹灰，清水砌体勾缝
		门窗	木门窗制作与安装，金属门窗安装，塑料门窗安装，特种门安装，门窗玻璃安装
		吊顶	暗龙骨吊顶，明龙骨吊顶
		轻质隔墙	板材隔墙，骨架隔墙，活动隔墙，玻璃隔墙
		饰面板（砖）	饰面板安装，饰面砖粘贴
		幕墙	玻璃幕墙，金属幕墙，石材幕墙
		涂饰	水性涂料涂饰，溶剂型涂料涂饰，美术涂饰
		裱糊、软包	裱糊，软包
		细部	橱柜制作与安装，窗帘盒、窗台板和暖气罩制作与安装，门窗套制作与安装，护栏和扶手制作与安装，花饰制作与安装
4	建筑屋面	卷材防水屋面	保温层，找平层，卷材防水层，细部构造
		涂膜防水屋面	保温层，找平层，涂膜防水层，细部构造
		刚性防水屋面	细石混凝土防水层，密封材料嵌缝，细部构造
		瓦屋面	平瓦屋面，油毡瓦屋面，金属板屋面，细部构造
		隔热屋面	架空层面，蓄水屋面，种植屋面
5	建筑给水、排水及采暖	室内给水系统	给水管道及配件安装，室内消火栓系统安装，给水设备安装，管道防腐，绝热
		室内排水系统	排水管道及配件安装，雨水管道及配件安装
		室内热水供应系统	管道及配件安装，辅助设备安装，防腐，绝热
		卫生器具安装	卫生器具安装，卫生器具给水配件安装，卫生器具排水管道安装
		室内采暖系统	管道及配件安装，辅助设备及散热器安装，金属辐射板安装，低温热水地板辐射采暖系统安装，系统水压试验及调试，防腐，绝热
		室外给水管网	给水管道安装，消防水泵接合器及室外消火栓安装，管沟及井室
		室外排水管网	排水管道安装，排水管沟与井池
		室外供热管网	管道及配件安装，系统水压试验及调试，防腐，绝热
		建筑中水系统及游泳池系统	建筑中水系统管道及辅助设备安装，游泳池水系统安装
		供热锅炉及辅助设备安装	锅炉安装，辅助设备及管道安装，安全附件安装，烘炉、煮炉和试运行，换热站安装，防腐，绝热

序号	分部工程	子分部工程	分项工程
6	建筑电气	室外电气	架空线路及杆上电气设备安装，变压器、箱式变电所安装，成套配电柜、控制柜（屏、台）和动力、照明配电箱（盘）及控制柜安装，电线、电缆导管和线槽敷设，电线、电缆穿管和线槽敷设，电缆头制作、导线连接和线路电气试验，建筑物外部装饰灯具、航空障碍标志灯和庭院路灯安装，建筑照明通电试运行，接地装置安装
		变配电室	变压器、箱式变电所安装，成套配电柜、控制柜（屏、台）和动力、照明配电箱（盘）安装，裸母线、封闭母线、插接式母线安装，电缆沟内和电缆竖井内电缆敷设，电缆头制作、导线连接和线路电气试验，接地装置安装，避雷引下线和变配电室接地干线敷设
		供电干线	裸母线、封闭母线、插接式母线安装，桥架安装和桥架内电缆敷设，电缆沟内和电缆竖井内电缆敷设，电线、电缆导管和线槽敷设，电线、电缆穿管和线槽敷线，电缆头制作、导线连接和线路电气试验
		电气动力	成套配电柜、控制柜（屏、台）和动力、照明配电箱（盘）及控制柜安装，低压电动机、电加热器及电动执行机构检查、接线，低压电气动力设备检测、试验和空载试运行，桥架安装和桥架内电缆敷设，电线、电缆导管和线槽敷设，电线、电缆穿管和线槽敷线，电缆头制作、导线连接和线路电气试验，插座、开关、风扇安装
		电气照明安装	成套配电柜、控制柜（屏、台）和动力、照明配电箱（盘）安装，电线、电缆导管和线槽敷设，电线、电缆穿管和线槽敷线，槽板配线，钢索配线，电缆头制作、导线连接和线路电气试验，普通灯具安装，专用灯具安装，插座、开关、风扇安装，建筑照明通电试运行
		备用和不间断电源安装	成套配电柜、控制柜（屏、台）和动力、照明配电箱（盘）安装，柴油发电机组安装，不间断电源的其他功能单元安装，裸母线、封闭母线、插接式母线安装，电线、电缆导管和线槽敷设，电线、电缆导管和线槽敷线、电缆头制作、导线连接和线路电气试验，接地装置安装
		防雷及接地安装	接地装置安装，避雷引下线和变配电室接地干线敷设，建筑物等电位连接，接闪器安装
7	智能建筑	通信网络系统	通信系统，卫星及有线电视系统，公共广播系统
		办公自动化系统	计算机网络系统，信息平台及办公自动化应用软件，网络安全系统
		建筑设备监控系统	空调与通风系统，变配电系统，照明系统，给排水系统，热源和热交换系统，冷冻和冷却系统，电梯和自动扶梯系统，中央管理工作站与操作分站，子系统通信接口
		火灾报警及消防联动系统	火灾和可燃气体探测系统，火灾报警控制系统，消防联动系统
		安全防范系统	电视监控系统，入侵报警系统，巡更系统，出入口控制（门禁）系统，停车管理系统
		综合布线系统	缆线敷设和终接，机柜、机架、配线架的安装，信息插座和光缆芯线终端的安装
		智能化集成系统	集成系统网络，实时数据库，信息安全，功能接口
		电源与接地	智能建筑电源，防雷及接地
		环境	空间环境，室内空调环境，视觉照明环境，电磁环境
		住宅（小区）智能化系统	火灾自动报警及消防联动系统，安全防范系统（含电视监控系统、入侵报警系统、巡更系统、门禁系统、楼宇对讲系统、住户对讲呼救系统、停车管理系统），物业管理系统（多表现场计量及与远程传输系统、建筑设备监控系统、公共广播系统、小区网络及信息服务系统、物业办公自动化系统），智能家庭信息平台

序号	分部工程	子分部工程	分项工程
8	通风与空调	送排风系统	风管与配件制作，部件制作，风管系统安装，空气处理设备安装，消声设备制作与安装，风管与设备防腐，风机安装，系统调试
		防排烟系统	风管与配件制作，部件制作，风管系统安装，防排烟风口、常闭正压风口与设备安装，风管与设备防腐，风机安装，系统调试
		除尘系统	风管与配件制作，部件制作，风管系统安装，除尘器与排污设备安装，风管与设备防腐，风机安装，系统调试
		空调风系统	风管与配件制作，部件制作，风管系统安装，空气处理设备安装，消声设备制作与安装，风管与设备防腐，风机安装，风管与设备绝热，系统调试
		净化空调系统	风管与配件制作，部件制作，风管系统安装，空气处理设备安装，消声设备制作与安装，风管与设备防腐，风机安装，风管与设备绝热，高效过滤器安装，系统调试
		制冷设备系统	制冷机组安装，制冷剂管道及配件安装，制冷附属设备安装，客道及设备的防腐与绝热，系统调试
		空调水系统	管道冷热（媒）水系统安装，冷却水系统安装，冷凝水系统安装，阀门及部件安装，冷却塔安装，水泵及附属设备安装，管道与设备的防腐与绝热，系统调试
9	电梯	电力驱动的曳引式或强制式电梯安装	设备进场验收，土建交接检验，驱动主机，导轨，门系统，轿厢，对重（平衡重），安全部件，悬挂装置，随行电缆，补偿装置，电气装置，整机安装验收
		液压电梯安装	设备进场验收，土建交接检验，液压系统，导轨，门系统，轿厢，对重（平衡重），安全部件，悬挂装置，随行电缆，电气装置，整机安装验收
		自动扶梯、自动人行道安装	设备进场验收，土建交接检验，整机安装验收

注：表中原第 1、第 2 部分分别为地基与基础和主体结构工程，此处省略。

室外工程划分　　　　　　　　　　　　　　　　　　附表 II-2

单位工程	子单位工程	分部（子分部）工程
室外建筑环境	附属建筑	车棚，围墙，大门，挡土墙，垃圾收集站
	室外环境	建筑小品，道路，亭台，连廊，花坛，场坪绿化
室外安装	给排水与采暖	室外给水系统，室外排水系统，室外供热系统
	电气	室外供电系统，室外照明系统

检验批质量验收记录

附表 Ⅱ-3

工程名称		分项工程名称			验收部位		
施工单位			专业工长			项目经理	
施工执行标准名称及编号							
分包单位			分包项目经理			施工班组长	

	质量验收规范的规定		施工单位检查评定记录	监理（建设）单位验收记录
主控项目	1			
	2			
	3			
	4			
	5			
	6			
	7			
	8			
	9			
	·			
一般项目	1			
	2			
	3			
	4			
	·			

施工单位检查评定结果	项目专业质量检查员	年 月 日
监理（建设）单位验收结论	监理工程师 （建设单位项目专业技术负责人）	年 月 日

分项工程质量验收记录

附表 Ⅱ-4

工程名称		结构类型		检验批数	
施工单位		项目经理		项目技术负责人	
分包单位		分包单位负责人		分包项目经理	

序号	检验批部位、区段	施工单位检查评定结果	监理（建设）单位验收结论
1			
2			
3			
4			
·			

检查结论	项目专业技术负责人：	年 月 日	验收结论	监理工程师 （建设单位项目专业技术负责人）	年 月 日

分部（子分部）工程验收记录

工程名称		结构类型		层数	
施工单位		技术部门负责人		质量部门负责人	
分包单位		分包单位负责人		分包技术负责	

序号	分项工程名称	检验批数	施工单位检查评定	验收意见
1				
2				
3				
4				
·				
·				
质量控制资料				
安全和功能检验(检测)报告				
观感质量验收				

验收单位	分包单位		项目经理		年 月 日
	施工单位		项目经理		年 月 日
	勘察单位		项目负责人		年 月 日
	设计单位		项目负责人		年 月 日
	监理（建设）单位	总监理工程师 （建设单位项目专业技术负责人）			年 月 日

单位（子单位）工程质量竣工验收记录

工程名称		结构类型		层数/建筑面积	
施工单位		技术负责人		开工日期	
项目经理		项目技术负责人		竣工日期	

序号	项目	验收记录	验收结论
1	分部工程	共　　分部，经查　　分部 符合标准及设计要求　　分部	
2	质量控制资料核查	共　　项，经审查符合要求　　项， 经核定符合规范要求　　项	
3	安全和主要使用功能核查及抽查结果	共核查　　项，符合要求　　项， 共抽查　　项，符合要求　　项， 经返工处理符合要求　　项	
4	观感质量验收	共抽查　　项，符合要求　　项， 不符合要求　　项	
5	综合验收结论		

参加验收单位	建设单位	监理单位	施工单位	设计单位
	（公章）	（公章）	（公章）	（公章）
	单位(项目)负责人 年 月 日	总监理工程师 年 月 日	单位负责人 年 月 日	单位(项目)负责人 年 月 日

工程名称				施工单位		
序号	项目	资 料 名 称			份数	核查意见	核查人
1	建筑与结构	图纸会审、设计变更、洽商记录				
2		工程定位测量、放线记录				
3		原材料出厂合格证书及进场检（试）验报告				
4		施工试验报告及见证检测报告				
5		隐蔽工程验收记录				
6		施工记录				
7		预制构件、预拌混凝土合格证				
8		地基基础、主体结构检验及抽样检测资料				
9		分项、分部工程质量验收记录				
10		工程质量事故及事故调查处理资料				
11		新材料、新工艺施工记录				
·						
1	给排水与采暖	图纸会审、设计变更、洽商记录				
2		材料、配件出厂合格证书及进场检（试）验报告				
3		管道、设备强度试验、严密性试验记录				
4		隐蔽工程验收记录				
5		系统清洗、灌水、通水、通球试验记录				
6		施工记录				
7		分项、分部工程质量验收记录				
·						
1	建筑电气	图纸会审、设计变更、洽商记录				
2		材料、配件出厂合格证书及进场检（试）验报告				
3		设备调试记录				
4		接地、绝缘电阻测试记录				
5		隐蔽工程验收记录				
6		施工记录				
7		分项、分部工程质量验收记录				
·						
1	通风与空调	图纸会审、设计变更、洽商记录				
2		材料、设备出厂合格证书及进场检（试）验报告				
3		制冷、空调、水管道强度试验、严密性试验记录				
4		隐蔽工程验收记录				
5		制冷设备运行调试记录				
6		通风、空调系统调试记录				
7		施工记录				

工程名称			施工单位			
序号	项目	资　料　名　称		份数	核查意见	核查人
8	通风与空调	分项、分部工程质量验收记录				
1	电梯	土建布置图纸会审、设计变更、治商记录				
2		设备出厂合格证书及开箱检验记录				
3		隐蔽工程验收记录				
4		施工记录				
5		接地、绝缘电阻测试记录				
6		负荷试验、安全装置检查记录				
7		分项、分部工程质量验收记录				
1	建筑智能化	图纸会审、设计变更、治商记录、竣工图及设计说明				
2		材料、设备出厂合格证及技术文件及进场检（试）验报告				
3		隐蔽工程验收记录				
4		系统功能测定及设备调试记录				
5		系统技术、操作和维护手册				
6		系统管理、操作人员培训记录				
7		系统检测报告				
8		分项、分部工程质量验收报告				

结论：

施工单位项目经理　　　　　年　月　日

总监理工程师
（建设单位项目负责人）　　年　月　日

单位（子单位）工程安全和功能检验资料核查及主要功能抽查记录　　附表Ⅱ-8

工程名称			施工单位				
序号	项目	安全和功能检查项目		份数	核查意见	抽查结果	核查人
1	建筑与结构	屋面淋水试验记录					
2		地下室防水效果检查记录					
3		有防水要求的地面蓄水试验记录					
4		建筑物垂直度、标高、全高测量记录					
5		抽气（风）道检查记录					
6		幕墙及外窗气密性、水密性、耐风压检测报告					
7		建筑物沉降观测测量记录					
8		节能、保温测试记录					
9		室内环境检测报告					

工程名称				施工单位			
序号	项目	安全和功能检查项目		份数	核查意见	抽查结果	核查人
1	给排水与采暖	给水管道通水试验记录					
2		暖气管道、散热器压力试验记录					
3		卫生器具满水试验记录					
4		消防管道、燃气管道压力试验记录					
5		排水干管通球试验记录					
·							
1	电气	照明全负荷试验记录					
2		大型灯具牢固性试验记录					
3		避雷接地电阻测试记录					
4		线路、插座、开关接地检验记录					
·							
1	通风与空调	通风、空调系统试运行记录					
2		风量、温度测试记录					
3		洁净室洁净度测试记录					
4		制冷机组试运行调试记录					
·							
1	电梯	电梯运行记录					
2		电梯安全装置检测报告					
1	智能建筑	系统试运行记录					
2		系统电源及接地检测报告					
·							

结论：

施工单位项目经理　　　　年 月 日

总监理工程师
（建设单位项目负责人）　　年 月 日

注：抽查项目由验收组协商确定。

单位（子单位）工程观感质量检查记录　　　　　　　附表Ⅱ-9

工程名称				施工单位				
序号	项目		抽查质量状况			质量评价		
						好	一般	差
1	建筑与结构	室外墙面						
2		变形缝						
3		水落管，屋面						
4		室内墙面						
5		室内顶棚						

工程名称			施工单位							质量评价		
序号		项目	抽查质量状况							好	一般	差
6	建筑与结构	室内地面										
7		楼梯、踏步、护栏										
8 .		门窗										
1	给排水与采暖	管道接口、坡度、支架										
2		卫生器具、支架、阀门										
3		检查口、扫除口、地漏										
4 .		散热器、支架										
1	建筑电气	配电箱、盘、板、接线盒										
2		设备器具、开关、插座										
3 .		防雷、接地										
1	通风与空调	风管、支架										
2		风口、风阀										
3		风机、空调设备										
4		阀门、支架										
5		水泵、冷却塔										
6 .		绝热										
1	电梯	运行、平层、开关门										
2		层门、信号系统										
3		机房										
1	智能建筑	机房设备安装及布局										
2 .		现场设备安装										
观感质量综合评价												

检查结论	总监理工程师
	施工单位项目经理　　年　月　日（建设单位项目负责人）　年　月　日

注：质量评价为差的项目，应进行返修。

附录Ⅲ 监理取费表

1. 按所监理工程概（预）算的百分比计收。

工程建设监理收费标准

序号	工程概（预）算 M（万元）	设计阶段（含设计招标） 监理收费 a（%）	施工（含施工招标）及保修阶段 监理取费 b（%）
1	$M<500$	$0.20<a$	$2.50<b$
2	$500\leqslant M<1000$	$0.15<a\leqslant0.02$	$2.00<b\leqslant2.50$
3	$1000\leqslant M<5000$	$0.10<a\leqslant0.15$	$1.40<b\leqslant2.00$
4	$5000\leqslant M<10000$	$0.08<a\leqslant0.10$	$1.20<b\leqslant1.40$
5	$10000\leqslant M<50000$	$0.05<a\leqslant0.08$	$0.80<b\leqslant1.20$
6	$50000\leqslant M<100000$	$0.03<a\leqslant0.05$	$0.60<b\leqslant0.80$
7	$100000\leqslant M$	$a\leqslant0.03$	$b\leqslant0.60$

2. 按照参与监理工作的年度平均人数计算：3.5～5万元/人·年。

主要参考文献

1.《中华人民共和国建筑法》、《中华人民共和国合同法》、《中华人民共和国招标投标法》、《建筑工程质量管理条例》

2.《工程建设监理概论》、《工程建设质量控制》、《工程建设投资控制》、《进度控制》全国监理工程师培训教材编委会，北京：中国建筑工业出版社，2000.5

3.《建设工程监理规范》GB50319—2000

4.《建筑工程施工质量验收统一标准》GB50300—2001

5.《建筑工程施工质量验收统一标准》GB50300—2001修订介绍，中国建筑业协会工程建设质量监督分会吴松勤

6.《建筑装饰装修工程施工质量验收规范》GB250210—2001

7.《建筑地面工程施工质量验收规范》GB250209—2002

8.《民用建筑工程室内环境污染控制规范》GB50325—2001